热处理工艺设计与应用

赵步青　编著

机械工业出版社

本书以热处理工艺设计为主线,系统地介绍了相关热处理技术。其主要内容包括:概述、热处理工艺设计的原则及程序、整体热处理工艺设计、表面热处理工艺设计、化学热处理工艺设计、真空热处理工艺设计、热处理质量检验、热处理工装设计。本书不仅是作者50多年从事热处理工艺技术工作的总结,也是热处理同仁,特别是热处理生产一线技术人员宝贵经验的高度概括。本书内容全面,技术数据翔实,图表丰富,实用性强,对热处理工艺设计与编制极具参考价值。

本书可供热处理工程技术人员阅读使用,也可供热处理企业的管理人员、工人及相关专业的在校师生参考。

图书在版编目(CIP)数据

热处理工艺设计与应用 / 赵步青编著 . —北京:机械工业出版社,2023.1(2024.1 重印)

ISBN 978-7-111-72154-3

Ⅰ.①热… Ⅱ.①赵… Ⅲ.①热处理 – 工艺设计 Ⅳ.① TG156

中国版本图书馆 CIP 数据核字(2022)第 231588 号

机械工业出版社(北京市百万庄大街 22 号 邮政编码 100037)

策划编辑:陈保华   责任编辑:陈保华 王 良

责任校对:樊钟英 贾立萍   封面设计:马精明

责任印制:邓 博

北京盛通数码印刷有限公司印刷

2024 年 1 月第 1 版第 2 次印刷

184mm×260mm · 18 印张 · 466 千字

标准书号:ISBN 978-7-111-72154-3

定价:89.00 元

电话服务   网络服务

客服电话:010-88361066   机 工 官 网:www.cmpbook.com

010-88379833   机 工 官 博:weibo.com/cmp1952

010-68326294   金 书 网:www.golden-book.com

封底无防伪标均为盗版   机工教育服务网:www.cmpedu.com

前　言

热处理是理论性很强的科学，也是实践性很强的技术。热处理技术属于国家核心技术，在我国从材料大国和制造业大国走向强国的过程中具有举足轻重的作用。热处理是决定产品性能、寿命和可靠性的关键过程，热处理工艺水平是机械行业竞争的核心要素。

据考察，我国制造业中的大中型企业和部分中小型企业热处理工艺设计水平和工艺管理水平基本与国际水平相当，并在不断提高。但据资料所载，我国制造业中的中小微企业占80%以上，这些企业的热处理质量不太稳定，主要原因是工艺设计和工艺管理水平存在较大的差距。有的企业热处理工艺设计与生产操作由同一人独立完成，而且这种情况的工艺设计仅仅是在其头脑中构思，并无文件；有的企业由有多年实践经验的热处理师傅口头指挥代替工艺，由他人操作等；不规范的案例比比皆是。无论口头指挥操作还是仅在头脑中构思的工艺方案，最大的缺陷是随意性太强。这种原始的、粗放式的管理模式远远落后于形势，必须与时俱进，采用科学的工艺来指导实践。

鉴于上述情况，为了满足热处理行业的要求，作者根据从事热处理工艺设计50多年的实践经验，结合现代热处理工艺技术的发展现状与现行的工艺技术规范，编写了本书。

本书共8章。第1章阐述了热处理工艺在制造业中的地位和热处理生产的特点；第2章介绍了热处理工艺设计的原则及程序，内容包括热处理工艺的先进性、合理性、可行性、安全性、经济性和可检性，以及热处理工艺设计的过程与步骤等；第3章介绍了整体热处理工艺设计，内容包括加热温度的选择、加热速度和加热时间的确定、淬火材料的形状换算、可控气氛热处理、淬火冷却工艺参数和回火工艺参数的选择等；第4章介绍了表面热处理工艺设计，内容包括表面热处理工艺设计基础、感应热处理工艺设计、火焰淬火工艺设计、激光淬火与电子束淬火工艺设计等；第5章介绍了化学热处理工艺设计，内容包括钢的渗碳、碳氮共渗、渗氮、氮碳共渗、渗硼、渗金属等；第6章介绍了真空热处理工艺设计，内容包括真空热处理工艺参数设计、真空退火工艺设计、真空淬火回火工艺设计、真空化学热处理工艺设计；第7章介绍了热处理质量检验，内容包括热处理质量检验方法及内容、热处理质量检验规程等；第8章介绍了热处理工装设计，内容包括热处理工装在生产中的作用及设计要点，热处理工装的分类编号及管理，热处理工装的设计原则及程序，一般碳素钢、耐热钢工夹具强度的核算，热处理工装设计实例等。

本书不仅是作者50多年从事热处理工艺技术工作的总结，也是热处理同仁，特别是热处理生产一线技术人员宝贵经验的高度概括，因此，本书应该是热处理行业的共同财富。技术共享，财富造福人类，这是作者最大的心愿，期望本书的出版能促进热处理行业的发展与进步。

在本书编写过程中，上海工具厂祝新发，哈尔滨第一工具厂刘秀英，成都量具刃具厂谢永辉，安徽嘉龙锋钢刀具有限公司胡明、胡会峰，河南第一工具厂张振刚，陕西关中工具厂孙承志，江苏晶工工具有限公司朱昌宏、蒋荣坤，江苏天工国际徐文瑛，江苏华苏工业炉公司刘朝雷，东风汽车公司量刃具分厂杨锴，南京科润公司左永平，浙江金华华南汽配公司赵纯，浙江永康求精热处理厂夏明道，浙江宁波大山金属科技有限公司叶振阳，浙江台州达兴热处理研究所罗永敏，浙江金华东斟西酌数字科技公司赵苏桂，浙江工业大学张丹宁，辽宁和兴热科技有限公司田宏等给予了大力支持和帮助，在此一并表示衷心感谢！

在本书编写过程中参考和引用了许多专著和论文，在此向相关文献的作者表示由衷的谢意，有少数著作的引用因种种原因未能一一列出作者名讳，深表歉意。

由于作者水平有限，书中疏漏和错误在所难免，恳请大家批评指正。

赵步青

目 录

第1章

概　述

1.1　热处理工艺在机械制造业中的地位

机械制造工艺是机械产品生产的科学方法，是工人和技术人员在长期生产实践中不断创新提高的系统生产技术。工艺既是进行工具及材料准备、生产计划调度、加工操作、定额计算及质量检查验收的依据，又是保证产品质量、生产安全、提高劳动生产率、降低生产成本的重要手段。因此，机械制造工艺就是机械产品制造过程中机械科学的实践与应用。在机械制造业的整个生产过程中，始终遵循着一定的工艺程序和方法进行活动。

热处理是机械制造工艺中最重要的组成部分，虽然机械产品不是100%要进行热处理，然而重要的工件特别是工模具都要经过热处理，热处理对机械产品的内在质量起着极为显著的关键作用。

热处理工艺在机械制造业中的作用，简单概括为以下4点：

1）热处理工艺能够充分发挥金属材料的力学性能潜力，赋予零件或工具在服役条件下的各种性能，延长其寿命，提高产品质量，增强企业核心竞争力。

2）改善金属的内部组织和工件的应力状态，使精密零件和工具能够保持长期的尺寸精度和稳定的组织状态。

3）热处理工艺可以改善工件的可加工性和工具的加工性能。因此，热处理往往可以改变工件生产的工艺流程和零件材料及加工工具的选择，使之更简单、经济。

4）热处理工艺的重要意义还表现在经济方面，因为工艺费用、生产时间和能源消耗占机械产品总的生产成本、工艺周期等比重较大，先进的工艺将给企业带来很大的效益。

由此可见，搞好热处理工艺工作，提高热处理工艺水平，对整个机械行业有着举足轻重的作用。

1.2　热处理生产的特点

与机械制造中的其他工艺相比，热处理工艺具有如下特点：

1）机械制造中的其他工艺，如铸、锻、焊、机械加工等，主要是成形，就是使工件达到设计要求的几何形状和尺寸精度，而热处理主要是达到要求的内在质量，即赋予零件各种使用性能，同时又能满足其他工艺提出的要求，例如成形性能、切削加工性能、尺寸稳定性能等。热处理不仅有内在质量的要求，还有外观表面质量的要求；不仅有宏观的质量要求，还有微观金相组织的细则要求。由此可见，对热处理的质量要求是多方面的，也是很严格的。

2）热处理一般是中间工序，往往受到前后工序的制约。热处理工艺过程在零件的制造过程中可能要分几次完成，如预备热处理（如调质、正火等）和最终热处理。热处理工艺还受到毛坯生产的方式和品种以及原材料原始组织的制约。总之，热处理工序既受到前工序的影响，又影响后工序的加工和质量。因此，热处理工艺在整个产品制造过程中的安排位置、次数和先后次序对零件加工工艺流程的设计关系很大。

3）热处理工艺与工件所选材料的关系非常密切。工件材料的成分、组织和性能，是决定热处理工艺参数的重要因素。不仅如此，即使是同一牌号的材料，由于工件尺寸大小、不同炉号、冶金质量的差异，也会影响热处理工艺及质量，这就是所谓的热处理质量效应或热处理的尺寸效应。

4）现行的热处理生产基本上分成"集体生产"和"手工操作"两种形式。所谓"集体生产"就是批量或多件，由多人共同操作完成的热处理工步；所谓"手工操作"就是以人工操作为主，单件多规格小批量的生产，机械化自动化程度低，在这一种情况下，热处理质量的稳定性比较差，工人的职业道德和操作技能对热处理质量影响极大，存在很多不确定因素。

5）热处理废品分析比较困难，有些问题不易在热处理过程中发现。因此，在制订热处理工艺时要留有余地，有一定的质量储备，使热处理工艺质量控制在设定状态。质量储备不等于质量过剩或质量浪费，从理论上讲，没有质量过剩是最经济、最理论的，实际上是很难做到的。所以，合理的质量过剩是合理的，也有可能是某些构件长寿命的真正原因。

6）热处理赋予零件各种性能，但是零件真正的使用性能现场检验比较困难，有的质量指标现场还不可能进行检测，一般常用概括或代表性指标来表示。例如常用硬度值作为代表预测其他性能，硬度在一定程度上反映了强度、耐磨性、可加工性等。但硬度只是表面现象，金相组织才是本质的东西。硬度同其他性能的关系是极其复杂，不能用简单的近似公式表达。所以，在制订热处理工艺时，必须掌握代用特性指标和真正使用性能之间的关系，不能仅以达到硬度要求为满足条件，必要时在制订工艺时应补充提出更全面的技术要求。例如汽车防滑链还有破断力指标。

7）热处理生产过程中，经常伴随着高温、高压、易燃、易爆及腐蚀等生产条件，接触有毒的气体、烟雾和灰尘等，并容易引起火灾、触电、发生人身伤害或损害工人健康等，因此，热处理安全生产及环境保护比其他工作显得更为重要。

8）热处理是一项系统工程，团队精神尤为重要，要搞好产品质量，创造优质品牌，要求所有生产人员都必须具备质量第一的意识，严格按工艺操作，任何一步出了问题均会影响全局。例如，高速钢刀具盐浴处理，包括去应力、预热、加热、冷却、清洗、回火、再清洗、喷砂和防锈等工序，每一道工序都不能马虎。

技术人员在进行热处理工艺设计时，必须充分考虑热处理工艺的上述特点。

第2章

热处理工艺设计的原则及程序

所谓工艺是劳动者利用生产工具对各种原材料、半成品进行加工或处理（如切削、锻造、热处理、检验等），最后使之成为产品的方法，是人类在生产劳动中所积累起来的，并经过总结行之有效的操作技术经验。

热处理工艺是指工件热处理作业的全过程，其中包括热处理工艺规程的制订、工艺过程控制与质量保证、工艺管理、工艺工装（设备）以及工艺试验和质量检验等。通常所说的热处理工艺，一般仅局限于工艺规程（工艺方法和工艺参数）。本章所阐述的热处理工艺设计，是以热处理工艺规程为主线的广义的热处理工艺设计，即从工艺方法的策划到工艺方法和工艺参数的设计，从工装的设计和设备的选择到辅助工序工艺守则的制订，从工艺验证与调整及工艺定型到工艺文件的编制和工时定额的计算，从工艺管理到生产实施，从工艺质量保证体系的建立到热处理质量检验全部的内容。

热处理工艺过程的编制是热处理工艺工作中最重要最基本的工作内容，也是充分发挥材料潜力和工件的服役能力的重要保证。因此，确切地说，工艺规程的编制属于工程设计的范畴，是工艺设计工作中极其重要的一环。

正确合理的热处理工艺设计，要根据相关的技术标准和国内外同行可借鉴的技术资料、能查找到的前沿的先进的热处理技术，以及本单位创新的热处理专用技术等，从本单位的实际情况出发，结合从业人员素质、管理水平、质量保证和检测能力等量力而行，设计编制出正确、完善、合理的热处理工艺规程。

正确合理的工艺，不仅能优质高效地生产出高品质产品，提高产品的使用寿命，而且能降低生产成本、节约资源和满足安全、环保要求。简单地说，热处理工艺设计应该遵循先进性、合理性、可行性、安全性、经济性、标准化及可检性的原则。

2.1 热处理工艺设计原则

2.1.1 热处理工艺的先进性

先进的热处理工艺是企业参与市场竞争的基础。企业热处理工艺的先进程度，起码应具备领先于同行其他企业的热处理工艺技术，甚至某些方面在国内领先，这就离不开使用当今国内外新技术、新工艺、新设备、新材料。应用新技术、新工艺，就能使企业率先占领市场，就能为企业创造更多的财富。热处理工艺的先进性见表2-1。

2.1.2 热处理工艺的合理性

合理不合理是相对的，在确保正确性的前提下，热处理工艺的合理性与某工件的重要程度、

表 2-1　热处理工艺的先进性

序号	要素	内容	目的
1	采用新工艺、新技术	充分采用新的热处理工艺方法及新的热处理工艺技术	满足设计图样技术要求，提高产品工艺质量和稳定产品热处理质量
2	热处理设备的技术改造和更新	改造旧设备，购置新设备（加热设备、温控设备及辅助设备）	满足热处理工艺发展的需要，提高生产能力和产品质量，适应技术进步的要求
3	采用新型工艺材料	采用新型的加热、冷却介质及防护涂料	提高产品热处理质量及热处理后的表面质量

工件设计对热处理提出的技术要求、经济意义和生产现场的客观条件，以及整个工艺路线的安排有关，见表 2-2。

表 2-2　热处理工艺的合理性

序号	要素	内容	目的
1	工艺安排的合理性	在零件加工制造过程中，热处理工序安排应合理恰当，确保工件在热处理后各部位质量一致；减少后续工序的加工难度；避免增加不必要的工序	热处理工艺与机械加工工序协调，保证工件最终要求，流程中安排好热处理工序；热处理工艺参数、冷却方式要确保零件的力学性能；有效控制工件畸变，确保工件最终尺寸要求；减少辅助工序，缩短生产周期，降低成本
2	工件热处理要求的合理性	热处理工艺应与工件材料特性相适应，工件的几何尺寸与形状与工艺特性相匹配	既要满足设计要求，又要保证热处理质量；热处理是通过加热、冷却方式完成的，热处理畸变、氧化脱碳、废品率等要求控制在一定范围内
3	工艺方法及工艺参数的合理性	为满足产品要求，选择合理的工艺方法；工艺方法应简单；选择合理的工艺参数	选择合适的工艺方法（如不同的淬火方法）会得到事半功倍的效果；减少生产成本，便于操作；选择工艺参数应根据相关标准，与标准不同的工艺应有试验依据
4	热处理前工件尺寸、形状的合理性	工件的截面尺寸不应相差悬殊；薄壁件的热处理应选用正确的工夹具；避免工件留有尖角、锐边	防止工件热处理后变形过大和开裂；减少工件翘曲、畸变过大；避免工件淬火裂纹的发生
5	热处理工件状态的合理性	铸锻件应经退火、正火等预备热处理；焊接件不应在盐浴炉中整体加热；切削量过大时应进行消除应力；毛坯件应去除氧化皮	消除毛坯应力；防止焊缝清洗不干净，被盐侵蚀，导致使用过程中开裂；防止工件畸变；防止后续处理出现局部硬度偏低或硬度不足

2.1.3　热处理工艺的可行性

热处理工艺的可行性，是指所设计的热处理工艺，在企业现有的人员结构和设备特点及管理水平的条件下，对于个别工件的特殊处理方法，不一定需要购置新设备来生产，利用对外协作也可以满足生产需要。热处理工艺的可行性见表 2-3。

表 2-3　热处理工艺的可行性

序号	要素	内容	目的
1	企业热处理条件	人员结构及素质；热处理设备配套程度、设备精度及工艺能力	保证工艺实施的正确性；保证工艺完成和发展的能力
2	操作人员的专业技术水平	人员的文化程度、专业技术水平及对操作的熟练程度	正确地理解工艺要求，保证工艺要求的正确执行

（续）

序号	要素	内容	目的
3	工艺技术的合法性	所制订的工艺参数、方法依据合法的技术文件 新技术、新材料、新工艺应在试验基础上评审、鉴定和认可	保证工艺的制订有法可依，有据可查；工艺的合法性

2.1.4 热处理工艺的安全性

热处理工艺的安全性主要是针对环境安全、人身安全以及设备的安全。因此，热处理工艺要有充分的安全可靠性，在进行工艺设计时，要充分考虑工人操作过程各方面的安全性，特别是直接接触高温、高压、易燃、易爆、易腐蚀及有害气体的岗位。工艺内容不仅要有明确的规程，还应提出制度化的安全操作守则。热处理工艺的安全性见表2-4。

表 2-4　热处理工艺的安全性

序号	要素	内容	目的
1	工艺本身的安全性	工艺编制应充分保证安全可靠，对形状复杂的特殊件（如密封内腔件）要有安全措施 液压罐、真空设备、氢气、氮气等的保护装置应有可靠的安全措施 对人体有害的工艺材料，尽量减少使用或避免使用	预防对人身安全造成危害 防止设备发生爆炸，确保运行中的安全 尽可能在工艺中不应用有害的工艺材料，以免造成安全事故
2	控制有害作业	尽可能不采用有害工艺，如不采用氰化盐渗碳、碳氮共渗 装运工件应有料筐和运载工具	防止影响人身安全，避免有害废弃物的处理，确保工件热处理过程中的安全
3	环境保护	生产场所空气避免受排放、散发气体的污染，使环境不受危害；防止废物的再污染	确保生产场所人身安全，保证三废符合国家排放标准 防止环境及人身受到危害，保护环境

2.1.5 热处理工艺的经济性

热处理工艺设计时，应充分利用企业现有人员和设备等条件，在确保质量的前提下，力求流程简单、操作方便，以最少的消耗获取最佳的工艺效果，使企业不但获得经济效益，而且使工艺更加完善。热处理工艺的经济性见表2-5。

表 2-5　热处理工艺的经济性

序号	要素	内容	目的
1	能源利用	选用节能加热设备和水溶性淬火冷却介质	减少整个处理过程中的能源消耗
2	热处理设备工装的使用	充分利用设备加热能力，合理利用加热室空间；大批量生产的企业，尽量采用机械化和自动化、智能化生产	减少单件能源耗值，降低生产成本
3	工艺方法应简便	工艺流程应简单，充分发挥加热设备的特点	减少不必要的程序，缩短生产周期，使设备满足不同工艺要求
4	利用现有设备，设计辅助工装	例如，利用箱式加热炉，设计移动式渗氮箱，满足渗氮要求，设计保护箱进行无氧化加热	利用普通设备进行化学热处理 在普通的加热炉中实现气体保护，防止氧化脱碳，可以实现形变热处理

2.1.6 热处理工艺的标准化

标准化工作是企业生存和发展的基础，也是加强国内外技术交流的基础。因此，热处理工艺的标准化在热处理工艺设计过程中是必不可少的，同样也是协作过程发生质量纠纷仲裁的依据。热处理工艺的标准化见表2-6。

表 2-6   热处理工艺的标准化

序号	要素	内容	目的
1	文件的标准化	文件表格、书写格式、术语应用、引用基础标准、法定计量单位	必须遵照有关标准执行
2	制订工艺参数标准化	编制的工艺参数（温度、时间、加热方式、冷却方式等）应按相关标准选择或计算；检验方法、检测结果的核算也应符合标准	保证编制的工艺参数正确、可靠，对超出标准的参数要求，应有完整的试验依据并经过评审 确保测试结果正确
3	文件配套的一致性	应用的概念、术语一致性，企业标准及工艺管理应法制化	同一概念，同一解释；保证企业管理进步及产品质量的稳定

2.1.7 热处理工艺的可检性

热处理属特殊工种，对热处理过程中的主要工艺参数必须严控并具有可追溯性，使出厂产品的质量能追根溯源。工件经热处理的检测方法、内容及结果均可追溯督查，特别是昂贵的拉刀、旋切刀之类的产品，应标有厂家的特殊标志，谨防不法商家假冒。热处理工艺应具备可检性，其内容见表2-7。

表 2-7   热处理工艺的可检性

序号	要素	内容	目的
1	工艺参数的追溯	设定工艺参数的加热炉应配备温度、时间等相适应的仪表记录、操作者的原始记录，处理产品批次、数量及生产日期	所设定的参数应符合相关标准，产品质量档案备查及产品质量的可追溯性
2	检查结论的追溯	产品处理完的检查结果包括力学性能、金相组织、硬度、尺寸等检测数据	产品质量的备查及追溯
3	工艺参数制订的可溯性	工艺参数的制订必须依据相关的有效标准、材料标准及工艺试验总结等	保证产品热处理工艺编制的正确性

2.2 热处理工艺设计的过程与步骤

2.2.1 热处理工艺设计的依据

热处理工艺设计的依据，主要源自产品图样及技术要求、毛坯图样及技术要求、有关工艺设计的技术标准、热处理前道工序和后道工序对热处理的技术要求，以及生产现场操作者的技术水平和设备能力等。

1. 产品图样及技术要求

产品图样应是经工艺审批的有效版本。工件图样上应有明确的热处理技术要求，内容包括：

1）材料牌号及材料标准号。

2）最终热处理后的硬度值（必要时，提出同炉处理的标准试样的其他力学性能指标，如抗拉强度、塑性、韧性等）。

3）对于需要化学热处理的工件，图样上应标明其化学热处理的部位及其尺寸、渗层有效深度及表面硬度、心部硬度、渗层组织及其相关标准。

4）只需局部硬化的工件，应标明具体位置及热处理方法等。

5）对热处理后有特殊检验要求的工件，应标明其检验类别及相关标准等。

2. 工件毛坯图样及技术要求

工件毛坯图样是按照工件图样派生出来的铸、锻、焊件或其半成品图样。单件生产时毛坯图样一般可在工件图样上用彩色笔色画出来即可；批量生产时应另行绘制毛坯图样，并按照规定程序由相关工序技术人员会签和审核后才可下单投放生产，毛坯图样应有明确的技术要求：

1）材料牌号及其材料标准号。

2）毛坯的最终硬度值及其受检部位和检测方法。

3）必要时，应标明毛坯的最终组织状态及执行的相关标准等。

3. 工艺技术标准

工艺技术标准（含工艺设计工作质量标准），是提高工艺设计工作质量和评价工艺设计水平的重要依据。近年来，不同级别（国家、行业、企业）的工艺技术标准不断完善和提高，为工艺设计提供了更加可靠的依据，大大提高了各相关企业的工艺设计水平和设计质量。从事工艺设计的工程技术人员，在自己的实际工作中应认真贯彻、执行工艺技术标准，并不断提升工艺技术水平，以利于进一步提高产品质量。

这里应该特别指出技术标准的级别与水平的关系，作者认为：一般情况下，技术标准的级别越高，水平越低。按等级来说，国际标准、国家标准无疑高于行业标准、企业标准；按标准的技术水平来说，企业标准（特别带有保密性的内控标准）是最高的。

目前的"企业标准"有两种情况：一种情况是行业标准或国家标准暂时涵盖不了企业特殊产品的内容，这时需要企业自行制订量身定制的"企业标准"，为了适应市场需要同时又要参与竞争，企业标准不能定得太低；另一种情况是高标准严要求，热处理是企业参与市场竞争的核心竞争力，某些技术标准会超越行业标准而制订"企业内控标准"。

4. 企业条件

企业条件包括热处理生产条件、热处理设备状态、热处理工种具备程度、人员素质及管理水平等，某些情况下还要考虑对外协作的可行性。

2.2.2　热处理工艺设计的基本内容

如前所述，热处理工艺的先进性等 7 项原则是衡量其设计质量的综合指标，然而，热处理工艺设计是通过若干个工艺过程完成的，每一个工艺过程的工作质量都将会影响设计的最终质量。因此，热处理工艺设计的全过程体现的是热处理工艺的正确性、一致性、完整性。

1. 热处理工件明细表的建立

机械产品定型的企业，工艺部门应编制热处理件明细表，格式见表 2-8、表 2-9，它在工艺设计总体策划和工艺管理时使用，有利于工艺设计者对每种热处理工件的基体参数有个概括了解。

表 2-8　热处理工件明细表格式之一

××××热处理厂 （文件类别）	文件编号：			
	版本	章/页		生效日期
热处理件明细表				
序号	代号	名称	外形尺寸	数量	材料	质量	备注
1							
2							
编写者及日期		审核者及日期			批准者及日期		

表 2-9　热处理工件明细表格式之二

（厂名）	热处理零件明细表	产品型号		部件号		共　页
	车间	产品名称		部件名称		第　页
序号	件号	零件名称	每台件数	每件净重/kg	材料牌号	技术要求	热处理工艺装备编号	零件主要尺寸/mm				零件在各车间的工艺流程	工时定额/min
								D	L	B	H		
编制		日期		校对		日期		审核		日期		会签	日期	批准	日期

2. 热处理工艺设计的总体策划

对于产品定型的企业，工艺设计部门的热处理负责人应对产品的全部热处理工件的工艺设计任务进行人力资源和物资的准备，对工作计划、方针目标和相关措施等统筹安排，并编制"工艺设计总体策划说明书"。同时将具体的设计任务以"工艺设计任务书"的方式送达给下属，特别是对设计新手通过多种形式进行指导。

3. 热处理工艺设计规程

为了确保热处理工艺设计质量，设计工作应遵循一定的规律和程序，一般的热处理工艺设计流程如图 2-1 所示。

4. 热处理工艺规程的要素及内容

在热处理工艺设计总体策划的基础上，设计者首先遇到的是逐一对每种工件的热处理工艺规程的设计。热处理工艺规程基本要素及内容见表 2-10。

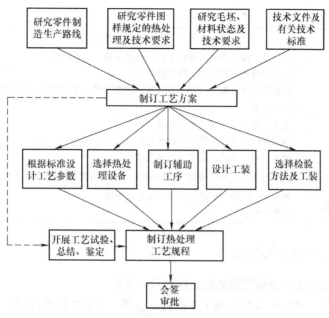

图 2-1   热处理工艺设计流程

表 2-10   热处理工艺规程基本要素及内容

序号	要素	内容
1	工件概况 （工艺规程表头栏）	工件所属产品 工件图号 工件名称 材料牌号 热处理工序名称、工序号 单台数量 单件质量 热处理检验类别
2	工件简图 （简图栏）	工件结构图（热处理示意图） 基本尺寸 硬度受检位置及硬度试验打磨方法和允许磨去的深度 热处理变形要求部位及尺寸 化学热处理（局部）部位及尺寸
3	装炉示意图 （简图栏）	工件热处理装载示意图 模具淬火示意图 高频感应淬火示意图 装炉摆放示意图 矫正示意图
4	热处理技术要求	依据技术标准（上级标准或企业标准） 热处理前质量要求（如工件材料状态、表面状态、表面粗糙度、热处理使用的试样尺寸及数量） 热处理后质量验收及检验要求依据（如力学性能、硬度、表面状态、变形及尺寸要求，增脱碳要求、渗层深度及组织、晶粒度等）

（续）

序号	要素	内容
5	热处理工艺	工件装炉加热方式（装炉夹具、数量及装炉示意图等） 热处理设备（加热炉、冷却设备等） 热处理工艺参数（加热升温方式、加热介质、加热温度、真空度、保温时间、冷却方式及介质等）
6	辅助工序	清洗与清理（设备、方式要求） 涂或镀防氧化、防渗层（涂镀层性质、表面质量要求及验收要求） 矫正（矫正方式、设备及技术要求）
7	检验工序	力学性能（主要测硬度）、金相组织、渗层深度，尺寸及变形要求和表面质量等
8	工艺规程审批	编制者、校对、标准化审查、审定或批准 会签（相关单位）

2.2.3 热处理工艺设计前的技术分析

1. 分析工件的制造工艺路线及热处理工序的具体位置

了解工件的制造工艺路线及热处理工序的具体位置，可以掌握热处理前道工序的加工特点及其质量对热处理工序的影响和热处理后道工序对热处理工序的要求，有利于各工序间的沟通与协调，有利于确定热处理所在的场所和工件周转所需要的装备等。举例来说，同样的高频感应淬火件可安排在热处理车间，减少人员配备，适用于单件小批量生产。

2. 分析工件结构、形状和尺寸以及图样所规定材料和热处理技术要求

分析工件结构、形状和尺寸以及图样所规定材料和热处理技术要求是热处理工艺设计的前提条件，否则，热处理工艺设计将无的放矢，难以满足工件性能要求、材料选择、热处理工艺性三者的一致性和正确性。例如，当模具的形状很复杂，要求高硬度所选用的材料为 T10A 钢时，淬火易变形开裂；同样的模具如选用 CrWMn、LD 等，则可以减少甚至避免变形开裂。

3. 分析所选定的具体材料特性及其采购

同一种材料因其规格和原始状态不同，则力学性能及热处理工艺等有很大的差别。例如 ϕ40mm 以上的 Cr12MoV、W18Cr4V 等高合金钢，钢厂供给的原材料碳化物不均匀可达 4 级，甚至更高，如果不经反复锻造直接制成刀具，热处理时极易产生裂纹等缺陷。再如，未经锻造的大规格棒材直接制造齿轮，热处理淬火亦易产生变形和开裂。

4. 分析相关的热处理工艺标准

贯彻执行热处理工艺标准的重要意义前已述及，由于标准的等级不同，体现的技术档次也有一定差别，因此，热处理工艺设计选择标准时，应在客观条件具备的情况下，尽量采用高标准。

5. 分析热处理前道工序的加工特点

为了预防热处理前道工序对热处理工艺的不良影响，在热处理工艺审查过程中如发生异议，则应与工艺路线编制者及时沟通，经冷、热加工工艺人员协商，确定是否更改工艺路线。例如：

1）各工序间的允许变形量和预留的加工余量。

2）为了改善热处理工艺性，在不影响使用条件的情况下，在热处理前的半成品上增加工艺孔、槽和加强筋等，并在前道工序工艺文件中做出明确规定。

3）外观和表面质量的要求。对于淬火裂纹敏感性较强的工件，热处理前的表面粗糙度值 Ra 不得大于 3.2μm；各拐角处不得有清根，棱角要倒钝；表面刻字深度不得大于 0.25mm，且字根应倒圆等。

6. 分析企业条件及对外协作的可能性

通过分析而掌握了本企业（或外委的热处理厂点）所具有的热处理实际条件，并在工艺设计时加以合理运用，所设计出来的热处理工艺才是合理可行的。

分析企业条件，包括热处理生产的设备条件、人员结构及其专业素质、质量管理水平和热处理的核心技术（专利技术、专有技术），以及热处理生产的类型（大批量生产、批量生产、单件多品种的小批量生产）和专业化程度、专业特色等。

在上述各项分析中，如有需要除与工件设计者或前道工序工艺设计者协商之外，应按本企业规定的技术沟通（协商）控制程序进行。

2.2.4 热处理工艺方案的制订

热处理工序的安排和工艺路线的制订，一般由综合工艺部门确定。对热处理工序不可能规定得很具体，往往只标明热处理工序名称（如退火、调质、淬火、渗碳、渗氮、PVD 等），至于采用哪种工艺方法，需要热处理工艺设计者具体确定。在确定工艺方法后，才能进一步确定其工艺参数，其原则如下：

慎重分析所处理件的重要性及其图样中已规定的热处理工艺方法的难易程度和企业内外实施的可能性，以尽量满足工件图样中规定的方法为出发点。如果实在不可实现，要及时与产品设计部门沟通、协调，最终由产品设计部门决定取舍或更改，并按企业规定的审批程序，以文件形式反馈到工艺设计部门。

确定具体工艺方法，应以本企业所具备的条件为出发点，只有在产品及其零件技术条件不可更改的情况下，才能考虑外协热处理事宜。

在确定工艺方法时，只能将重要性一般工件做重要性高的来处理，不可反置。材料代用时，只能以高代低，不可相反。

在产品及其工件图样等技术文件中对热处理无明确技术要求时，热处理工艺设计者需要查找可靠的技术标准和相关资料，有据可查地确定工艺方法，不能盲目确定。

整体热处理、表面热处理和化学热处理不得相互替换。当确定一定要替换时，应按企业规定的审批程序处理，任何人不得擅自替换。

确定具体工艺方法时，就高不就低。例如，碳素工具钢和合金工具钢需用球化退火，而不用普通退火；能真空加热淬火者不用盐炉淬火；碳氮共渗不用渗碳代替等。

确定工艺方法时，应兼顾技术先进性与技术经济性的统一，经济性与安全性的统一，安全性与生产率的统一，处理好各项确定原则间的关系。

2.2.5 工艺简图的用途及绘制

在热处理工艺卡片中，常常需要附零件简图，其作用如下：

1）便于识别和核对工件。由于热处理多数为中间工序，处理对象大多为毛坯或半成品，其形状和尺寸与成品有一定差别，有时有几种相似件混合，用简图核对处理件比较方便。

2）利用简图便于清楚地说明工艺。对于很难用文字叙述清楚的内容，用简图表示则一目了然。例如，某工件只需局部淬硬的部位、化学热处理工件需要防渗的部位以及指定检测硬度的部位等。

在生产过程中一般不是每道工序都有零件图，或零件图较大不便携带，利用简图则更便捷。

对热处理件工艺简图的绘制有如下要求：

1）应把工件在热处理工序的实际尺寸和形状清楚地表示出来，一般只画一个能说明问题的视图即可。

2）简图除标注工件外形或轮廓尺寸外，与热处理有关的尺寸也需标出，如局部淬火部位的尺寸、最厚最薄尺寸，需要控制变形的尺寸、检验硬度部位的深度尺寸等。

3）绘制工件简图时，线条粗细、虚实，剖面线，中心线等均须按机械制图的一般规定进行绘制，但大小比例可根据实际需要而不受限制；倒角、表面粗糙度、台阶等酌情略去。

4）如需在工件上切取试样，应在简图上标注出部位尺寸。

5）如有可能，可将装炉方式要求、装夹要求及淬火方法要求等的示图与工件简图汇编在一起，以便更好地指导生产。

2.2.6 热处理设备的选用

热处理设备选用的主要依据是热处理工艺方法、生产批量、被处理工件的尺寸及变形要求、表面质量要求等。

热处理设备技术参数的选择依据是被处理件尺寸、生产批量以及热处理加热温度及工件的精度要求等。

热处理设备应尽可能选择少无氧化的新款及节能减排新设备，如果一定要用老旧设备，应采用必要的环保措施。

2.2.7 热处理工艺装备的设计

现实告诉我们，我国一些机电产品热处理的质量上不去，往往是热处理工装不到位，可见工艺装备在热处理中也是很重要的。

为了满足热处理工艺及生产实施的需要，保证热处理质量和安全生产等，使用的一切工具、模具、量具、夹具、吊具和工位器具，以及为扩大热处理设备应用范围而自制的附件等统称为热处理工艺装备，简称为热处理工装。

完备的热处理工装有利于保证热处理质量、提高劳动生产率、减少热处理畸变、减轻劳动强度、确保安全生产、提高经济效益等。

在设计热处理工艺时，生产实施过程中需使用的工装，均由工艺设计者提出申请，按企业规定的审批程序交由有关部门或本部门其他人员设计和制造，并在工艺实施前提供给使用部门。

1. 热处理工装的类别

热处理工装通常分为通用工装、专用工装和标准工装三类。

（1）通用工装 即实施各种热处理工艺所共同使用的工装，如钩、钳、篮筐、料盘和通用吊具、挂具等。

（2）专用工装 即专门为某一工件或某一种工艺所设计、制造的工装，如高频感应淬火专用感应器、回火定型专用夹具、滚刀淬火夹具等。

（3）标准工装　即已由企业、行业、国家标准化了的工装。标准化工装有的是专用工装，也有的是通用工装，这些工装是已被商品化，在市场上可买得到的工装，如利用标准件组合的工装（标准吊钩）等。

热处理工装也有其他分类法，如按工装用途、特征等进行分类。每个企业根据自己的情况分类，总的原则是经济、实惠、耐用和便于管理。

2. 热处理工装的编号及管理

（1）工装编号方法　目前热处理工装的编号，各单位自行其是，作者认为应按 JB/T 9164—1998《工艺装备编号方法》具体规定执行。

（2）工装的管理　工装是企业完成生产任务所需的重要装备之一，每一个企业都应有统一管理制度，包括工装申请、审批、设计、制造、鉴定、管理、维修、报废及改进等。没有一套完备的工装，再好的工艺也很难发挥出应有的效能。

对于热处理工装，热处理设计者应完成以下工作：

1）确定所设计的工艺采用（或借用）何种工装。

2）提出工装设计任务书，见表 2-11，并申请制造。

表 2-11　热处理工装设计任务书

产品型号		工序编号		工装编号	
工件编号		加工工序		工装名称	
工件名称		所用设备		工装等级	

工装使用说明及技术要求（或草图）

工艺设计者	日期	主管工艺者	日期	审核者	日期

3）确定工装编号并填写到工艺卡中。

4）对工装设计的图样进行会签，并尽量选择已有的通用工装和标准工装，或用其他专用工装代用，以减少制造成本和缩短制造周期。

3. 热处理工装设计程序

由于各企业工装管理体制和制度不同，热处理工装的申请、设计、审批等程序有差异，可以精简，但简单的程序还是应该遵循的。

1）设计准备，掌握必要的设计资料，分析研究设计依据。

2）拟定工装结构方案（可以多方案比较），绘制设计草图、会签和审批。

3）绘制总图。

4）确定工装的技术条件。

5）编制工装零件序号、零件明细表、填写标题栏。

6）绘制工装零件图。

7）描图、审核、批准、描晒（或计算机打印），分发到有关部门。

8）论证、投产。

2.2.8 热处理劳动定额的确定方法

劳动定额是企业管理的一项重要基础，在各项技术经济定额中，劳动定额极为重要，它是关系到企业的发展和职工收入多少的大事。劳动定额是生产过程中劳动消耗的一种数量标准，是指在一定的生产技术和生产组织条件下，合理规定在一定的时间内应该完成的合格品（工件）的数量（件数或质量）；或者生产一件或一批合格品（工件）所需的时间。劳动定额以产量表示叫产量定额，以时间表示叫工时定额。

1. 产量定额

产量定额比较简单，即以每个人或一个团体在一定的时间内完成工件的总质量（吨位）进行计算。它的缺点是可比性差，不能反映劳动的复杂程度。例如，处理碳素钢和高速钢刀具各1t，后者费时可能是前者 5~6 倍。

2. 工时定额

热处理工时定额是按一个或一批工件的热处理总生产时间计算，并规定每个工人在一定时间内完成多少工时。大批大量生产的企业多采用这种方法来考核劳动生产率。单件或小批量生产的情况下，采用产量定额和工时定额都比较困难，因为生产的准备工时对工艺设计人员来说很难估算。因此，目前大多数热处理企业或车间，多采用"实用工时"来评价劳动生产率。

2.2.9 热处理工艺文件的编写

工艺文件的编写，即将工艺设计过程中所确定的工艺方案、工艺方法、工艺参数等以文件形式表述出来。为了便于科学管理和技术交流，其编写格式和内容要求等，在 JB/T 9165.2—1998《工艺规程格式》和 JB/T 9165.3—1998《管理用工艺文件格式》中做了具体规定。

1. 热处理工艺规程格式

目前，国内外常用的热处理工艺规程格式类型主要有单列式热处理工艺规程、工艺说明书加工艺卡片、工艺说明书加指令卡片和计算机热处理工艺自动控制四种。

以上四种格式各有特点，使用范围亦有差异。

（1）单列式热处理工艺规程的特点　这是通常用的工艺规程格式，独立性强，操作过程中受其他文件约束性小。此格式适用于中小型企业。

整个工艺过程平铺直叙，直接指导生产。

这种格式亦有缺点：缺少对工艺过程的质量控制，不适应现代化的质量管理要求。

（2）工艺说明书加工艺卡片的特点　对工艺过程中的人、机、料、环（环境）提出具体要求及控制方法。

说明书中将企业或对象产品所涉及的同类钢种规范统一。

说明书中给出了工艺程序，确保工艺质量的稳定。

说明书中规定了质量保证措施。

说明书是企业质量体系保证满足 GB/T 19000 质量管理和质量保证要求的必备的工艺文件，属企业的指令性文件。

相对而言，工艺卡片可给出对象工件具体的工艺参数，简单明了。

此种格式，适用于产品多、热处理工种多的大中型企业。

（3）工艺说明书加指令卡片的特点　在工艺说明书加工艺卡片的基础上，指令卡片代替工艺卡片是工艺管理的深化与发展。

　　说明书中热处理工艺规范化，使每种工艺均有具体代码，操作者按代码从工艺说明书中找出具体的工艺规范进行生产。

　　此种格式适用于产品品种多、热处理工种多的大中型企业。

　　（4）计算机热处理工艺自动控制的特点　将工艺说明书中各类工艺设计成编码，每一种编码给出固定代码，按代码号输入计算机。

　　指令卡给出执行代码号，操作者从计算机中提取代码工艺，计算机按代码要求操作设备运转。

　　此种格式适用于产品多、热处理工种多的大中型企业或大批大量生产。

　　热处理工艺规程的编写格式，各企业可根据本单位的产品及每个工件特点、生产批量、设备等客观条件，自行设计或选择，以下推荐几款格式，见表 2-12 ~ 表 2-17，可供参考。

表 2-12　热处理工艺卡片

编号：

（厂名）	热处理工艺卡		标记	工件名称		工件编号		
				产品型号		共　页	第　页	
（工件草图）	材料及牌号			化学成分 （质量分数，%）		处理要求	处理前 的要求	
	外形尺寸 /mm							
	工件质量 /kg							
	每车件数							
	工件送来部门							
	工件送往部门							
	处理前状态							

| 工序号 | 工序 | 设备型号名称 | 工具编号名称 | 加热 | | | 冷却 | | | 同时装炉数量 | 工序要求 | 工人等级 | 工时定额 | | |
| | | | | 温度 /℃ | 加热时间 /h | 保温时间 /h | 介质 | 温度 /℃ | 时间 | 方式 | | | | 基本工时 /min | 辅助工时 /min | 每件工时 /min |

描图																
底图号																
档案号																

| 日期 | 签字 | | | | | 编制 | 日期 | 校对 | 日期 | 审核 | 日期 | 批准 | 日期 |
| | | 标记 | 处数 | 更改文件号 | 签字 | 日期 | | | | | | | |

表 2-13　感应热处理工艺卡片

编号：

（厂名）	感应热处理工艺卡片		产品型号	工件名称	工件号		共　页
	车间						第　页
	钢号		每台件数		净重		kg
	技术要求			检验方法			
	硬度：						
	变形：						

				设备工作规范						
（工件简图）	灯式高频机	工序编号	单位功率 /(kW/cm²)	加热面积 /cm²	需要功率 /kW	阳极电压 /kV	阳极电流 /A	偶合数	栅极电流 /A	回授数	回路电压 /kV
	机式中频机	工序编号	单位功率 /(kW/cm²)	加热面积 /cm²	需要功率 /kW	电压 /V	电流 /A	电容 /pF	变压器匝数比 二次侧 / 一次侧	功率因数 cosφ	

总工序编号	热处理工序号	工序名称	设备型号或名称	感应器编号	工装名称或编号	加热			冷却			移动速度 /(mm/s)	工人等级	工时定额 /min
						温度 /℃	时间 /s	方式	介质	温度 /℃	时间 /h			

编制		日期	校对	日期	审核	日期	会签	日期		批准	日期	描图	日期

表 2-14　通用型热处理工艺卡片

厂　　　车间	热处理工艺卡		处理前要求：
零件名称：			
零件号：	材料：	工序号：	
装炉方法及数量：			热处理技术要求： 硬度：表面＿＿＿＿＿ 心部＿＿＿＿＿ 硬化层深度：＿＿＿＿＿mm 允许变形量：＿＿＿＿＿mm

工步号	名称	设备	工装、夹具	加热		保温		冷却		操作要点：
				温度 /℃	时间 /min	温度 /℃	时间 /min	介质	温度 /℃	

编制：	校对：	审定：	批准：	更改日期	更改单号	更改标记	更改者

表 2-15　热处理工艺指令卡片

热处理工艺指令卡			
零件图号		零件名称	
工序号	58	材料代码	B2
执行指令 H3、H4B			
制定		审定	

表 2-16　竖式热处理工艺规程表

厂	热处理工艺规程		型号：	页次：　／
车间			图号：	
	零组件名称：		版次：　／	
材料牌号：	硬度：	检验等级：		单台件数：
指导文件：	单件质量：　　kg	工序名称：		工序号：

零件简图：

说明：

序号	工步名称	设备	装炉量	工艺内容	工装夹具

编制	校对	标审	审定	会签	批准

表 2-17　热处理作业指导书

编号：

热处理作业指导书	产品名称		产品型号		厂名：　　年　月　日编订
	零件名称		零件号		

材　　料		工艺路线								（简图）
每台件数										
单件质量 /kg										
热处理前零件状况		技术条件								

	序号	工序名称	设备编号及名称	工具编号及名称	装炉（盘）数量	加热温度/℃	推料周期/min	加热时间/min	冷却			管理点	注：（1）检查频次
									介质	温度/℃	方法		全：百分之百检查
工艺规格													1/N：N件检查1件
													N/炉：每炉检查N件
													KN/班：每班K次
													每次N件
													（2）重要程度
													a：关键
													b：重要
													c：一般
特别注意事项													（3）管理手段

	代号	检查项目	检查部位	工艺要求	管理界限	测量方法	测量频次			重要程度	管理手段	a：管理图
							自检	首检	巡检			b：计量用表
工序质量管理点表												c：计数用表
												d：不用记录
												（4）首检
												a：开始工作时
												b：调整设备时
												c：换工序时
											编制	
											校对	
											会签	
											审批	

2. 热处理工艺方案策划书的编写要点

新建或扩建的热处理企业在热处理工艺总体策划时，应根据其产品零件特点及生产批量等，繁简适度地编制其工艺方案策划说明书。热处理工艺方案总策划书的章目和编写要点见表 2-18。

表 2-18　热处理工艺方案总策划书的章目和编写要点

序号	主要章目	编写要点
1	范围	明确说明书的主题及其包括的方面，从而指明该说明书使用范围的限制
2	引用文件	应编写出说明书中所引用的标准和技术文件。标准和技术文件应是现行有效版本，标准引用的应是上级（国家标准或行业标准）以及已正式颁布的企业标准
3	术语与定义	说明书中使用的术语或定义应限定选用已颁布的国家与行业标准。在说明书中应明确的术语与定义应给出明确的概念，文字表述应清楚
4	材料控制	"材料"是指本说明书适用于制造零件的材料和热处理过程中使用的工艺材料。本章节中应列出它们的牌号、材质、技术条件（标准）及状态等
5	制造工艺	此项为核心部分，根据工艺流程涉及的主要工序绘制工艺流程图 1）工艺前的辅助工序：预处理、清理及装夹等的技术要求和控制 2）工艺方法：各种材料所要求的工艺方法、工艺条件及工艺参数和限制条件 3）过程控制：生产环境的要求和控制、各工序间的要求和限制、过程中原始数据的表格填写要求以及对其他特殊要求的规定等 4）试件：处理过程中所需试件的牌号、尺寸、状态及数量的要求规定 5）热处理后的辅助工序：清洗、清理、打磨及矫正的要求
6	工装设备控制	1）写明所购设备、自制设备以及大修后的设备投入生产的要求 2）明确现场使用的工装、测量器具的使用要求 3）工艺对使用设备的型号、规格及精度等的要求 4）设备定检要求（如控温精度、槽液定检）、设备定检结果的标识（挂牌）
7	技术安全	写明在操作时，危及人身、产品、设备的安全及有害操作者身体健康的预防措施和事故发生时的急救措施
8	质量检验（过程检验）	1）写明工序与工序间的检验项目、方法及关键工序控制要求 2）产品检验，写明受检项目、方法及其依据文件 3）检验记录：对生产监控的原始记录，检验结果记录的填写要求与规定 4）检验控制：对检测设备、工量具、仪器仪表等的要求与规定

3. 热处理工艺守则的编写

热处理工艺守则属于通用性工艺文件，如热处理辅助工序的清洗工艺守则、工件变形矫正工艺守则等。顾名思义，工艺守则是热处理某些通用工艺在生产实施过程中必须遵守的原则。其中工艺守则的内容应包括：工艺方法、所有设备和工装、操作要点和安全卫生，以及某些特殊要求等。

4. 热处理工艺曲线的绘制

热处理工艺曲线是把热处理工艺规程的主要内容用二元坐标曲线图来表示的方法，是最直观、简捷和实用的方法，对指导生产有现实意义。其缺点是细节问题难以表达出来，必要时附加说明。

5. 管理用热处理工艺文件及其格式

管理用热处理工艺文件主要以各种表格形式呈现，大体包括：工件文件目录、产品零件工艺路线表、热处理零件明细表、外协热处理件明细表、工艺装备明细表、热处理常用工艺材料明细表，以及工件文件更改通知单等。工艺文件目录表见表 2-19，热处理关键件明细表见表 2-20，工艺文件更改通知单见表 2-21。其他明细表可参照表头、表尾格式绘制，其内容应根据实际情况设计。

表 2-19　工艺文件目录表

文件编号：

××××热处理厂（文件类型）			工艺文件目录		产品型号			共　页	
					产品名称			第　页	
序号	文件编号	文件名称	页数	备注	序号	文件编号	文件名称	页数	备注
编制			审核				批准		
标记和处数	更改文件号	签字	日期		标记和处数	更改文件号	签字	日期	

表 2-20　热处理关键件明细表

文件编号：

××××热处理厂（文件类型）			热处理关键件明细表		产品型号		共　页
					产品名称		第　页
序号	零件图号	零件名称	材料	每台件数	关键内容		
1							
2							
3							
4							
5							
编制			审核			批准	

表 2-21　工艺文件更改通知单

文件编号：

××××热处理厂（文件类型）			工艺文件更改通知单		产品型号		共　页
					产品名称		第　页
产品型号	产品名称	零件图号	零件名称	文件名称及文号	更改标记和处数		实施日期
更改原因				零件处理			发往部门
更改前：				更改后：			
							同时更改的资料
编制		审核				批准	

2.2.10　热处理工艺的修改、验证与调整

热处理工艺经企业负责人批准后分发到车间及有关部门，工艺编制工作暂时告一段落。但世界上没有最好，只有更好。工艺还要在实践中不断完善，同时要随市场变化、生产条件的改变而完善，并且在实际生产中还可能出现这样那样的问题，因此，工艺修改是难免的。为了提高工艺质量，体现热处理是核心竞争力的内涵，工艺修改应该是一项经常性的工作。可以说，工艺的修改是工艺制订的继续。

修改工艺，将给工艺管理和生产带来不少麻烦，尽管客观上修改工艺是不可避免的，但主观上仍希望尽量少些，以便生产相对稳定。工艺修改一般有三种情况：一是发现错误或不妥，工艺制订者应主动提出，它是工艺制订质量不高的具体表现，在考核工艺编制质量时，应有一个内控指标，像热处理废品率一样，不允许越过红线；第二种是被动式修改，由于客观因素的变化要求修改，如总设计和其他工艺更改使得生产条件改变等；第三种情况是国家标准或行业标准改变，热处理工艺必须跟着变，如高速钢钢制直柄麻花钻，以前标准刃部硬度为 63 ~ 66HRC，柄部硬度为 30 ~ 45HRC，曾改成刃部硬度 ≥ 63HRC，无上限限制，柄部硬度 > 30HRC，意思说可以整体淬硬。

工艺修改是一项很严肃的工作，宜持慎重态度，切忌草率和反复修改，不要一听到现场反映工艺有问题或某个上级领导有微词就去修改。修改工艺，首先要分析修改原因，考虑近期和长远的利弊，然后果断决策。若要修改，应将原工艺统统收回，从底图到分发到各相关单位的工艺文件，全部都得变动，不能有遗漏。

工艺修改方法通常有两种：

1）工艺员亲自把所有的工艺文件（包括底图）一一修改并盖章。

2）工艺部门（有修改权限）发一个更改通知，由各部门根据通知内容和要求各自修改。

为了防止修改遗漏和修改不当，还是使用第一种方法为好，这样虽然麻烦一些，但也可避免遗漏和改错，责任也清楚。

在现实生产中，如发现以下问题应修改工艺：

1）发现工艺有误。

2）工艺有改进的可能性和现实性，改后可取得良好的经济效果。

3）设计更改。

4）施工单位提出要求，或其他工序提出问题，而这些要求和问题对热处理工艺的要求又是合理的，可行的。

5）由于生产性质或生产条件的变化（非临时性改变）而引起的工艺修改。

在下列情况下，不宜修改或拒绝修改：

1）在生产过程中，临时发生故障或生产条件暂时改变而需要改动工艺。这种情况下，可用临时工艺（暂时脱离原工艺）方法解决，但这仅是权宜之计。

2）改变其他工序、工艺，而严重恶化热处理工艺。

3）降低热处理质量的任何修改。

4）超出热处理工艺员职责范围的更改，如改变热处理技术要求，变更工艺材质，修改劳动定额，提高协作价格等。

5）不经过合法手续的修改，如厂长、车间主任从单位小团体利益出发，越权提出不合理的修改要求。

工艺修改问题，不仅热处理生产有，各个工艺部门也会有。因此，各个企业都应有工艺修改制度，规定修改的权限、职责、方法和程序等。一定要填写工艺文件修改建议单或通知单，如表 2-21 所示，经有关部门或领导审批后执行。总之，修改工艺一定要慎之又慎，杜绝随意性。

一般企业的热处理工艺修改权限集中在工艺制订部门，如工艺科或技术科，也有放在锻冶科。也有企业实行分权制，一部分属工艺部门，如重要零件的工艺或关键工序工艺以及上述涉及几个部门的问题；还有少部分属于生产单位，如不重要的工件，工艺上小的改动，工艺管理制度上明确授权给某一个部门。后一种方法缺点较多，管理不规范，在个体企业较为普遍，本书不提倡，工艺制订、管理、修改集权制比较优越。

工艺修改要有原始记录，重大的修改要经过必要的验证才能纳入生产工艺。工艺人员自己提出修改要求，也要与生产车间商量，并填写工艺修改意见单。

工艺文件的书面质量应清晰，不宜在一份文件上修改过多。除了每次有修改责任者签名和修改日期外，还应有主管部门负责人和企业领导亲笔签名（而不是计算机打印）。一般一份工艺修改 3~4 处后，应另换新工艺卡，并注明更换日期，底图应存档。更换新工艺文件后，老的工艺文件要一张不少地收回，不能有两份不同的文件同时在企业内部流通。老的文件应盖上"作废"字样注销或作为资料存档。

正常的工艺修改应定期进行。因为工艺过程是一个系统工程，相互都有影响，频繁的修改，将打乱生产秩序，对企业不利。一个企业在工艺基本稳定后，2 年修改一次较为稳妥，应结合工艺总结时修改；或由试验转入小批，小批转成批量时修改，也可工艺整顿时修改。未到修改期临时发生的问题，采用应急措施，用临时工艺解决。然后按规定填写临时脱离工艺单，见表 2-22，再由工艺员或施工员制订临时工艺。临时工艺要标明有效期，或一次有效，用毕立即收回，不允许临时工艺和正式工艺长期并存。

表 2-22　临时脱离工艺单

企业名称		产品型号	
	临时脱离工艺单	零件编号	
		工序号	

引起脱离工艺的原因及内容：

单位：　　主管：　（签字、日期）　技术员（工艺员）：　（签字、日期）

工艺主管部门审核意见：

专业工艺员或组长：　（签字、日期）

返修工件的热处理工艺，亦可以采用上述临时工艺单处理。

工艺修改最好由原工艺制订者实施，这样对总结经验，提高工艺人员的技术水平有利。由于种种原因需由别人修改时，应注意由于不同工艺人员对技术问题的看法不同，采取的技术措施不同而引起的意见分歧，避免产生不和谐的局面。

　　在设计过程中，采用了新技术、新工艺、新工装和新设备，以及关键件的热处理等，正式投产前，必须在所设计的各种条件下进行工艺验证，即通过工艺试验找出设计中存在的各种问题，然后再根据暴露出的具体问题进行相应的调整。如有必要，则进行新一轮的验证，直至全面符合要求才能正式投产。验证的主要内容包括工艺方案、工艺方法、工艺参数、设备及工装使用、检验方法及工艺材料的供应等涉及的各个方面。

第3章
整体热处理工艺设计

热处理是在温度的驱动下，经过加热、适当保温、冷却完成组织变化，从而得到设计要求的各种性能的处理工艺。温度和时间是热处理最主要的两个参数，以两者为基础，派生出一系列分支参数。

3.1 热处理加热温度的选择

1. 加热温度的优选

温度是热处理的灵魂，热处理一切变化皆由温度引起。选择加热温度的依据是材料的临界点，但现场生产不完全是这样，人们除根据实际材料化学成分选择加热温度外，还要考虑工件的尺寸、形状及设备、加工过程等情况对加热温度的影响，因此，选择合适的加热温度是一个较复杂的多因素问题。图3-1所示为加热温度选择的程序图，可供参考。

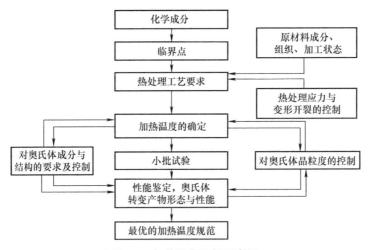

图 3-1　加热温度选择程序图

2. 常用钢的临界点及淬火加热温度

常用钢的临界点及淬火加热温度见表3-1。

表 3-1　常用钢的临界点及淬火加热温度

牌号	临界点 /℃					淬火加热温度 /℃
	Ac_1	Ac_3 或 Ac_{cm}	Ar_1	Ar_3	Ms	
10	725	870	682	850	450	920～940 水冷
10Mn2A	720	830	620	714	—	860～870 水冷

（续）

牌号	临界点 /℃					淬火加热温度 /℃
	Ac_1	Ac_3 或 Ac_{cm}	Ar_1	Ar_3	Ms	
12CrNi3A	695	800	659	726	420	860～870 油冷
12Cr2Ni4A	670	780	675	660	400	860～870 油冷
15	725	870	685	850	450	910～930 水冷
15Mn	735	863	685	840	410	880～910 水冷
15SiMn2MoVA	722	848	691	—	275	880～900 油冷
15Cr	735	870	720	—	—	880～900 油冷
15CrMnA	750	845	—	—	400	860～880 油冷
15CrMoV	765	870	—	—	372	960～980 油冷或空冷
18Mn2CrMoB	741	854	—	—	320	960 空冷，860～880 油冷
18Cr2Ni4WA	695	800	—	—	310	960 空冷，860～880 油冷
20	735	855	680	835	425	910～920 水冷
20Mn	735	854	682	835	420	850～900 水冷
20Mn2	690	820	610	760	370	860～880 水冷 900～920 油冷
20Mn2B	730	835	613	730	—	870～890 油冷
20MnVB	720	840	635	770	230	870～890 油冷
20MnTiB	720	843	625	795	—	870～900 油冷
20MnMoB	738	850	693	750	—	860～890 油冷
20Cr	766	838	702	799	390	890～900 油冷
20CrV	768	840	704	782	—	880～910 油冷
20CrMnB	—	890	622	749	—	870～890 油冷
20CrNi	735	805	660	790	410	860～880 油冷
20CrNi3A	710	790	—	—	340	860～870 油冷
20Cr2Ni4A	705	770	575	660	330	—
22CrMnMo	710	830	620	740	—	840～860 油冷
30	732	813	677	796	380	870～890 水或油冷
30Mn2	718	804	627	727	360	820～840 水冷 850～870 油冷
30Mn	734	812	675	796	355	850～900 水或油
30CrMnMoVA	740	845	—	—	—	870～890 油冷
30Si2Mn2MoWV	739	798	—	—	310	950～960 油冷
30CrMnSi	760	830	670	705	340	870～890 油冷
30CrMo	757	807	693	763	345	840～890 水或油
30CrMnTi	765	790	600	740	—	870～900 油冷
30CrMnSiNi2A	755	815	—	—	314	890～900 油冷
30CrNi3	705	750	—	—	305	860～870 油冷
35CrMn	750	830	645	—	330	880～900 油冷
35CrMoV	755	835	600	—	—	900～920 油冷

（续）

牌号	临界点 /℃					淬火加热温度 /℃
	Ac_1	Ac_3 或 Ac_{cm}	Ar_1	Ar_3	Ms	
35CrMo	755	800	695	750	271	860～870 油冷
35CrMnSi	760	830	670	705	—	850～870 油冷
38Cr	740	780	693	730	230	860～880 油冷
38CrMoAl	800	840	730	—	330	920～930 油冷
37CrNi3	710	770	640	—	280	830～850 油冷
38CrSi	760	810	680	755	330	900～920 油冷
40	724	790	680	760	340	830～880 水淬油冷或油冷
40Mn	726	790	689	768	—	830～880 水淬油冷或油冷
40Mn2	713	766	627	704	340	850～870 油冷
40MnB	727	780	650	700	—	850～870 油冷
40MnVB	740	786	639	720	300	860～880 油冷
40Cr	743	782	693	730	355	850～860 油冷
40CrV	755	790	700	745	281	850～880 油冷
40CrMnMo	735	780	680	—	—	850～870 油冷
40CrSi	755	850	—	—	320	900～920 油冷
40CrMnSiMoV	780	830	—	—	290	910～930 油冷
40CrMnSiMoVRE	725	850	625	715	300	920～930 油冷
40Cr5Mo2VSi	853	915	720	830	325	1000 空冷
40CrMnMoVRE	765	900	625	730	270	920～940 油冷
40CrNi	731	769	660	702	270	920～940 油冷
40CrNiMoA	713	761	654	700	320	850～860 油冷
42CrMo	730	780	—	—	310	860～870 油冷
45	724	780	682	751	336	780～860 水淬油冷或油冷
45Mn2	715	770	640	720	320	850～860 油冷
45Mn2V	725	770	—	—	310	820～840 水冷
45Cr	721	771	660	693	355	850～860 油冷
50	725	760	690	721	300	820～850 水淬油冷或油冷
50Mn	720	760	660	—	320	780～840 水淬油冷或油冷
50Mn2	710	760	596	680	325	830～840 油冷
50Cr	721	771	660	693	250	830～840 油冷
50CrVA	734	816	726	665	270	850～860 油冷
50CrMn	750	775	—	—	250	850～870 油冷
55	727	774	690	755	290	790～810 水淬油冷 840～860 油冷
55Si2Mn	775	840	—	—	280	860～880 油冷
55Si2MnB	764	794	—	—	—	870～880 油冷
55Si2MnVB	765	803	—	—	—	880～900 油冷
60	727	766	690	743	265	780～840 水淬油冷或油冷

（续）

牌号	临界点 /℃					淬火加热温度 /℃
	Ac_1	Ac_3 或 Ac_{cm}	Ar_1	Ar_3	Ms	
60Mn	727	765	689	741	270	810～830 油或 160℃硝盐冷却
60Si2Mn	755	810	700	770	305	850～860 油冷
65	727	752	696	770	265	780～840 水淬油冷或油冷
65Mn	726	765	689	741	270	800～830 油或 160℃硝盐冷却
70	730	743	693	727	240	780～810 水淬油冷
85	723	737	690	695	230	780～800 水淬油冷
T7	730	770	700	—	265	780～800 水淬油冷
T8	730	770	700	—	240	780～800 水淬油冷
T10	730	800	700	—	230	770～790 水淬油冷
T11	730	810	700	—	200	770～790 水淬油冷
T12	730	820	700	—	200	770～780 水淬油冷
SiMn	760	865	708		250	800～850 油或硝盐冷
9SiCr	770	870	730		160	860～870 油冷
CrWMn	750	940	710	—	260	840～860 油冷
3Cr2W8V	820	1100	790	838	350	1080～1150 油冷或硝盐、中性盐分级冷
W18Cr4V	820	1330	760	—	210	1260～1290 中性盐分级或分级后硝盐等温
W6Mo5Cr4V2	835	885	770	—	225	1210～1230 中性盐、硝盐分级冷
W9Mo3Cr4V	835	875	760	—	200	1210～1240 中性盐、硝盐分级冷
W2Mo9Cr4V2	820	—	850	—	210	1190～1210 中性盐、硝盐分级冷
W4Mo3Cr4VSi	830	—	—	—	170	1165～1190 中性盐、硝盐分级冷
W6Mo5Cr4V2Al	870	—	—	—	120	1180～1215 中性盐、硝盐分级冷
W6Mo5Cr4V2Co5	840	—	—	—	220	1200～1210 中性盐、硝盐分级冷
W2Mo9Cr4VCo8	840	—	—	—	210	1160～1190 中性盐分级或分级后硝盐等温
3Cr3Mo3VNb	825	920	734	—	355	1060～1090 油冷
Cr12	810	835	755	—	180	960～980 油冷
Cr12MoV	830	855	760	—	230	1020～1040 油冷或 1120～1140 硝盐分级等温
Cr12Mo	810	860	760	—	225	950～1000 油冷
Cr4W2MoV	795	900	760	—	142	1120～1150 油冷
8Cr2MnWMoVS	770	820	660	—	165	860～900 油或硝盐冷
6CrMnNiMoVWSi	705	740	580	—	172	880～930 油冷
5CrW2Si	775	860	—		295	860～900 油冷
Cr06	730	950	700	740	—	790～810 油冷
8MnSi	760	865	708	—	240	780～800 水淬，810～830 淬硝盐浴
7CrSiMnMoV	776	834	694	—	211	盐浴 860～920；火焰 950～1000 空冷

（续）

牌号	临界点 /℃					淬火加热温度 /℃
	Ac_1	Ac_3 或 Ac_{cm}	Ar_1	Ar_3	Ms	
7Cr7Mo2V2Si（LD）	856	915	720	806	105	1100～1150 油冷或硝盐浴
Cr6WV	815	845	625	—	150	950～970 油冷
Cr12Mo1V1	810	875	695	—	190	1000～1080 油冷
Cr5Mo1V	795	—	—	—	168	980～1010 油冷
Cr8MoWV3Si	858	907	—	—	215	1100～1150 油冷
9Cr6W3Mo2V2（GM）	795	820	—	—	220	1080～1120 油冷
65Nb	820	—	750	—	220	1120～1160 油冷
5Cr4Mo3SiMnVAl	837	902	—	—	277	1090～1130 油冷
6Cr4Mo3Ni2WV	737	822	650		180	1100～1160 油冷
5Cr4Mo2W2VSi	810	885	700	—	290	1120～1180 油冷
5Cr4W5Mo2V	836	693	744	—	250	1130～1140 油冷
3Cr2Mo	770	825	640	755	335	850～880 油冷
GCr15	745	900	700	—	240	840～860 油冷
GCr15SiMn	770	872	708	—	210	830～850 油冷
5CrMnMo	710	760	650	—	220	830～850 油冷
5CrNiMo	710	770	680	—	240	840～860 油冷
4CrMnSiMoV	792	855	660	770	330	860～880 油冷
5Cr2NiMoVSi	750	874	623	751	243	980～1010 油冷
4Cr5MoSiV	853	912	720	773	310	1000～1030 油冷
4Cr5MoSiV1	860	915	775	815	340	1020～1050 油冷或中性盐分级
4Cr5W2VSi	800	875	730	840	275	1030～1050 油冷
8Cr3	785	830	750	770	370	850～880 油冷
3Cr3Mo3W2V	850	930	735	825	400	1080～1130 油冷
5CrMnNiMoVSCa	695	735	—	—	220	880～920 油冷
25CrNi3MoAl	740	780	—	—	290	880 固溶
25Cr2Ni4WA	720	780	575	660	305	840～860 油冷
12Cr13	730	850	700	820	350	1000～1050 油冷
20Cr13	820	950	780	—	320	1000～1050 油冷
30Cr13	840	—	780	—	240	1000～1050 油冷
40Cr13	820	1100	—	—	270	1030～1050 油冷
95Cr18	830	—	810	—	145	1030～1070 油冷
102Cr17Mo	850	—	710	—	145	1050～1100 油冷
Cr14Mo4V	856	915	722	777	—	1100～1120 油冷
14Cr17Ni2	810	—	780	—	357	980～1050 油冷
42Cr9Si2	900	970	810	870	—	1000～1050 油冷
40Cr10Si2Mo	920	950	850	845	—	1020～1050 油冷
Mn13	—	—	—	—	200	1020～1050 水冷

3. 各种热处理工艺加热温度的计算

（1）退火正火类

1）正火加热温度：Ac_3（或 Ac_{cm}）+（50～70）℃，允许 ±25℃。

2）完全退火加热温度：Ac_3+（30～50）℃，允许 ±25℃。

3）不完全退火加热温度：Ac_1+（30～50）℃，允许 ±25℃。

4）等温退火加热温度：亚共析钢，Ac_3+（30～50）℃；共析钢、过共析钢，Ac_1+（30～50）℃。

5）球化退火加热温度：Ac_1+（20～30）℃→Ar_1+（20～30）℃。

6）去应力退火加热温度：Ac_1-（100～200）℃。

7）再结晶退火加热温度：Ac_1-（50～150）℃或再结晶温度+（100～250）℃。

8）均匀化退火（扩散退火）加热温度：Ac_3+（150～200）℃。

9）预防白点退火加热温度：一般选加热温度为 580～660℃。

（2）淬火回火类　淬火加热温度主要取决于钢的化学成分，再结合具体工艺因素综合考虑决定，如工件的尺寸、形状、钢的奥氏体晶粒长大倾向、加热方式及冷却介质等。钢件淬火加热温度的选择见表 3-2。

表 3-2　钢件淬火加热温度的选择

钢种	淬火加热温度	淬火后的组织
亚共析钢	Ac_3+（30～50）℃	晶粒细小的马氏体
共析钢	Ac_1+（30～50）℃	马氏体
过共析钢	Ac_1+（30～50）℃	马氏体+渗碳体
合金钢	Ac_1 或 Ac_3+（30～50）℃	马氏体+残留奥氏体
高速钢、高铬钢及不锈钢	根据要求合金碳化物溶入奥氏体的程度、晶粒大小等综合考虑决定	马氏体+残留奥氏体+碳化物
过热敏感性强的钢及脱碳敏感性强的钢	不宜取上限淬火温度	

注：1. 在空气炉中加热应比在盐浴炉中加热温度适当提高 10～30℃。

2. 采用油、硝盐做淬火冷却介质，比水淬时加热温度应提高 20℃左右。

应当根据回火后得到的组织判定回火类别。碳素钢的回火一般分为低、中、高温回火，150～250℃温度区回火得到回火马氏体组织称低温回火；250～450℃温度区回火得到回火托氏体组织称中温回火；450～650℃温度区回火得到回火索氏体称高温回火。45 钢回火温度 T（℃）的计算公式为

$$T = 200 + 11 \times (60 - H) \tag{3-1}$$

式中　H—— 要求的硬度值（HRC）。

用于其他碳素钢时，钢的碳质量分数每增加或减少 0.05%，回火温度就相应升高或降低 10～15℃。

冷作模具的回火温度大多在 300℃以下，热作模具的回火温度一般在 550℃以上；高速钢制刀具回火温度为 550～570℃，HSS-E 钢制刀具按此温度回火后硬度可能会超过 68HRC，应根据实际情况酌情提高回火温度。

3.2 加热速度的确定

加热速度主要由被加热工件在单位时间内、单位面积上所接受的热量来决定。根据材料的成分、工件的尺寸，以及热处理工艺的不同，对加热速度也有不同的规定。不过，世界上的事情都不是绝对的，随着激光、电子束等高能密度的加热技术的发展，撼动了传统的理念，以前认为不可以快速热处理的工件，现在已经商品化了。时代在前进，热处理工艺也应与时俱进。

由奥氏体等温形成动力学曲线得知，钢在加热时加热速度越快，Ac_1、Ac_3、Ac_{cm}诸临界点的温度提高越多，奥氏体形成的各个阶段（形核、长大、碳化物溶解物溶解、均匀化）均移向较高的温度，完成奥氏体化的时间也相应缩短。加热温度升高还使奥氏体形成时的起始晶粒显著细化，对于改善和提高材料的力学性能将产生有益的影响，特别是快速加热使奥氏体晶粒超细化并随之淬火，可以使工件具有高的表面硬度、强度、耐磨性，而且塑性及韧性也较高。此外，快速加热还具有工件表面质量好、工件不易氧化脱碳、节能环保、提高劳动生产率等一系列优点。从上述所提技术和经济效果考虑，当然希望尽可能地提高加热速度。但是，随着加热速度的提高，工件截面的温差增加，增大了由于体积变化的不同步而产生的热应力。对于导热性差、原材料塑性又低、截面很大的高合金钢或大型铸锻件，如果热应力超过了材料的弹性极限，将发生变形或弯曲；当超过材料的强度极限时，可能产生开裂。因此，在高合金钢及大型铸锻件热处理时（一般直径 > 60mm）采用规定的加热速度。通常，人们把加热速度区分为允许的加热速度与技术上可能的加热速度。

1. 允许的加热速度

由传热学得知，对无限长圆柱形工件表面均匀等速升温时，在加热前工件无温差条件下，傅里叶传热方程的解有以下形式：

$$t = t_o + t\tau + \frac{vR^2}{4\alpha}\left(\frac{\tau^2}{R^2} - 1\right) + \frac{vR^2}{\alpha}\phi\left(\frac{\alpha\tau}{R^2},\ \frac{r}{R}\right) \tag{3-2}$$

式中　t——工件半径处经历时间 τ 后的温度；

　　　t_o——工件的起始温度；

　　　r——工件表面升温速度；

　　　τ——升温时间；

　　　R——板厚的 1/2 处或圆棒半径；

　　　α——材料的扩散系数，单位为 m²/h，$\alpha = \frac{\lambda}{c\rho}$，$\lambda$ 为导热系数、c 为比热容、ρ 为密度；

　　　$\phi\left(\frac{\alpha\tau}{R^2},\ \frac{r}{R}\right)$——函数，在等速加热时，表面与中心的最大温差 Δt_m 为

$$\Delta t_m = K\frac{vR^2}{4\alpha} \tag{3-3}$$

　　　K——形状系数（无限长板 $K = 0.5$，无限长圆柱 $K = 0.25$，立方体 $K = 0.221$，球体 $K = 0.167$）；

　　　v——工作的加热速度。

对钢来说，允许的加热速度与工件的尺寸成反比关系：

$$v_{允}=\frac{5.6\alpha\sigma_{热}}{\lambda_{t}ER^{2}}（圆柱体工件）\qquad（3-4）$$

$$v_{允}=\frac{2.1\alpha\sigma_{热}}{\lambda_{t}EX^{2}}（板材）\qquad（3-5）$$

式中　　$\sigma_{热}$——热应力，单位为 MPa，对柱形工件来说，$\sigma_{热}=0.72\alpha E\Delta t$；

Δt——截面温差，单位为℃；

α——材料的扩散系数，单位为 m^{2}/h；

λ_{t}——材料的线胀系数，单位为 $℃^{-1}$；

E——材料的弹性模量，单位为 Pa；

R——圆棒半径；

X——板材厚度的 1/2，单位为 m。

由公式（3-3）可知，工件的截面温差与加热速度 v 及工件尺寸 R 的平方成正比，与材料的导热系数成反比。工件的允许加热速度则与钢的化学成分、工件的尺寸以及加热温度范围有关。

以前，国内外同行对大型锻件在加热过程中的热应力进行过预测计算。例如，直径 400～800mm 的工件在炉温为 850℃、950℃实施快速加热时，工件心部轴向应力为拉伸应力，经计算最大值达 700～750N/mm，已接近材料的强度极限，产生开裂的危险很大。但实际上热应力超过屈服强度时工件可以通过发生塑性变形而松弛，一般情况下不致产生开裂，即可以进行快速加热。

2. 技术上可能的加热速度

技术上可能的加热速度主要取决于加热设备在单位时间内所能提供给工件单位面积的热量或比功率的大小，显然该值又与采用的加热介质类型、加热方式与加热制度等有关。按应用需要，可将加热方式分为随炉加热、到温入炉、高温入炉、高温入炉 - 高温出炉、预热 - 加热 5 种。

3. 快速加热

由于大型工件热处理加热时间很长，使能源的消耗和工时增加，因此，国内外对采用快速加热工艺方面做了许多试验研究，并且已在生产中广泛应用。20 世纪 50 年代，在苏联专家的帮助下，北京、上海、天津等地采用试验炉内快速加热工艺取得了很好的效果。

表 3-3 列出了某些合金钢锻件在实施高温入炉快速加热时的内外温差。由表 3-3 可以看出，在上述温度范围内工件表面与心部的温差均在 300℃以上，在出现最大温差时表面温度在 450℃左右，心部温度小于 250℃，此时过高的热应力将会产生热处理缺陷。因此，必须在大量实践的基础上，适合于快速加热工艺比较稳妥。根据我国生产实际，允许快速加热进行正火、淬火的牌号及允许尺寸范围大致可分两类：

1）碳的质量分数低于 0.45% 的碳素钢，如 20Cr、40Cr、20CrMnMo、20CrSi、15CrMo、20CrMo、35CrMo、17MoV、35SiMn、20Cr2Mo、24Cr3Mo 等材料，在工件直径 < 600mm 者均可以实施快速加热。

2）50、55、50Mn2、55Cr、65Mn、60Si2Mn、40CrNi、50CrNi、60CrNi、42CrMo、18CrMnMoB、18MnMoNb、25CrMoV、35CrNiW、35CrNiMo、35CrNi3Mo、35SiMnMo、42SiMnMo、37SiMn2MoV、42SiMnMoV、35Mn2MoV、42MnMoV、30Cr2MoV、50SiMnMoB 等钢，直径 < 400mm 者，可以实施快速加热。

表 3-3　某些合金钢锻件在实施高温入炉快速加热时的内外温差

牌号	9Cr2	34CrNi3Mo	9Cr2	34CrNi3Mo	50Mn	40Cr	40CrNi
工件直径 /mm	100	250	300	600	460	650	800
炉温 /℃	960~980	960~980	960~980	850	960~980	960~980	850
表面和心部的最大温差 /℃	300	190[①]	330	300[②]	310	295	300[②]
最大温差时心部的温度 /℃	200	220	120	150	180	165	100
最大温差时工件平均温度 /℃	350	315	285	300	335	312	250
最大温差时的表面温度 /℃	500	410	450	450	490	460	400
从开始加热到出现最大温差的时间 /min	5.5	14.5	15.5	28	25	50	50

① 表面温度是在距离表面 20mm 处测得，数值较小。
② 表面温度是在距离表面 10mm 处测得。

3）高速钢属高合金钢，可以实施快速加热吗？这是个有争议的问题，安徽嘉龙锋钢刀具公司从 2015 年初对厚度 5～8mm 的高速钢机械刀片进行高频、超音频加热，取得了成功，投放市场快 7 年了，反馈良好，2016 年 11 月于杭州，在第五届亚洲热处理及表面工程学术会上，乌克兰国家科学院院士 Volodymyr S.Kovenko 告诉作者，高速钢激光淬火很成功，说明高速钢同样可以快速加热。

3.3　加热时间的确定

1. 热处理加热时间确定的原则

工件在热处理加热时的升温曲线如图 3-2 所示。

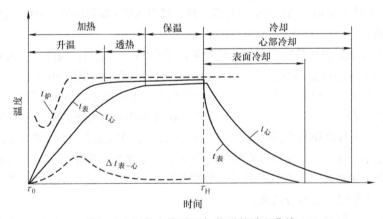

图 3-2　工件在热处理加热时的升温曲线

热处理加热过程的时间（$\tau_{加}$）应当是工件的升温时间（$\tau_{升}$）、透热时间（$\tau_{透}$）与保温时间（$\tau_{保}$）的总和，即 $\tau_{加} = \tau_{升} + \tau_{透} + \tau_{保}$。其中，升温时间应指工件入炉后表面温度达到炉内指示温度的时间；透热时间应指工件心部与表面温度趋于一致的时间；保温时间是指为达到热处理工艺要求而恒温保持的一段时间。这样严格区分是由于实际加热过程中这三部分时间的含义及其规律各不相同。升温时间主要取决于加热炉或加热装置的热功率，加热介质与加热制度，以及装炉数量和工件体积。透热时间主要取决于工件本身的体积或截面尺寸，同时也与炉温高低及材料本身的导热性等有关。而保温时间则完全取决于热处理本身的工艺要求，如是否需要获得均匀的固溶体，是否需要消除内应力，是否需要在恒温条件进行碳化物的聚集、析出，是否需要碳化物的充分溶解，是否需要进行成分的扩散过程等。像正火、淬火的加热工序，由于奥氏体化的速度快，如普遍碳素钢的珠光体向奥氏体转变时在炉内的加热仅需 1min，合金钢的转变也没有书本推荐的那么长，其过程也仅仅几分钟。因此，工件透热后相变过程已经完成。在这种情况下并不需要增加保温时间。但对于扩散退火、预防白点退火、消除应力退火、球化退火、回火等工序，组织结构的转变主要是在保温阶段进行的，此时保温时间的确定非常重要。

以上是理论上对加热时间的阐述，在实际生产中经常以炉温仪表指示到设定温度来计算工艺上的加热时间，这是由于实际测定工件表面温度达到炉温从技术上讲不甚方便，因而采用了经验的加热系数的方法来大致估算总的加热时间。为了更准确地控制工件的加热过程，应当通过合理地布置炉内测温元件的位置，采用合理的装炉量来减少仪表指示温度与工件表面实际温度之间的差距。

根据传热学的原理，可以将加热的工件按其尺寸分为两大类：凡工件厚度与加热时间呈线性比例关系的工件，称为薄件，也有人这样解释薄件，凡最大截面温差（Δt_{max}）小于工件最后与最初温差 1/10 的工件，即 $\Delta t_{max} < 0.1(t_{终} - t_{始})$；而当截面尺寸大到一定程度时工件厚度与加热时间不成线性比例关系，这类工件称为厚件。

对于薄件加热来说，在单位时间 $d\tau$ 内传给工件表面的热量 dQ 可用下式表达：

$$dQ = KF(t_{介} - t_{表})d\tau \tag{3-6}$$

式中　K——介质到工件的传热系数，单位为 $W/(m^2 \cdot ℃)$；

　　　F——工件的表面积，单位为 m^2；

　　　$t_{介}$——介质的温度，单位为 $℃$；

　　　$t_{表}$——工件表面温度，单位为 $℃$。

若在薄件中，令工件温度以表面温度表示，即 $t_{表} = t_{工}$，热量 dQ 引起工件温度升高 dt，则

$$dt = \frac{dQ}{cVr} = \frac{KF}{cV\rho}(t_{介} - t_{工}) = K(t_{介} - t_{工})d\tau$$

$$d\tau = \frac{F}{cV\rho}$$

式中　c——钢的比热容，单位为 $J/(kg \cdot K)$；

　　　ρ——钢的密度，单位为 kg/cm^3；

　　　V——工件的体积，单位为 cm^3。

$$\frac{dt}{t_{介} - t_{工}} = Kd\tau, \ln(t_{介} - t_{工}) = -K\tau + \ln C$$

当 $\tau = 0$ 时，工件温度等于工件的起始温度，则 $\ln C = \ln(t_{介} - t_{工})$，将它代入上式：

$$\tau = \frac{c\rho}{K} \frac{V}{F} \frac{t_{介} - t_{始}}{t_{介} - t_{工}}$$　　　　　　　（3-7）

$W = \dfrac{V}{F}$ 称为几何因素。

表 3-4 列出了几何因素 $\left(\dfrac{V}{F}\right)$ 与工件几何形状的关系。

表 3-4　几何因素 $\left(\dfrac{V}{F}\right)$ 与工件几何形状的关系

工件形状	$W = \dfrac{V}{F}$	工件形状	$W = \dfrac{V}{F}$
球	$\dfrac{D}{6}$	长方形板材，全部加热	$\dfrac{B\alpha L}{2(BL + Ba + aL)}$
圆柱体，全部加热	$\dfrac{DL}{4L + 2D}$	正方形	$\dfrac{B}{6}$
圆柱体，一端加热	$\dfrac{DL_1}{4L_1 + D}$	正方形、三角形或等边六角形棱柱	$\dfrac{D_1 L}{4L + 2D_1}$
空心圆柱体，全部加热	$\dfrac{(D-d)L}{4L_1 + 2(D-d)}$		

注：D—外径；D_1—周径（多边形内切圆直径）；B—正方形棱柱高或板厚；d—内径；L—长度；L_1—加热区长度；a—板厚。

加热时间的计算方法很多；常用的有两种：一是按工件的几何因素（W）为基础计算，另一种是按有效厚度来计算。但现场生产中，各厂都积累了比较丰富的经验，以下做详细介绍。

2. 加热时间确定的方法

（1）经验计算法　加热时间通常按工件的有效厚度计算。工件的有效厚度通常按以下规定考虑：圆形工件按直径计算；管形工件（空心圆柱体）：当高度 / 壁厚 > 1.5 时，以壁厚 × 1.5 计算；当外径 / 直径 > 7 时，以实心圆柱体计算；空心内圆锥体工件以外径乘 0.8 计算。工件有效厚度的计算方法如图 3-3 所示。此外，有效厚度亦可用实际工件厚度乘以形状系数进行计算，如图 3-4 所示。加热时间的计算公式为

$$t = \alpha k D$$　　　　　　　（3-8）

式中　　t——加热时间，单位为 min 或 s；

　　　　α——加热系数，单位为 min/mm 或 s/mm；

　　　　D——工件的有效厚度，单位为 mm；

　　　　k——工件装炉修正系数，通常取 1.0～1.5。图 3-5 所示为工件装炉方式修正系数示意图。

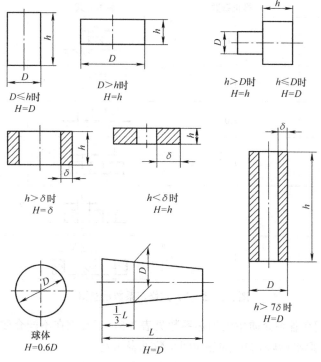

图 3-3　工件有效厚度的计算方法

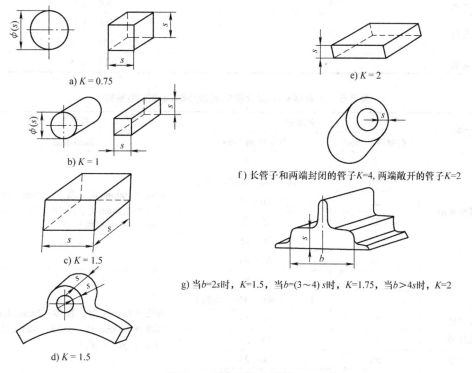

图 3-4　零件的形状系数 K

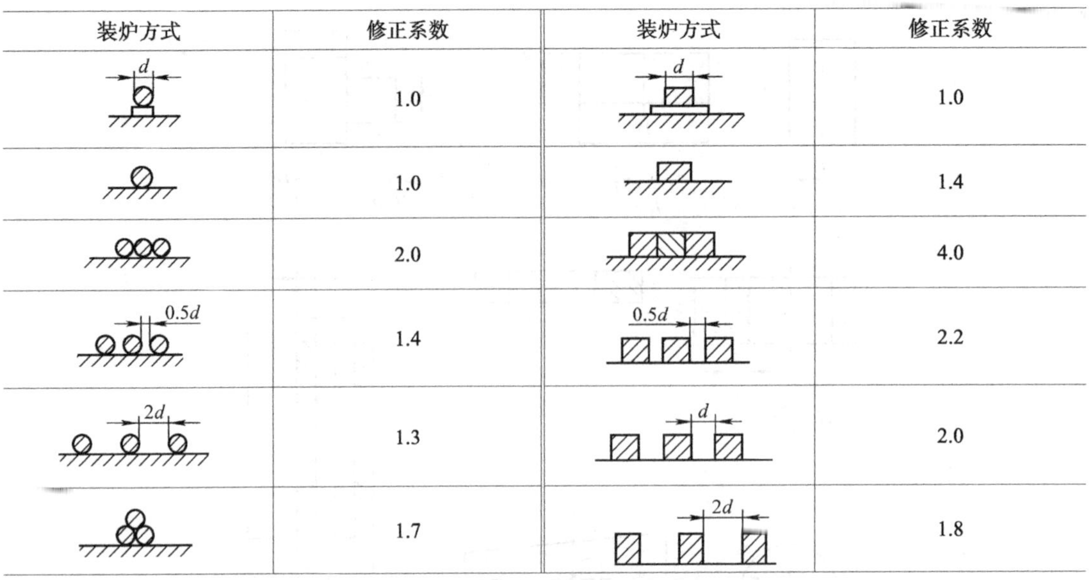

装炉方式	修正系数	装炉方式	修正系数
	1.0		1.0
	1.0		1.4
	2.0		4.0
	1.4		2.2
	1.3		2.0
	1.7		1.8

图 3-5 装炉方式修正系数示意图

碳素钢和合金钢在各种介质中的加热系数见表 3-5。工具钢在不同介质中的加热时间和加热系数见表 3-6。高速钢在盐浴炉中加热时间系数见表 3-7。

表 3-5 碳素钢和合金钢在各种介质中的加热系数

钢种	空气电阻炉加热系数 α /（min/mm）	盐浴炉加热系数 α /（min/mm）
碳素钢	0.9 ~ 1.1	0.4 ~ 0.5
合金钢	1.3 ~ 1.6	0.8 ~ 1.0
		0.25 ~ 0.35（一次预热）
高速钢	—	0.15 ~ 0.25

表 3-6 工具钢在不同介质中的加热时间和加热系数

钢种	盐浴炉		空气炉
	有效厚度 /mm	加热时间 /min	加热系数
热锻模具钢	5	5 ~ 8	厚度 < 100mm 时，取 20 ~ 30min/25mm 厚度 ≥ 100mm 时，取 10 ~ 20min/25mm （800 ~ 850℃预热）
	10	8 ~ 10（800 ~ 850℃预热）	
	20	10 ~ 15	
	30	15 ~ 20	
	50	20 ~ 25	
	100	30 ~ 40	
冷变形模具钢	5	5 ~ 8	厚度 < 100mm 时，取 20 ~ 30min/25mm 厚度 ≥ 100mm 时，取 10 ~ 20min/25mm （800 ~ 850℃预热）
	10	8 ~ 10（800 ~ 850℃预热）	
	20	10 ~ 15	
	30	15 ~ 20	
	50	20 ~ 25	
	100	30 ~ 40	

（续）

钢种	盐浴炉		空气炉
	有效厚度 /mm	加热时间 /min	加热系数
碳素工具钢 合金工具钢	10	5 ~ 8	厚度 < 100mm 时，取 20 ~ 30min/25mm 厚度 ≥ 100mm 时，取 10 ~ 20min/25mm （500 ~ 550℃预热）
	20	8 ~ 10（500 ~ 550℃预热）	
	30	10 ~ 15	
	50	20 ~ 25	
	100	30 ~ 40	

表 3-7　高速钢在盐浴炉中的加热时间系数

有效厚度 /mm	加热时间系数 /（s/mm） （经 850 ~ 900℃预热）	有效厚度 /mm	加热时间系数 /（s/mm） （经 850 ~ 900℃预热）
< 8	12	> 50 ~ 70	7
8 ~ 20	10	> 70 ~ 100	6
> 20 ~ 50	8	> 100	5

　　高速钢在盐浴炉中的加热时间应更名为浸液时间。高速钢在盐浴中淬火的工艺路线为烘干水分→预热→加热→冷却。从工艺操作上讲，加热时间应该指工件入高温炉到出高温炉的那一段时间，对于这段时间，各种书籍、杂志、技术文献、工艺文件说法不一，一般不加细分，统称为加热时间。所谓透烧时间，是指从工件表面达到设定的加热温度算起，到整个截面各个部位均匀地达到设定温度为止的那一段时间。而保温时间是指钢奥氏体中溶解合金碳化物的那一段时间。也有人认为加热时间应包括三部分：即压温时间、升温时间、保温时间（如图 3-6 中 t_1、t_2、t_3）。还有人把加热时间分为压温时间、透烧时间和保温时间。所谓压温时间，是指工件入高温炉后迫使炉温下降，然后又恢复到设定的工作温度的那一段时间。

　　诸如上述的压温时间、升温时间、透烧时间、保温时间都是比较糊涂的概念，到目前为止谁也说不清楚何时保温、碳化物何时溶解、何时溶解充分？理论上讲得通，甚至可以计算得很精确，但实际上很难实施。奥地利等国称在盐浴中的加热时间为"浸液时间"，我国桂林工具厂秦高崔高工早于 1981 年就撰文提出"浸液时间"的观点，作者赞同这样的提法。

　　浸液时间即工件在盐浴炉中浸入的总时间（如图 3-6 中的 $t_总 = t_1 + t_2 + t_3$），改加热时间为浸液时间，避免了模棱两可的概念，给高温加热时间以量的描述，无争辩余地。

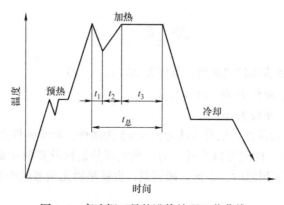

图 3-6　高速钢工具盐浴热处理工艺曲线

影响浸液时间效果的因素很多，概括起来主要有如下 8 种：

1）预热温度的高低。

2）装炉方式和装炉量。

3）工件的几何形状及其尺寸。

4）加热炉功率大小。

5）加热温度的高低。

6）工件材料内在质量。

7）炉膛尺寸大小。

8）控温的方式。

确定高速钢工具在高温盐浴中的浸液时间，尽管计算方式各不相同，但所有的工具厂都是根据本单位的具体情况，简单易行的经验公式为：浸液时间（s）= 加热时间系数（s/mm）× 工件的有效壁厚（mm）。加热时间系数参考表 3-7；有效厚度的确定是一个复杂而重要的问题，将在下节中详细介绍。

对于浸液时间，有的单位根据自身的实际情况，也有一个经验公式：

$$t = 30 + \alpha D \tag{3-9}$$

式中 t——浸液时间，单位为 s；

α——加热系数，单位为 s/mm；

D——有效厚度，单位为 mm。

例如 $\phi 10mm$ 麻花钻的加热时间为 $t = (30+10 \times 10)s = 130s$。

这里应该特别强调的是：浸液时间的长短，受到加热温度的制约，略去其他一切影响因素，专论温度、时间两元，无疑温度比时间更重要。温度是第一位，时间是第二位，但丝毫不能忽略时间的反作用，在一定的条件下，矛盾也会发生相互转化。根据多数工具厂的经验，M2 钢在 1225℃以下加热时，延长 10～20s，对奥氏体晶粒度的长大影响不太明显。但超过 1225℃（例如 1230℃）时延长 10～20s，就可能出现过热甚至过烧的问题（对碳饱和度 ≥ 0.78 者尤为明显）。所以，经验有局限性，别人的经验不一定适合自己，一定要验证。

从节能考虑的加热时间计算法如下：

进行加热时间计算时，常将工件截面大小分为厚件和薄件。划分厚薄件的依据是毕氏准数 β_i，即

$$\beta_i = \frac{\alpha}{\lambda} S \tag{3-10}$$

式中 α——炉料表面的表面传热系数，单位为 W/（m²·℃）；

λ——导热系数，单位为 W/（m·℃）；

S——炉料厚度，单位为 m。

一般认为 $\beta_i < 0.25$ 为薄件，也有人认为 $\beta_i < 0.5$ 为薄件。对于钢件而言，$\beta_i < 0.5$ 为薄件的其厚度的极限为 280mm，因此可以这样认为，绝大部分钢材及其制件都可以认为是薄件。对于薄件，可以认为当表面到温时，心部立即到温，也就是说无须考虑均温时间，总的加热时间变成：

$$t_{加} = t_{升} + t_{保}, \quad t_{升} = KW \tag{3-11}$$

式中　W——几何因素（单位为 mm，$W = \dfrac{V}{S}$，V 为工件体积，S 为工件受热面积）；

　　　　K——综合物理因素，单位为 min/mm。

综合物理因素（或称加热系数因素）K 与被加热工件形状（K_s）、表面状态（K_h）、尺寸（K_d）、加热介质（K_g）、加热炉次（K_c）等因素有关，所以将式（3-7）可以写成

$$t_{加} = K_s K_g K_h K_d K_c W + t_{保} \tag{3-12}$$

这些系数的数值范围可参照表 3-8，表 3-9 为根据 KW 值而得出的加热时间计算表。

典型钢件在盐浴炉中和空气炉中的加热时间见表 3-10、表 3-11。

表 3-8　影响加热时间的各物理因素系数

系数	K_s					K_g		K_c	K_h			K_d
形状	圆柱	板	管			盐浴炉 800~900℃	空气炉 800~900℃	在稳定的加热条件下	空气	可控气氛	真空	薄件
			厚壁 $\delta/D > \frac{1}{4}$	薄壁 $L/\delta \geqslant 20$	薄壁 $\delta/D < \frac{1}{4}$ $L/D < 20$							
数值	1	1~1.2	1.4	1.4	1~1.2	1	3.5~4	1	1~1.2	1.1~1.3	1.5	1

表 3-9　钢件加热时间计算表

炉型		圆柱	板	薄管 $(\delta/D < \frac{1}{4})$, $L/D < 20$	厚管 $(\delta/D \geqslant \frac{1}{4})$
盐浴炉	K/(min/mm)	0.7	0.7	0.7	1.0
	W/mm	$(0.167~0.25)D$	$(0.167~0.5)B$	$(0.25~0.5)\delta$	$(0.25~0.5)\delta$
	KW/min	$(0.117~0.175)D$	$(0.117~0.35)B$	$(0.175~0.35)\delta$	$(0.25~0.5)\delta$
空气炉	K/(min/mm)	3.5	4	4	5
	W/mm	$(0.167~0.25)D$	$(0.167~0.5)B$	$(0.25~0.5)\delta$	$(0.25~0.5)\delta$
	KW/min	$(0.6~0.9)D$	$(0.6~2)B$	$(1~2)\delta$	$(1.25~2.5)\delta$
备注		L/D 值大取上限否则取下限	H、L/B 值大取上限否则取下限	L/δ 值大取上限否则取下限	L/δ 值大取上限否则取下限

注：1. δ 为管形工件壁厚；H 为板形工件高度；B 为板形工件厚度；L 为工件长度；D 为直径。

　　2. 上述计算适用于单件或少量工件在炉内的加热（工件间隔距离 $> \dfrac{D}{2}$）。

表 3-10　典型钢件在盐浴炉中的加热时间比较

工件形状尺寸 /mm	计算时间 /min		实际时间 /min		淬火后硬度 HRC	备注
	KW	aD①	到温	保温		
45 钢，φ40×270	6.51 ($\frac{D}{6.1}$)	12	6	0	58	实际加热时间为到温+保温之和，由于零保温，即为 6
9SiCr（φ30，φ18，φ15，12，10，35 尺寸图）	2.66 ($\frac{8}{D}$) D—平均直径	8	2	0	65	隐针 M+A₁+C
				5	64	隐针 M+A₁+C
CrMn（110，135，12 尺寸图）	3.5 ($\frac{B}{3.5}$)	4.8	3	0	66	—
45 钢，筒件，φ32×φ20×8（高度）	1.19 ($\frac{\delta}{5}$)	1.8	1.0	0	59	$\delta/D<\frac{1}{4}$ 时，按板计算
20Cr（渗碳淬火）（φ16，φ30，430 尺寸图）	3.25 ($\frac{\delta}{2}$)	2.8	3	0	64	$\delta/D<\frac{1}{4}$、$t/\delta>20$ 时，按管计算
				2	63.5	

① aD—理论加热时间。

表 3-11　典型钢件在空气炉中加热时间比较

尺寸 /mm	材料	件数	按 aD 法计算的时间 /min	按 KW 法计算的时间（从入炉始算）/min	工件实际到温时间（入炉始算）/min	按 KW 法工件实际到温时间 /min	按 KW 法时间与 aD 法时间比较 KW/aD
φ20×80	45	1	20（20+0）	16.5（0.825D）	12	4.5	0.825
φ40×60	45	1	40（40+0）	26.2（0.66D）	21	5.2	0.655
φ50×70	45	1	50（50+0）	32.8（0.66D）	30	2.8	0.655
φ80×120	45	1	80（80+0）	52.5（0.66D）	50	2.5	0.655
φ100×150	45	1	102（100+2）	65.6（0.66D）	64	1.6	0.655
φ30×1130	65Mn	1	33（30+3）	25.9（0.86D）	18	7.9	0.780
φ42×650	45	4	62（42+20）	35.6（0.85D）	34	1.6	0.575
φ80×600	40CrNiMo	1	160（120+40）	66（0.83D）	60	6	0.41

（续）

尺寸 /mm	材料	件数	按 aD 法计算的时间 /min	按 KW 法计算的时间（从入炉始算）/min	工件实际到温时间（入炉始算）/min	按 KW 法工件实际到温时间 /min	按 KW 法时间与 aD 法时间比较 KW/aD
$\phi 85 \times 580$	40CrNiMo	3	157.5（127.5+30）	69.5（0.81D）	65	4.5	0.42
$\phi 95 \times 660$	40CrNiMo	2	182.5（142.5+40）	76.3（0.8D）	70	6.3	0.42
$\phi 100 \times 760$	40CrNiMo	1	190（150+40）	81（0.81D）	70	11	0.42
$250 \times 310 \times 27$	CrWMn	2	47.5（40.5+7）	45.5（1.67B）	45	0.5	0.96
$32 \times 53 \times 140$	45	4	37（32+5）	30.6（0.95B），K=0.35	27	7.6	0.82
$190 \times 190 \times 100$	45	4	182（100+82）	97.6（0.976B）	95	2.6	0.52
$D190 \times a60（孔）\times L45$	45	10	79（45+34）	53（1.18B）（高 $L \le \delta$，按板计）	49	4	0.67

注：在 $t=aD$ 中，碳素钢 a 取 1、合金钢 a 取 1.5，即取数值范围的下限。

在实际生产中，有按工件的单位质量的时间计算，如在 45kW 的箱式炉中加热，经过试验，$\phi 50mm$ 以下的工件单位质量的加热系数可定为 0.6～1.0min/kg，通常取 0.6～0.8min/kg。表 3-12 所列为工具钢在火焰炉中的加热时间和单位质量工件的加热系数。

表 3-12　工具钢在火焰炉中的加热时间和单位质量工件的加热系数

最大截面尺寸 /mm	工件质量 /kg	加热总时间 /min	加热系数 /（min/kg）
25～50	45～136	115	0.85～2.56
50～75	136～227	150	0.66～1.10
75～100	227～454	195	0.43～0.86
100～125	454～225	225	0.33～0.50
125～200	680～908	300	0.33～0.44

（2）淬火保温时间的计算　可按下列经验公式估算：

$$t = akD$$

式中　t——保温时间，单位为 min；

a——保温时间系数，单位为 min/mm，见表 3-13；

K——工件装炉方式修正系数，见图 3-5；

D——工件有效厚度，见图 3-3。

1）复杂工件加热时间可按下式计算：

$$\tau = K_1 \frac{V}{S} K_2 K_3 + \tau_1 \tag{3-13}$$

式中　K_1——单位透热时间系数，单位为 min/cm，见表 3-14；

$\dfrac{V}{S}$——几何因素，见表 3-15；

K_2——形状系数，见表 3-16；

K_3——外形系数，见表 3-17；

τ_1——保温时间，单位为 min，见表 3-18。

表 3-13　保温时间系数 a　　　　　（单位：min/mm）

材料及尺寸		加热温度及炉型				
		< 600℃箱式炉预热	> 750 ~ 900℃盐浴炉加热（预热）	800 ~ 900℃空气炉	1100 ~ 1300℃高温盐浴炉加热	流动粒子炉
碳素钢	直径 ≤ 50mm	—	0.3 ~ 0.4	1.0 ~ 1.2	—	0.4
	> 50mm	—	0.4 ~ 0.5	1.2 ~ 1.5	—	
合金钢	≤ 50mm	—	0.45 ~ 0.5	1.2 ~ 1.5	—	0.5
	> 50mm	—	0.5 ~ 0.55	1.5 ~ 1.8	—	
高合金钢		1 ~ 1.5	0.35 ~ 0.5		0.17 ~ 0.25	0.15 ~ 0.2（经二次预热）
高速钢			0.3 ~ 0.5		0.14 ~ 0.25	

注：1. 如经预热，a 值可减小 20% ~ 30%，预热时间为加热时间的 2 倍。
　　2. 如采用快速加热（超出正常温度 100 ~ 150℃），加热时间：碳素钢 3.5s/mm；合金钢 3 ~ 7s/mm。

表 3-14　不同钢种单位透热时间系数 K_1　　　　　（单位：min/cm）

钢种	加热温度/℃	在熔盐中加热时的 K_1 值		在如下介质中单位透热时间 K_1			
		78%BaCl$_2$+22%NaCl[①]	含 100%BaCl$_2$高温[②]	44%NaCl+56%KCl[①]	含 100%NaCl	盐浴[①]	空气中[①]
碳素钢和低合金钢	800	12.5	—	0.9K_1	1 ~ 2K_1	0.5K_1	3 ~ 5K_1，与炉型和其功率有关
	850	11.3	—				
	870	10.8	—				
	900	10.0	—				
	950	8.8	—				
高铬钢和其他中合金钢	1000	—	8.0	—	—	—	—
	1050	—	7.4				
	1100	—	6.7				
	1150	—	6.0				
高速钢和其他高合金钢	1200	—	5.4	—	—	—	—
	1210	—	5.3				
	1220	—	5.1				
	1230	—	5.0				
	1240	—	4.9				
	1250	—	4.8				
	1270	—	4.4				
	1300	—	4.1				
	560	—	10.3[③④]				

① 在空气炉中预热温度 400 ~ 500℃。
② 在盐浴中先预热到 860 ~ 880℃。
③ 回火盐浴为 100%KNO$_3$。
④ 熔盐成分为质量百分数。

表 3-15　工件形状与几何因素 *V/S* 的关系

工件形状	W = V/S	工件形状	W = V/S
球	$D/6$	长方形板材，全部加热	—
圆柱体，全部加热	$DL/(4L+2D)$	正方形	$B/6$
圆柱体，一端加热	$DL_1/(4L_1+D)$	正方形、三角形或等边大棱柱	$D_1L/(4L+2D_1)$
空心圆柱体，全部加热	$(D-d)L/[4L_1+2(D-d)]$	平行六面体（如平板）	$LaB/[2(La+LB+aB)]$

注：D 为外径、d 内径、D_1 周径；B 为厚度；L 为长度、L_1 为加热区长度；a 为宽度。

表 3-16　形状系数 K_2 计算公式

物体形状	物体尺寸比例	确定 K_2 值的公式	K_2 值在下述情况下的值		
			$L \to 0$	$L = D$ 或 $L = (D-d)$	$L \to \infty$
长实心圆柱体	$D/L \leq 1$	$K_2 = 1 + 0.2\dfrac{D}{H}$	—	1.2	1
短实心圆柱体	$L/D \leq 1$	$K_2 = 1 + 0.2\dfrac{L}{D}$	1	1.2	—
长空心圆柱体	$\dfrac{D-d}{L} \leq 1$	$K_2 = 1 + 0.2\dfrac{D-d}{L}$	—	1.2	1
短空心圆柱体（圆环）	$\dfrac{L}{D-d} \leq 1$	$K_2 = 1 + 0.2\dfrac{L}{D-d}$	1	1.2	
棱数为 N 的长直棱柱体	$\dfrac{D}{L} \leq 1$	$K_2 = 1 + 0.2\dfrac{D}{L} + \dfrac{1}{N+1}$	—	—	—
三边形	—	$K_2 = 1.25 + 0.2\dfrac{D}{L}$		1.45	1.25
四边形	—	$K_2 = 1.20 + 0.2\dfrac{D}{L}$		1.40	1.20
六边形	—	$K_2 = 1.13 + 0.2\dfrac{D}{L}$		1.33	1.13
棱数为 N 的短直棱柱体	$\dfrac{L}{D} \leq 1$	$K_2 = 1 + \dfrac{L}{D}(0.2 + \dfrac{1}{N+1})$	—	—	—
三边形	—	$K_2 = 1 + 0.45\dfrac{L}{D}$	1	1.45	
四边形	—	$K_2 = 1 + 0.40\dfrac{L}{D}$	1	1.40	
六边形	—	$K_2 = 1 + 0.33\dfrac{L}{D}$	1	1.33	
圆球体	—	$K_2 = 1$	当 $B \to 0$	$B = a = L$	$A \to \infty$ $L \to \infty$
平等六面体	$B \leq a \leq L$	$K_2 = 1 + 0.2(\dfrac{B}{a} + \dfrac{B}{L})$		1.40	1
立方体	—			1.40	
高等于直径的圆柱体	$D = H$	—		1.2	

注：形状系数 K_2 是对从表面到中心所有各点距离都是相等的"理想"光滑物体而言（尺寸符号物理意义同表 3-15）。

表 3-17　不同工具外形系数 K_3

工具类型	外形系数 K_3
滚压螺纹模和其他螺纹工具，圆锉刀和整形锉，切断铣刀	0.9
刀片、螺纹平面板牙	0.85
圆柱铣刀、剃齿刀和圆盘式插齿刀	0.75
键槽铣刀、单角或双角铣刀、三面刃铣刀、凸凹半圆铣刀、接柄扩孔钻等	0.70
滚刀、螺纹套式铣刀和端面套式铣刀	0.65
圆板牙	0.45
所有的无沟槽的"光滑物体"	1.0

表 3-18　不同钢种保温时间 τ_1

钢种	牌号	淬火温度 /℃	保温时间 /min	钢种	牌号	淬火温度 /℃	保温时间 /min
碳素钢和低合金钢	45、50	820~850	1.0	高铬钢	95Cr18	1030	3.0
	T7A、T8A	800~810	1.0		108Cr17	1050	2.7
	T10A、T12A	790~800	1.0		Cr12V1	1070	3.2
	T13	800	1.0		Cr12MoV	1020	3.3
	Cr2	850	1.3		102Cr17Mo	1030	3.4
	40Cr、50Cr	850	1.5		90Cr18MoV	1065	3.1
	9SiCr	850	2.6	高速钢	W18Cr4V	1270	1.7
		870	1.7			1290	1.3
		900	0.8		W6Mo5Cr4V2	1210	2.8
	GCr15	845	1.9			1225	2.1
	CrWMn	840	1.9		W9Mo3Cr4V	1220	2.6
	CrWMn	860	1.3			1230	1.9

2）对于长形实心工件（圆柱体、棱柱体、平行六面体和有尾部的工具）而言，总的加热时间（min），可按下式计算：

$$\tau = \frac{n}{60}D + \tau_1 \qquad (3\text{-}14)$$

式中　　n——系数，单位为 min/mm，见表 3-19（工件实际尺寸单位为 mm）；

τ_1——保温时间，单位为 min，见表 3-18。

3）对于长形空心工件可按下式计算：

$$\tau = \frac{n}{60}(D-d) + \tau_1 \qquad (3\text{-}15)$$

对于长形工件透烧时间 $\tau_{透} = \beta K_0 D$（β 为长方形工件的形状系数），见表 3-19，K_0 为单位透热时间（min/mm）。

表 3-19　长形工件单位透热时间 K_0 与系数 n 的关系

加热用盐浴成分（%，质量分数）	加热温度/℃	单位透热时间 K_0/(min/mm)	试样与工具的 n 值/(min/mm)					
			实心圆柱体	正方形截面的轴	麻花钻	手动丝锥和螺母丝锥	铰刀、铣刀、扩孔钻头、燕尾槽拉刀	圆锉刀和整形锉
78BaCl₂+22NaCl	800	19.0	19.0	22.8	8.5	10.0	12.2	17.1
	850	17.0	17.0	20.4	7.6	9.0	10.9	15.3
	870	16.2	16.2	19.4	7.3	8.6	10.4	14.6
	900	15.0	15.0	18.0	6.8	8.0	9.6	13.5
	950	13.0	13.0	15.6	5.8	6.9	8.3	11.7
	1000	12.0	12.0	14.4	5.4	6.4	7.7	10.8
	1050	11.0	11.0	13.3	5.0	5.8	7.0	9.9
	1100	10.0	10.0	12.0	4.5	5.3	6.4	9.0
100BaCl₂	1050	9.0	9.0	10.8	4.0	4.8	5.8	8.1
	1200	8.0	8.0	9.6	3.6	4.2	5.1	7.2
	1210	7.8	7.8	9.4	3.5	4.1	5.0	7.0
	1220	7.6	7.6	9.1	3.4	4.0	4.9	6.8
	1230	7.4	7.4	8.9	3.3	3.9	4.7	6.7
	1240	7.2	7.2	8.6	3.2	3.8	4.6	6.5
	1250	7.0	7.0	8.4	3.2	3.7	4.5	6.3
	1270	6.5	6.5	7.8	3.0	3.5	4.2	5.8
	1300	6.0	6.0	7.2	2.7	3.2	3.8	5.4

3. 淬火参量与黄金数字

（1）淬火参量　高速钢工具在盐浴炉中的淬火加热系数是以单件加热时间为依据的，在实际生产大量装炉时，必须考虑加热炉的类型、结构、功率、升温速度、工具的装夹方式、装炉量大小和预热情况等因素来确定最终的加热时间（准确地叫浸液时间）。

高速钢工具淬火加热时要达到比较高的奥氏体化程度，晶粒度大小适度，碳化物溶解恰到好处，淬火加热温度和浸液时间都很重要，两者相比，温度比时间更重要。二者作用的综合考虑，可以简化为淬火参量公式：

$$P = t(37 + \lg\tau) \qquad (3-16)$$

式中　P——淬火参量，单位为 ℃·min；

　　　t——淬火加热温度，单位为 ℃；

　　　τ——淬火加热时间，单位为 min。

公式中淬火参量 P，代表了淬火加热温度和加热时间的综合作用，意思是说高温短时间和低温长时间（高温、低温都在工艺范围内）淬火，只要两者共同作用的结果是一样的，最终的效果应该是一样的。图 3-7 所示为淬火参量、碳化物量和残留奥氏体的关系。

其他钢种的热处理淬火加热，同样存在一个淬火参量的问

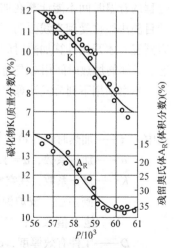

图 3-7　淬火参量与碳化物量和残留奥氏体量的关系

题，只要在工作中认真实践，一定有规律可循。对于高速钢而言，提高淬火加热温度5℃比延长淬火加热时间20s有效，节能高效。

（2）淬火加热时间黄金数字　近年来，国内外热处理同行对钢的淬火加热时间做了大量试验研究工作，通常认为钢制工件加热到设定的温度后，就完成了必要的组织转变和扩散，不需要过长的保温时间，这样加热时间就缩短了很多。既减少了钢件在高温下的氧化脱碳，又节省了大量能源。

纵观各行各业的热处理车间，人们常根据工件的有效厚度（或称有效直径）采用经验公式来计算加热时间，并结合各自实际情况和经验进行适当修正。但是总的来说，加热时间还是偏长，需要进一步通过实验和产品使用市场反馈来调整。

有些热处理技术人员在解决现场出现的具体问题时发现，钢的淬火加热时间与黄金数字有着密切的关系，于是在后来的试验中以黄金数字作为加热系数，计算钢的加热时间，产品质量稳定提高，在获得同样淬硬层深度的情况下，加热时间缩短了好多，例如盐浴加热就缩短50%以上，而淬件的表面硬度还略有提高。

钢的淬火工艺主要有三个工步：升温、保温和冷却，这三个过程是现场施工员制订热处理工艺的依据。这里主要讨论前两个过程。

1）升温过程是工件在低温进炉加热升温，或者炉子已经加热到设定温度，将工件入炉加热，直到炉温恢复到设定的工作温度为止。实际上，在升温过程中，工件的实际温度总是低于炉温的，而测定工件何时到温，特别是工件的心部温度，既不精确，又比较烦琐。因此，理论上的升温过程，多数指炉中加热，通过控制加热炉的升温过程达到对工件升温的控制，当炉子到温（控制仪表的指示温度）后，即为升温阶段结束，接着进入保温阶段。

2）理论上的保温过程，是指炉温达到设计温度，完成必要的组织转变和扩散。在保温过程中，炉内的工件一边继续升温，一边进行组织转变和扩散，保温结束后上述过程全部完成。保温过程所需的全部时间，称为保温时间，亦称加热时间。

工件的升温时间受到装炉温度、炉子的功率以及装炉量等多种因素的影响，除盐浴炉外，升温时间很长，往往需数小时，远远超过了按各种加热方法计算出来的加热时间。所以，升温过程的升温时间不能计算在加热时间之内，而工件实际何时到温又难以精确测定，如常用的原始目测法往往受到光线强弱、经验多少等影响，误差很大。因此，在实际生产中，常以炉子仪表到温后才开始计算加热时间，这时炉温已稳定在恒定的温度下，炉子向工件传热处于稳定状态，计算的加热时间相对准确，这也有利于生产现场管理和计算法程序控制。

本书采用下列公式计算淬火加热时间：

$$\tau = \alpha K D$$

式中　　τ——加热时间，单位为min；

　　　　α——加热系数，$\alpha = 1.618$（$1.5 \sim 2.0$）min/cm；

　　　　K——修正系数，在空气炉中加热时，当工件的入炉温度已经达到设定温度，但没有影响到炉温，或炉温稍有下降在短时间内又重新恢复到规定的温度时，K值取4，其他K值取1；

　　　　D——工件有效厚度，cm。

（3）黄金数字　在《计算法》一书中，斐波那契提出一个关于大自然数字的观念，称之为"斐波那契数列"，其形式为：1，1，2，3，5，8，13，21，34，55，89，144，……

上述数字中，相邻两数之间存在着固定关系和比例，其中任何一个数都是位于它前面相邻两数之和，如 2 = 1+1；3 = 2+1；5 = 3+2；8 = 5+3；……。另外，除最前面 5 个数之外，其余相邻两数之比大致接近 0.618 和 1.618，如 8÷13 = 0.615，13÷8 = 1.625，13÷21 = 0.619，21÷13 = 1.615，21÷34 = 0.618，34÷21 = 1.619，34÷55 = 0.618，55÷34 = 1.618，……

0.618 和 1.618 是最基本的两个数，它们还可以衍生出 0.382（0.618÷1.618）、2.618、3.26 等数字，人们将这些数字统称为黄金数字，它们是自然中一种固定的比例。黄金数字在诸如金融交易活动、生产和科学试验等人类社会活动中获得了广泛应用。

我国科研人员利用 1.618 这个黄金数字作为钢的淬火加热系数，进行了一系列的试验工作。试验中将 1.618 拓展为 1.5 ~ 2.0，实践表明，系数 < 1.5 的可靠性差些，> 2.0 的加热时间偏长，当淬件尺寸较小或者碳含量及合金元素含量较高时取上限。

（4）试验数据及结果　主要对 45、40Cr、42CrMo、GCr15、40CrMnMo 和 T10A 等几种常用钢进行淬火试验。采用比较法，即试件的化学成分、形状尺寸、加热温度、冷却条件完全相同，同时进炉，只是加热时间不同，进行分析对比。

1）盐浴炉加热淬火。淬火加热系数取 1.618（1.5 ~ 2.0），修正系数 1。

① 试验用材为 ϕ75mm 的 45 钢，加热温度 820℃，盐水冷却。试样加热时间 1.5×7.5min = 11.25min、2.0×7.5min = 15min、常规 4×7.5min = 30min。淬火后的硬度均 > 56HRC，淬硬层深度 2.4 ~ 2.6mm。

② 试验用材 ϕ75mm 的 40Cr，加热温度 840℃，淬火冷却介质为饱和氯化钙水溶液。试样加热时间 1.5×7.5min = 11.25min、常规 4×7.5min = 30min，淬火后的硬度均 > 57HRC，淬硬层深度均为 7.0 ~ 8.0mm。

③ 试验用材为 ϕ55mm 的 40CrMnMo 钢，加热温度 850℃油冷。试样加热时间 1.5×5.5min = 8.25min，4.5×5.5min = 24.75min。淬火后试样表面硬度 50 ~ 55HRC，均完全淬透。

④ 试样用材为 ϕ36mm 的 GCr15 钢，加热温度 830℃，淬火冷却介质为饱和氯化钙水溶液。试样加热时间 2×3.6min = 7.2min、7×3.6min = 25.2min。淬火后两种试样表面硬度均为 63 ~ 66HRC。

盐浴炉加热淬火试验表明：黄金数字系数和传统常规系数加热，试样的表面硬度及淬硬层深度无差别，但加热时间相差甚远。

2）电炉加热淬火。随炉升温，仪表到温后开始计算加热时间，淬火加热系数取 1.618（1.5 ~ 2.0），修正系数取 1。

① 试样材料为 ϕ35mm 的 45 钢，加热温度 820℃，盐水冷却。试样加热时间 1.618×3.5min ≈ 5.7min，常规 10×3.5min = 35min。淬火后两者的表面硬度均 > 53HRC、淬硬层深度均为 2.5 ~ 3.0mm。

② 试样材料为 ϕ45mm 的 40Cr 钢，加热温度 830℃，淬火冷却介质为饱和氯化钙水溶液。试样加热时间 1.618×4.5min ≈ 7.3min，常规 12×4.5 = 54（min）。淬火后试样表面硬度 52 ~ 54HRC，淬硬层深度均 15 ~ 17mm。

③ 试样材料为 ϕ36mm 的 GCr15，加热温度 830℃，淬火冷却介质为饱和氯化钙水溶液。加热时间 2×3.6min = 7.2min，常规 14×3.6min = 50.4min。淬火后表面硬度均 > 62HRC，心部基本淬透。

3）电炉加热淬火，仪表指示到温后进炉，立即开始计算加热时间。淬火加热系数取 1.618

（1.5～2.0），修正系数取4。

① 试样材料为 ϕ45mm 的 45 钢，加热温度 820℃，盐水冷却。试样加热时间 1.5×4×3.5min = 21min，常规加热时间 14×3.5min = 49min。淬火后硬度 > 58HRC，淬硬层深度为 2.4～2.6mm。

② 试样材料为 ϕ45mm 的 40Cr 钢，加热温度 830℃，淬火冷却介质为饱和氯化钙水溶液。加热时间 1.618×4×4.5min ≈ 29min，常规 15×4.5min = 67.5min，淬火后试样表面硬度 > 56HRC，硬化层深度达 17～20mm。

③ 试样材料为 ϕ36mm 的 GCr15 钢，加热温度 830℃，淬火冷却介质为饱和氯化钙水溶液。试样加热时间 2×4×3.6min = 28.8min，常规 15×3.6min = 54min。淬火后试样表面硬度均 > 63HRC，截面完全淬透。

4）分析与讨论。从试验及测得的数据可以看出，黄金数字可以作为钢件淬火加热系数来计算加热时间，不但淬火效果好，而且大大缩短淬火加热时间，既减少钢在高温下的氧化脱碳，又增能增效。

根据惯例，钢的化学成分是影响加热时间的因素之一，而本试验采用的加热系数1.618，似乎与常规不符。其实，钢的化学成分不同，淬火加热温度也不同，合金元素含量高的材料，淬火加热温度相应就高，传热速率高，工件截面上的温度梯度大，因而加热速度增大。另外，高合金钢材料在淬火加热前一般要经1～2次预热，在淬火加热时，工件的温度已相当高了。仅以高速钢为例，在淬火加热前，工件已经850℃左右两次预热，而淬火温度为1200℃以上，因此加热速度不会慢。

根据国内绝大多数工具厂的资料，高速钢工件高温加热系数取8～15s/mm，而黄金数字给出的系数为9～15s/mm（1.5～2.0min/cm），淬火效果较好。

加热介质对加热时间的影响比较大，工件在盐浴中加热，传热速率肯定比空气炉高。空气炉加热分两种情况：低温进炉工件随炉一起升温，当炉温达到设定温度时，工件温度已接近炉温，淬火加热系数取黄金数字1.618是合适的；炉子已升温到规定温度，再将冷态工件进炉加热，加热时间会长一些，试验中利用一个修正系数进行修正。本试验确定修正系数取4较合适。

通过一系列的试验和分析，可以认为黄金数字——1.618（1.5～2.0）作为钢淬火加热系数，计算钢的加热时间是可行的。这不仅适用于本试验的几个牌号，同样适用于其他牌号。

不管是何种钢，淬火效果不能仅以硬度为标准，更重要的看金相，硬度只是表面现象，金相组织才是本质的东西。

3.4 淬火材料的形状换算

金属热处理淬火加热时间的长短，往往以有效厚度（或称有效直径）为依据，计算工件在高温下的加热时间，所以，从业者对淬火件形状尺寸比较敏感，由于它太重要了，所以单独列出一节阐述。

淬火工件的形状是多种多样的，有圆形、板状、条形、环状及其他奇形怪状，因此，冷却状态也千差万别。为对冷却方式进行比较，引进了等价直径的概念，将其他的形状均换成等价直径进行比较是很方便的。工件冷却最慢部位的冷却速度与圆棒心部冷却速度相同时，则圆棒的直径称为该工件的等价直径（假设长度为无限长）。换句话说，圆棒中心的冷却速度和工件冷却最慢部位的冷却速度相同，则该圆棒的直径称等价直径。早在1974年，美国就制定了等价直径标准 BS 5046。经多年的考证，这个标准适用于圆形、盘形工件，矩形截面、板材，环形、管材，截面变化的轴对称工件，误差在 10% 以下，受到现场技术人员和操作工的赞誉。日本大和久重雄也赞同并使用，我国也有不少学者效仿。

3.4.1 术语的意义

淬火钢的力学性能随冷却速度而变化，冷却介质一定时则冷却速度取决于淬火件的形状和大小。也就是说，大工件比小工件冷得慢，而且冷却速度也随工件内部部位不同而变化。毋庸置疑，内部肯定比外部冷得慢。

1. 等价直径

淬火工件的等价直径指的是非常长（长度无限长）的均匀圆棒的直径，该圆棒的冷却条件（最初温度、最终温度和淬火冷却介质）与处理工件相同，圆棒心部的冷却速度与工件冷却最慢部位的冷却速度相同，则长圆棒的等价直径与工件直径相同。其他形状和短圆棒的直价直径可查相应表格计算求得。对不同形状的工件，等价冷却速度也有定义方法。对截面厚薄不同的工件，对具有 2 ~ 3 个凸台的锻造轴，厚截面比其他部位冷却得慢些，各部位均有相应的等价直径。

2. 支配截面

支配截面是指某一等价直径的部位，这一部位因热处理而获得的力学性能对设计是非常重要的。对有些工件可能存在下述情况，冷却最慢部位的力学性能并不重要，冷却稍快部位的力学性能反而更重要些。例如对具有较大凸台的细长轴——阀杆就是这样，其凸台部位的力学性能反而更显重要，因此，此时的支配截面是杆的直径，而不是凸台或包含凸台部位的等价直径。搞热处理工程设计或制订热处理工艺的技术人员应关注支配截面。

3. 最大支配直径

对一定钢种，在一定热处理条件下可能达到预定的力学性能的最大直径称之为最大支配截面。

3.4.2 等价直径的 BS 求法

1. 圆柱和圆盘的等价直径

油冷圆柱和圆盘时的等价直径见表 3-20、表 3-21。可见，长度越长，等价直径越大，长度为无限大时，工件的直径本身就是等价直径。

2. 板材的等价直径

油冷板材的等价直径见表 3-22、表 3-23（板材的长度均为无限大）。表的使用方法如下：首先从宽 × 厚（两个最小尺寸）求出等价直径。由于该等价直径是在长度为无限大的条件下获得的，因此可用表 3-20、表 3-21 转换的指定长度下的等价直径。例如：规格为板厚 160mm × 宽度 200mm × 长度 300mm 的板材油淬时，从表 3-23 可知，160 × 200（两个最小尺寸）对应的等价直径为 190mm。然后根据等价直径 190 和长度 300mm 和油淬火等条件，由表 3-21 求得等价直径为 185mm。

3. 管和环的等价直径

长度 / 壁厚 ≥ 1 者称作管，而长度 / 壁厚 < 1 者称为环，可用表 3-24 求出它们的等价直径。假定油冷或水冷时，淬火冷却介质在内径和外径部位均循环良好。空冷时，因内孔辐射的影响，内孔的冷却速度比外径（表面）要慢些。

表 3-20　圆柱和圆盘的等价直径（油冷）（Ⅰ）　　　　　　（单位：mm）

直径	长度或厚度													
	10	12	16	20	25	30	40	50	60	80	100	120	160	∞
10	7.4	7.9	8.6	9.1	9.4	9.6	9.8	9.9	9.9	10	10	10	10	10
12	8.5	9.0	10	11	11	11	12	12	12	12	12	12	12	12
16	10	11	12	13	14	15	15	16	16	16	16	16	16	16
20	11	13	14	16	17	18	19	19	20	20	20	20	20	20
25	13	14	17	18	20	21	23	23	24	25	25	25	25	25
30	14	16	19	21	23	24	26	28	29	29	30	30	30	30
40	16	18	21	24	27	30	33	35	37	39	39	40	40	40
50	16	19	23	27	31	34	39	42	45	47	48	49	50	50
60	17	20	25	29	34	37	43	48	50	55	57	58	60	60
80	17	20	26	32	37	42	50	57	62	69	73	77	78	80
100	18	21	27	33	39	45	55	63	70	80	87	92	97	100
120	18	21	27	33	40	47	58	68	76	91	98	105	115	120
160	18	21	27	33	41	48	61	73	84	100	115	125	140	160
200	18	21	27	33	41	48	63	76	89	110	130	145	165	200
250	18	21	27	33	41	48	63	78	91	115	140	155	185	250
300	18	21	27	33	41	48	63	78	92	120	145	165	200	300
400	18	21	27	33	41	48	63	78	92	120	150	175	220	400
500	18	21	27	33	41	48	63	78	92	120	150	175	230	500
600	18	21	27	33	41	48	63	78	92	120	150	175	230	600
∞	18	21	27	33	41	48	63	78	92	120	150	180	235	—

表 3-21　圆柱和圆盘的等价直径（油冷）（Ⅱ）　　　　　　（单位：mm）

直径	长度或厚度													
	160	200	250	300	400	500	600	800	1000	1200	1600	2000	2500	∞
80	78	80	80	80	80	80	80	80	80	80	80	80	80	80
100	97	99	100	100	100	100	100	100	100	100	100	100	100	100
120	115	120	120	120	120	120	120	120	120	120	120	120	120	120
160	140	150	155	155	160	160	160	160	160	160	160	160	160	160
200	165	175	185	195	200	200	200	200	200	200	200	200	200	200
250	185	205	220	230	245	250	250	250	250	250	250	250	250	250
300	200	230	250	265	285	290	300	300	300	300	300	300	300	300
400	220	255	295	320	360	370	390	400	400	400	400	400	400	400
500	230	280	320	360	410	440	460	490	500	500	500	500	500	500
600	230	290	340	390	460	500	540	570	590	600	600	600	600	600
800	235	300	360	420	510	590	640	720	750	780	800	800	800	800
1000	235	300	360	430	550	640	720	830	900	940	980	1000	1000	1000
1200	235	300	360	430	570	680	770	910	1010	1070	1160	1180	1200	1200
1600	235	300	360	440	580	720	840	1030	1180	1290	1430	1510	1570	1600
2000	235	300	360	440	580	720	850	1100	1290	1450	1660	1800	1890	2000
2500	235	300	360	440	580	720	860	1130	1380	1560	1870	2080	2250	2500
3000	235	300	360	440	580	720	860	1130	1410	1630	2020	2300	2500	3000
∞	235	300	360	440	580	720	860	1130	1410	1700	2260	2830	3450	—

表 3-22　板材的等价直径（Ⅰ）　　（单位：mm）

宽	厚										
	10	12	16	20	25	30	40	50	60	80	100
10	10	—	—	—	—	—	—	—	—	—	—
12	11	13	—	—	—	—	—	—	—	—	—
16	13	14	17	—	—	—	—	—	—	—	—
20	14	16	19	21	—	—	—	—	—	—	—
25	15	17	21	24	27	—	—	—	—	—	—
30	16	18	22	26	29	32	—	—	—	—	—
40	17	19	24	28	33	37	43	—	—	—	—
50	17	20	26	30	35	40	48	54	—	—	—
60	17	20	26	32	38	43	51	58	61	—	—
80	18	21	27	33	40	46	57	66	73	87	—
100	18	21	27	33	41	47	60	70	80	95	110
120	18	21	27	33	41	48	62	74	85	100	115
160	18	21	27	33	41	49	63	77	90	110	130
200	18	21	27	33	41	49	63	79	92	115	140
250	18	21	27	33	41	49	63	79	93	120	145
300	18	21	27	33	41	49	63	79	93	120	150
∞	18	21	27	33	41	49	63	79	93	120	150

表 3-23　板材的等价直径（Ⅱ）　　（单位：mm）

宽	厚										
	100	120	160	200	250	300	400	500	600	800	1000
100	110	—	—	—	—	—	—	—	—	—	—
120	115	130	—	—	—	—	—	—	—	—	—
160	130	145	175	—	—	—	—	—	—	—	—
200	140	160	190	215	—	—	—	—	—	—	—
250	145	170	205	240	270	—	—	—	—	—	—
300	150	175	215	255	290	320	—	—	—	—	—
400	150	180	230	275	320	370	430	—	—	—	—
500	150	180	235	285	340	390	480	540	—	—	—
600	150	180	235	290	360	410	510	580	650	—	—
800	150	180	235	295	370	430	550	650	730	860	—
1000	150	180	235	295	370	440	560	680	790	950	1080
1200	150	180	235	295	370	440	570	700	820	1020	1170
1600	150	180	235	295	370	440	570	710	850	1090	1300
2000	150	180	235	295	370	440	580	720	860	1120	1350
2500	150	180	235	295	370	440	580	720	860	1130	1390
3000	150	180	235	295	370	440	580	720	860	1130	1410
∞	150	180	235	295	370	440	580	720	860	1130	1410

由于管和环的参数较多，因此要利用倍数。这种倍数，管材时适用壁厚，环材时则适用轴向厚度。表 3-24 和表 3-25 中 x 为孔径，y 代表壁厚或径向厚度，z 代表长度或轴向厚度。将壁厚或轴向厚度乘以表 3-24 和表 3-25 中的倍数 f 则可得到等价直径。

表 3-24　管（油冷）的倍数 f

z/y	x/y				
	0	0.5	1	2	∞
1	1.27	1.11	1.08	1.08	1.08
1.5	1.58	1.33	1.28	1.27	1.27
2	1.78	1.46	1.40	1.40	1.40
3	1.98	1.56	1.50	1.48	1.48
4	2.00	1.58	1.52	1.51	1.50
10	2.00	1.58	1.55	1.53	1.50
∞	2.00	1.58	1.55	1.53	1.50

例 1：管的长度为 900mm，外径 700mm，壁厚 200mm（内孔 300mm），求油淬时的等价直径。

$$\frac{\text{孔径（}x\text{）}}{\text{壁厚（}y\text{）}} = \frac{300}{200} = 1.5, \quad \frac{\text{长度（}z\text{）}}{\text{壁厚（}y\text{）}} = \frac{900}{200} = 4.5$$

x/y 取 2，z/y 取 4，从表 3-24 得到壁厚倍数 f 为 1.51。于是，当壁厚为 200mm 时，等价直径 = 壁厚 $\times f$ = 200mm × 1.51 ≈ 300mm。

例 2：环的轴向厚度为 150mm，径向厚度为 270mm，孔径为 400mm，求油淬时的等价直径。

$$\frac{\text{孔径（}x\text{）}}{\text{轴向厚度（}z\text{）}} = \frac{400}{150} \approx 2.67, \quad \frac{\text{径向厚度（}y\text{）}}{\text{轴向厚度（}z\text{）}} = \frac{270}{150} = 1.80$$

x/z 取 ∞，y/z 取 2，从表 3-25 得到轴向厚度倍数 f 为 1.40。于是，当轴向厚度为 150mm 时，等价直径 = 轴向厚度 $\times f$ = 150mm × 1.40 = 210mm。

表 3-25　环（油冷）的倍数 f

y/z	x/z			
	0	0.5	1	∞
1	1.28	1.11	1.08	1.08
1.5	1.40	1.28	1.26	1.26
2	1.45	1.41	1.40	1.40
4	1.50	1.50	1.50	1.50
∞	1.50	1.50	1.50	1.50

4. 阶梯圆柱的等价直径

1）工件有两个圆柱时，如图 3-8a 所示。$D/L > d$，L 等价直径的计算分两步进行。

第一步：根据淬火条件求出大直径 D 的等价直径 E_0。

如果 $E_0 \geq d$，计算出 d/D，L/D，由图 3-9a 求出倍数 f，由 $f \times E_0$ 求出等价直径 E_∞（见图 3-9b）。即 $E_\infty = fd$。

第二步：计算出 lD/d，求出其和 L 之和 $i = L + lD/d$。根据冷却条件按表求出与 D 和 i 相对应的等价直径 E'（如图 3-8c）。这样可求出等价直径

$$E = E_0 + \frac{(E_\infty - E_0)(E' - E_0)}{D - E_0}$$

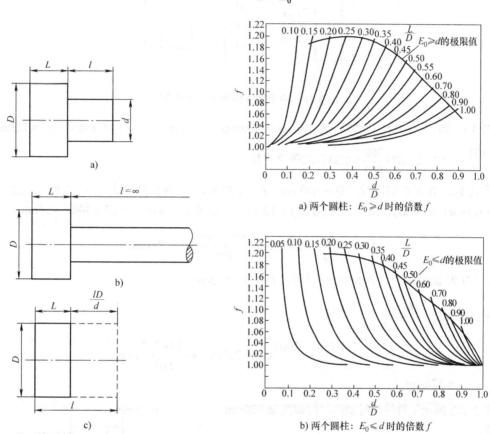

图 3-8　两个圆柱情况下等价直径的计算顺序

a) 两个圆柱：$E_0 \geqslant d$ 时的倍数 f

b) 两个圆柱：$E_0 \leqslant d$ 时的倍数 f

图　3-9

例 3：如图 3-10a 所示工件，油淬，$D = 400mm$，$L = 160mm$，$d = 200mm$，$L_1 = 100mm$，$d/D = 0.5$，$L/D = 0.4$，求等价直径。

从表 3-20 查出左侧圆柱（$D = 400mm$，$L = 160mm$）的等价直径 $E_0 = 220mm$。这里 E_0（220mm）$> d$（200mm），从图 3-9a 查出 $f = 1.140$，于是 $E_\infty = f \times E_0 = 1.14 \times 220mm = 250.8mm \approx 250mm$。

$$L' = L + \frac{L_1 D}{d} = 160mm + \frac{100 \times 400}{200}mm = 360mm$$

E'（D 为 400mm，L' 为 360mm）的等价直径为 344mm。

$$E = E_0 + \frac{(E_\infty - E_0)(E' - E_0)}{D - E_0}$$

$$= 220mm + \frac{(250 - 220)(344 - 220)}{400 - 220}mm$$

$$\approx 240mm$$

图 3-10a 所示工件油淬时加热时间即按 ϕ240mm 棒计算。

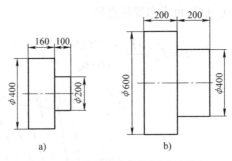

图 3-10 两个圆柱的例子（油淬）

例 4： 如图 3-10b 工件，油淬。$D = 600$mm，$L = 200$mm，$d = 400$mm，$L_1 = 200$mm。$d/D = \dfrac{400}{600} \approx 0.67$，$L/D = \dfrac{200}{600} \approx 0.33$。求等价直径。

从表 3-21 查出右侧圆柱（$D = 600$mm、$L = 200$mm）的等价直径为 $E_0 = 290$mm。这里 E_0（290mm）< d（400mm），从图 3-9b 查出 $f = 1.035$，于是 $E_\infty = f \times d = 1.035 \times 400 = 414$mm。

$$L' = L + \frac{L_1 D}{d} = 200\text{mm} + \frac{200 \times 600}{400}\text{mm} = 500\text{mm}$$

E'（D 为 600mm，L' 为 500mm 的等价直径）= 500mm

所以 $E = E_0 + \dfrac{(E_\infty - E_0)(E' - E_0)}{D - E_0}$

$= 290\text{mm} + \dfrac{(414-290)(500-290)}{600-290}\text{mm} = 290\text{mm} + \dfrac{124 \times 210}{310}\text{mm}$

≈ 370mm

图 3-10b 所示工件油淬时加热时间即按 ϕ370mm 棒计算。

2）三个圆柱时，如图 3-11 所示。

第一步：根据冷却条件，对三个圆柱分别求得相应的等价直径（e_1、e_2、e_3）。将具有最大的等价直径的圆柱称为支配圆柱。

第二步：①假若支配圆柱位于中央位置，则要求与它等价直径大的邻接圆柱相组合；②假若支配圆柱位于端面，则要求它与相邻圆柱相组合。根据组合起来的两个圆柱方式求出等价直径 E_1。

第三步：根据支配圆柱、等价直径 E_1 和冷却条件查表反求出长度 L。

第四步：将这个新圆柱和剩下的第 3 个圆柱组合起来，按两个圆柱方式求出最后的等价直径。

在以上的步骤中经常是大值组合以求出等价直径。

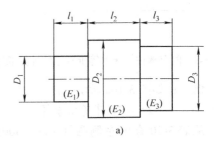

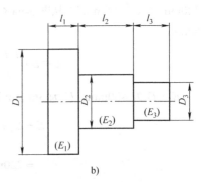

图 3-11 三个圆柱的情况

例 5： 油淬。图 3-12a 中各圆柱的等价直径分别示于相应的括号内。可见，中间圆柱为支配圆柱。与次大的右侧的圆柱组合，按两个圆柱方式求出等价直径。

$D = 600mm$，$L = 160mm$，$d = 200mm$，$L_1 = 500mm$，$d/D = 200/600 ≈ 0.33$，$L/D = 160/600 ≈ 0.27$。于是 $E_0 = 230$（mm）。

由于 E_0（230mm）$> d$（200mm），从图 3-9a 查出 $f = 1.130$。

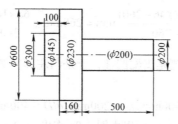

a) 三个圆柱的情况(油淬)，括号
内数字分别表示各圆柱的等价直径

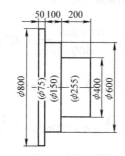

b) 三个圆柱的情况(油淬)，括号
内数字分别表示各圆柱的等价直径

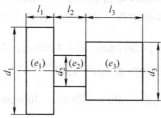

c) 三个圆柱的情况(哑铃形)，中间圆柱直径最小

图   3-12

于是 $E_∞ = f × E_0 = 1.130 × 230mm ≈ 260mm$。

E'（D 为 600mm、L' 为 1660mm 的等价直径）$= 600mm$。

于是 $E_1 = E_0 + \dfrac{(E_∞ - E_0)(E' - E_0)}{D - E_0} = 230mm + \dfrac{(260-230)(600-230)}{600-230}mm = 260mm$

其次，根据支配圆柱直径 $D = 600mm$ 和等价直径 $E_1 = 260mm$，按表 3-21（油冷）求出 $L_3 = 180mm$。

将这个圆柱与第三个圆柱相结合，按三个圆柱方式求出等价直径。

$D = 600mm$，$L_3 = 180mm$，$d = 300mm$，$L_2 = 100mm$。$d/D = 300/600 = 0.5$，$L_3/D ≈ 0.3$，E_1（260mm）$< d$（300mm），所以 $f = 1.095$（图 3-9b）。

因此，$E_{\infty 1} = f \times d = 1.095 \times 300\text{mm} = 328\text{mm}$，

$$L'_1 = 180\text{mm} + \frac{100 \times 600}{300}\text{mm} = 380\text{mm}$$

E'_1（D 为 600mm，L'_1 为 380mm 的等价直径）= 446mm。

所以 $E = 260\text{mm} + \dfrac{(328-260)(446-260)}{600-260}\text{mm} = 260\text{mm} + \dfrac{68 \times 186}{340}\text{mm} = 297.3\text{mm} \approx 300\text{mm}$

例 6：油淬。图 3-12b 中右侧是支配圆柱，于是与左邻的圆柱相组合，按两圆柱方式求出等价直径。

$D = 600\text{mm}, L = 100\text{mm}, d = 400\text{mm}, L_1 = 200\text{mm}, d/D = 400/600 \approx 0.67, L/D = 100/600 \approx 0.17$。

因为 E_{01}（150mm）$< d$（400mm），所以由图 3-9a 查出 $f = 1.002$，

于是，$E_{\infty 1} = fd = 1.002 \times 400\text{mm} \sim 401\text{mm}$

$$L' = 100\text{mm} + \frac{200 \times 600}{400}\text{mm} = 400\text{mm}$$

E'（D 为 600mm，L' 为 400mm 的等价直径）= 460mm。

所以 $E_1 = 150\text{mm} + \dfrac{(401-150)(460-150)}{600-150}\text{mm} = 150\text{mm} + \dfrac{251 \times 310}{450}\text{mm} \approx 323\text{mm}$

然后根据支配圆柱直径 $d = 400\text{mm}$，等价直径 $E_1 = 323\text{mm}$，用表 3-21（油冷），求出 $L'_1 = 307\text{mm}$。将这个圆柱体与左侧的圆柱体组合，按两圆柱方式求等价直径。

$$D_3 = 800\text{mm}, \quad L_3 = 50\text{mm}, \quad L'_1 = 307\text{mm}, \quad d = 400\text{mm}, \quad d/D_3 = 0.5, \quad L_3/D_3 \approx 0.063$$

E_{02}（78mm）$< d$（400mm），从图 3-9b 查出 $f = 1.00$

$$E_{\infty 2} = fd = 1.00 \times 400\text{mm} = 400\text{mm}$$

$$L'_1 = 50\text{mm} + \frac{307 \times 800}{400}\text{mm} = 664\text{mm}$$

E'_1（D 为 800mm，L'_1 为 664mm 的等价直径）= 666mm

于是 $E = 78\text{mm} + \dfrac{(400-78)(666-78)}{800-78}\text{mm} = 78\text{mm} + \dfrac{322 \times 588}{722}\text{mm} \approx 340\text{mm}$。

例 7：哑铃形状的工件，如图 3-12c 所示，两头大，中间圆柱最小。

这种情况虽然也是三圆柱，但比较复杂，中间圆柱的 d_2 较小，因此其冷却速度将受到左右圆柱的影响，而且由于左右圆柱的存在，将使冷却缓慢，从而使问题复杂化。这种工件等价直径的求法如下。

1）在图 3-12c 中，如果 $L_2 > d_2$，d_1 或 $d_3 \leqslant 2d_2$，将左右圆柱分别与无限长（∞）的 d_2 相组合，分别计算出等价直径。采用两者中的数值大者为等价直径。

2）如果 $L < d_2/4$，中间圆柱的直径随 d_1 或 d_3 的减小而增大，可作为二圆柱求出等价直径。其他形状材料的等价直径求法：

八角棒材或六角棒材的冷却速度界于圆棒和正方形棒材之间，按圆→八角→六角→四角的顺序，冷却时间增长。

椭圆形（长轴 a、短轴 b）比直径为 b 的圆棒冷得要慢，比 $a \times b$ 矩形棒材冷得快。为进一步精确化，可将椭圆面积换算成矩形面积（$A \times B$）（$A : B = a : b$）。

3.4.3　其他计算方法

1. French 方法

根据 French 的研究结果得到，心部冷却速度，球：圆：板 = 4：3：1；淬火效果，球：圆棒：板 = 4：3：2。其中，长度（L）> 4 × 直径（d），长度（L）和宽度（W）> 4 × 板厚（t）。

2. Crafts 和 Lamont 方法

Crafts 和 Lamont 提出的心部淬火状况相同时，圆棒—方钢—扁钢—钢板尺寸大小间的关系如图 3-13 所示，图示为静止油淬火时的情况。将圆棒和钢板进行比较得到淬火效果的比值，棒好于板：圆棒：钢板 = 1：0.7。

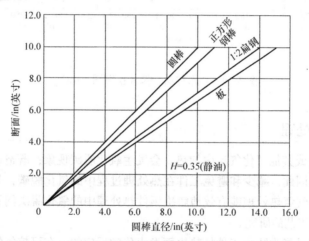

图 3-13　心部淬火状况相同时，圆棒—方钢—扁钢—钢板
尺寸间的关系（$H = 0.35$，静油；H—淬火烈度）

3. ISO 方法

图 3-14 所示为方钢—矩形棒材—圆棒的变换图，是国际标准化组织 ISO 推荐的。图中斜线为方钢的坐标，左边纵坐标为钢板厚度，横坐标为钢板宽度，右纵坐标为钢棒的直径。图左下方的两个"黑点"用于举例说明，就是说，38mm 方钢与 40mm 钢棒淬火效果相当；25mm × 100mm 板材相当于 40mm 圆棒；60mm × 100mm 板材相当于 80mm 圆棒。

4. JIS 方法

在日本标准 JIS 中，对板材用直径 × 2/3 换算成板厚。根据确保 JIS 合金结构钢力学性能的最大直径换算成板厚均采用上述换算公式。

上述设计资料分别介绍了淬火材料的各种形状换算方法，但现场实践证明，BS 标准（英国标准）的等价直径计算方法比较切合实际。日本技术标准也被广泛采用。

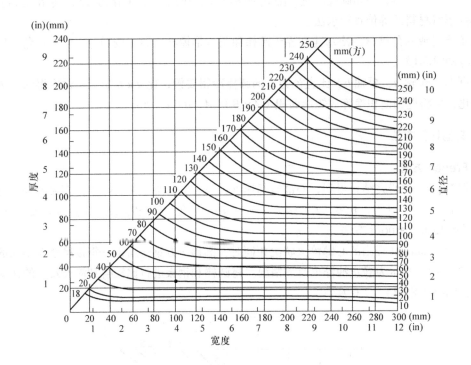

图 3-14   矩形棒材→圆棒换算图（ISO）

3.5 可控气氛热处理

金属材料在空气或其他氧化气氛中加热，会发生氧化脱碳现象，既造成了材料的浪费，又影响到其力学性能。因此，减少和避免工件在热处理过程中的氧化脱碳，是热处理工作者必须要解决的问题。可控气氛热处理能有效地解决钢件热处理中的氧化脱碳问题，世界各国都非常重视可控气氛热处理工艺的研究。

可控气氛热处理是指为防止工件加热表面发生化学反应的，在可控气氛或单一惰性气体的炉内进行的热处理。采用可控气氛热处理，可以实现工件的少无氧化和无增碳、脱碳加热，使工件表面光洁，表面无化学成分的变化，另外，还可控制各种化学热处理工件的表面成分与质量。因此，采用可控气氛热处理可以进行中性保护加热、气体淬火、油冷淬火、光亮淬火、渗碳、渗氮、碳氮共渗等。

3.5.1 可控气氛热处理基本原理

用于热处理的可控气氛、名称和种类繁多，我国目前常用的可控气氛的组成及用途见表 3-26。

由表 3-26 可知，可控气氛主要由以下几种气体组成：CO、H_2、N_2 及微量 CO_2、H_2O、CH_4 等。这些气体在高温下和钢的表面发生不同的化学反应，各种气体之间也将发生某些化学反应。这些反应使钢的表面氧化或还原、脱碳或渗碳。

表 3-26　可控气氛的组成及用途

气氛名称		气体成分（体积分数，%）						发生器容量/（m³/h）	20钢	中碳钢	高碳钢（0.60%C，质量分数）	特殊钢	铜	备注
		CO_2	CO	H_2	CH_4	H_2O	N_2							
吸热式气氛	贫	0.0①	24.0	33.4	0.4	0.0	42.2	8~70	渗碳、碳氮共渗、钎焊、烧结	渗碳、碳氮共渗、光亮退火、复碳、烧结	光亮退火 光亮淬火	光亮淬火（钨钢、钼钢及高速钢）		
	富	0.0②	24.5	32.1	0.4	0.0	43.0							
放热式气氛（露点 -40℃）		10.5	1.5	1.2	0.0	0.8	86.0	7~3500	光亮退火、钎焊	光亮淬火（30min 之内）			光亮退火、烧结	
净化放热式气氛		5.0	10.5	12.5	0.5	0.8	70.7	7~3500	光亮退火	光亮退火 光亮淬火	光亮退火 光亮淬火	光亮退火（不透钢及硅钢）	光亮退火	渗碳或碳氮共渗的载体
再处理的放热式气氛		0.05	1.5	1.2	0.0	0.0	其余	7~560	超光亮退火					
氨分解气氛③		0.05	0.05	3.0~10.0	0.0	0.0	其余	4~60	钎焊、烧结，表面氧化物快速还原			光亮退火（不透钢及硅钢）	超光亮退火	
		0.0	0.0	75.0	0.0	0.0	25.0							

① 用丙烷制备的成分；
② 用丁烷制备的成分；
③ 用氨气制备，其他为天然气、煤气制备的成分。

1. 氧化还原反应

钢在可控气氛中所发生的氧化 - 还原反应按下式进行：

$$Fe + CO_2 \rightleftarrows FeO + CO$$

$$Fe + H_2O \rightleftarrows FeO + H_2$$

这两个反应的理论平衡曲线如图 3-15 所示。尽管两种曲线的平衡规律不同，但其共同特点是曲线的左侧均为还原区，右侧为氧化区。而在 COD 区间，CO_2/CO 的还原区与 H_2O/H_2 的氧化区重叠。为了研究方便，以下分析在不同温度下比值 CO_2/CO 及 H_2O/H_2 对钢的作用。

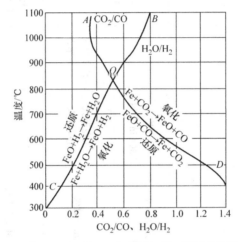

图 3-15　Fe-FeO-H$_2$-H$_2$O 和 Fe-FeO-CO-CO$_2$ 体系的理论平衡曲线

例如，当加热温度为 950℃、气氛中 CO_2/CO 的比值为 0.4 时，由图中 AD 线可以看出，钢既不氧化也不还原，两种反应处于相对平衡状态；当气氛中 CO_2/CO 比值 > 0.4 时，钢表面将被氧化；当此比值 < 0.4 时，钢将被还原。当加热温度发生变化时，CO_2/CO 的平衡值也发生变化。如当温度为 850℃时，CO_2/CO 的平衡值约为 0.5；温度为 700℃时，平衡值为 0.7。可见，加热温度越高，要想使钢不发生氧化，就需使 CO_2/CO 比值越小。

同样，从图 3-15 中 BC 曲线可以看出，当加热温度为 950℃，H_2O/H_2 的平衡值为 0.7；850℃时为 0.5；700℃时为 0.4。

钢在可控气氛中加热时需综合上述两组气体的平衡值（在一定温度下）。可得出如下的结论：在 700 ~ 950℃温度区间，欲使钢不氧化，必须将气氛中的 CO_2/CO 比值相应控制在 0.7 ~ 0.4，H_2O/H_2 比值相应控制在 0.4 ~ 0.7。

2. 脱碳增碳反应

可控气氛中脱碳—增碳反应为

$$CH_4 \rightleftarrows 2H_2 + C(\gamma - Fe)$$

$$CO_2 + C(\gamma - Fe) \rightleftarrows 2CO$$

$$H_2O + C(\gamma - Fe) \rightleftarrows CO + H_2$$

式中 $C(\gamma - Fe)$ 为高温状态下溶入奥氏体中的碳。

钢件工件在热处理加热过程中，除了要防止氧化外，如果还要求防止脱碳，则必须将强脱碳性气体（CO_2 和 H_2O）含量进一步降低。例如，当加热温度为 850℃时，欲使 45 钢不发生脱碳，必须将 CO_2/CO 比值及 H_2O/H_2 比值降至 0.04 以下，即 CO_2 和 H_2O 含量比上述防止氧化的限量要低 10 倍以上；否则，钢即使不氧化，也要发生脱碳。反之，当气氛中渗碳性气体（如 CO，特别是 CH_4 等碳氢化合物）含量增加到一定值时，钢可能被增碳。

钢在可控气氛加热时发生何种反应，除考虑上述可控气氛的成分以及加热温度外，还必须考虑被加热钢的碳含量。因为在一定温度下，某一定成分的气氛对低碳钢来说是增碳性的，而对高碳钢来说则可能是脱碳性的。换句话说，对某一钢种而言，在一定加热温度下，有与它相平衡的 CO_2 或 H_2O 的含量。图 3-16 所示为不同温度下对应钢中不同碳含量的 CO_2 平衡值（φ_{CO_2}）。由图可知，当钢中的碳含量一定时，随着温度的升高，可控气氛（含 $CO_2+CO=20\%$）中 CO_2 的平衡值不断降低；当温度一定时，钢中碳含量越高，与其呈平衡的 CO_2 值越小。例如，对 $w(C)$ 为 0.7%（质量分数）的钢而言，在 870℃时与其平衡的 CO_2 值约为 0.3%。如果将 $w(C)$ 低于 0.7% 的钢在此温度与气氛中加热，则钢表面的 $w(C)$ 应增至 0.7% 以呈平衡，即发生增碳。可见，对图 3-16 中每一条代表碳含量的曲线来说，其右侧为脱碳区，左侧为增碳区。又如，在 870℃加热，当气氛中 CO_2 含量为 0.6% 时，对 $w(C)$ 0.40% 的钢既不增碳，也不脱碳；对于 $w(C) < 0.40\%$ 的钢为增碳；对于 $w(C) \geqslant 0.40\%$ 的钢为脱碳。通常把气氛中对某一 CO_2 平衡值的碳量，称为该气氛的碳势，也即控制钢在此气氛中的表面的最大碳含量。

可控气氛中的水蒸气也有类似于图 3-16 的平衡曲线，如图 3-17 所示（将 H_2O 换成对应的露点）。同样对气氛中的 H_2O（或露点）加以控制，即可达到控制碳势的目的。

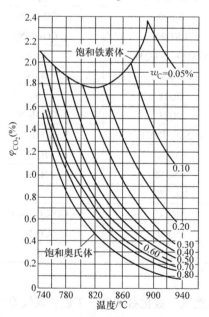

图 3-16　对不同含碳量的钢平衡状态下 CO_2 的平衡值

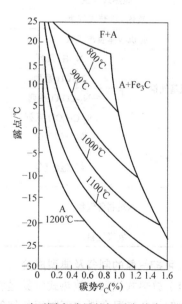

图 3-17　对不同含碳量的钢平衡状态下的露点

炉气中的 CO_2 和 H_2O 又有一定的制约关系，这可由以下的水煤气反应来表示：

$$CO+H_2O \rightleftharpoons CO_2+H_2$$

因此，只要控制 CO_2 或 H_2O 两者之一的量，即可以达到控制碳势的目的。但气氛中 CH_4 等的变化同样会影响碳势的变化，所以在实际生产中精确控制碳势是一个复杂的技术问题，必须认真对待。

3.5.2　可控气氛分类及其控制

可控气氛的制备可分为炉内直接生产与炉外制备两种。常见的可控气氛有以下几种：吸热式气氛、放热式气氛、放热 - 吸热式气氛、有机液体裂解气氛、氮基气氛、氨制备气氛、木炭制备气氛、氢气气氛等。

可控气氛的控制本质上是碳势的控制，因碳势的变化直接影响到加热炉内部的气氛。如前所述，碳势的控制是一个复杂的技术问题，气氛中某一因素发生变化将影响碳势随之改变；炉中某一组分的分压发生变化，内部气氛碳势也将变化；炉内压力变化和加热炉结构的影响均对气氛的碳势有一定的制约。

1. 可控气氛分类（表 3-27）

表 3-27　可控气氛分类

可控气氛名称		代号	代号	基本组成
放热式气氛	普通放热式	FQ	PFQ10	$CO\text{-}CO_2\text{-}H_2\text{-}N_2$
			JFQ20	$CO\text{-}H_2\text{-}N_2$
	净化放热式		JFQ60	H_2
			JFQ50	$H_2\text{-}N_2$
吸热式气氛		XQ	XQ20	$CO\text{-}H_2\text{-}N_2$
放热 - 吸热式气氛		FXQ	FXQ20	$CO\text{-}H_2\text{-}N_2$
有机液体裂解气氛		YLQ	YLQ30、YLQ31	$CO\text{-}H_2$
氮基气氛	$N_2\text{-}H_2$ 系列	DQ	DQ50	$H_2\text{-}N_2$
	$N_2\text{-}CH$ 系列		DQ71	N_2
	$N_2\text{-}CO\text{-}O$ 系列		DQ21	$CO\text{-}H_2\text{-}N_2$
	$N_2\text{-}CH_3OH$ 系列		DQ20、DQ21	$CO\text{-}H_2\text{-}N_2$
氨制备气氛	氨分解气氛	AQ	FAQ50	$H_2\text{-}N_2$
	氨燃烧气氛		RAQ50	$H_2\text{-}N_2$
			RAQ70	N_2
木炭制备气氛		MQ	MQ10	$CO\text{-}CO_2\text{-}N_2\text{-}H_2$
			MQ40	$CO\text{-}N_2$
氢气气氛		QQ	QQ60	H_2

2. 可控气氛的制备及典型成分

（1）放热式气氛　放热式气氛是将燃料气（如天然气、液化石油气、丁烷、煤气等）按一定的比例与空气混合燃烧而制得的气氛。根据在可燃烧的条件下所选用的空气与原料气的混合比不同，放热式气氛又可分为"浓"与"淡"两种。"浓"的放热式气氛（又称富气）中 CO 与 H_2 的含量较多，而 H_2O 与 CO_2 含量较少；"淡"的放热式气氛（又称贫气）则相反。以丙烷为原料气时，空气与原料气的混合比在 12∶1～24∶1 之间。不同混合比组成不同的气氛，常见的放热式气氛典型成分见表 3-28，净化放热式气氛典型成分见表 3-29。

表 3-28   常见的放热式气氛典型成分

气氛名称		典型成分（体积分数，%）					露点 /℃	空气系数
		CO	CO$_2$	H$_2$	CH$_4$	N$_2$		
吸热式气氛	浓型	10.5	5.0	12.5	0.5	71.5	−4.5 ~ 4.5	0.63
	淡型	1.5	10.5	1.2	—	86.8	−4.5 ~ 4.5	0.95

表 3-29   净化放热式气氛典型成分

气氛名称	典型成分（体积分数，%）					露点 /℃
	CO	CO$_2$	H$_2$	CH$_4$	N$_2$	
净化放热式气氛	10.5	—	15.5	1.0	73.0	−40
	0.7	0.7	—		98.6	
	0.05	0.05	10.0	—	89.9	
	0.05	0.05	3.0		96.9	

放热式气氛制备比较简单，产气量大，在可控气氛中成本最低。但与吸热式气氛相比，由于 H$_2$O 和 CO$_2$ 的含量高，使用范围受到限制，采用净化处理，虽然可扩大其使用范围，但工序较复杂，成本高。

（2）吸热式气氛 一般用于渗碳钢、中碳钢的光亮退火、正火和洁净淬火、光亮淬火；碳氮共渗；铜焊的焊接保护，粉末冶金烧结；高速钢淬火回火，铸铁件退火，不锈钢、硅钢光亮退火等。

吸热式气氛的制备是将原料气（丙烷、丁烷等碳氢化合物）和较小比例的空气混合（空气过剩系数为 0.25 ~ 0.27），然后通入装有催化剂（一般以镍为催化剂）的反应罐中，在外界供热的情况下进行反应（960 ~ 1050℃）而生成。这种反应实际上是一种不完全燃烧反应，也是一种放热反应，但是因放热量较小，不足以维持反应罐的温度，需要外界供热，所以称为吸热式气氛。

吸热式气氛主要成分为 H$_2$、CO 和 N$_2$，另有少量的 CH$_4$ 及微量的可调节的 H$_2$O 和 CO$_2$。不同原料气制备的吸热式气氛的组成见表 3-30，它的用途比放热式更加广泛。

表 3-30   不同原材料气制备的吸热式气氛的组成

燃料	混合比 空气 / 燃料	气体组成（体积分数，%）							露点 /℃	气体发生量	
		CO$_2$	O$_2$	CO	H$_2$	CH$_4$	N$_2$	H$_2$O		m³（气体）/ m³（燃料）	m³（气体）/ kg（燃料）
天然气	2.5	0.3	0	20.9	40.7	0.4	其余	0.6	0	5	7
丙烷	7.2	0.3	0	24.9	33.4	0.4	其余	0.6	0	12.6	6.41
丁烷	9.6	0.3	0	24.2	30.3	0.4	其余	0.6	0	16.52	6.38

国内也有单位将混合后的燃料气与空气直接通入炉内制备吸热式气氛，其流程如图 3-18 所示。

吸热式气氛也有缺点：①造价较高；②炉温比较低时易形成炭黑；③与空气接触易爆；④气氛中 CO 与 CO$_2$ 等气体容易与钢中的 Cr 元素发生反应；⑤用作渗碳载气易产生内氧化。所以，吸热式气氛的应用既有局限性又有针对性。

（3）放热 - 吸热式气氛 该气氛的制备经过先放热后吸热的过程，其成分介于放热式和吸热式气氛之间，兼顾了两者的优点。放热 - 吸热式气氛典型成分见表 3-31。

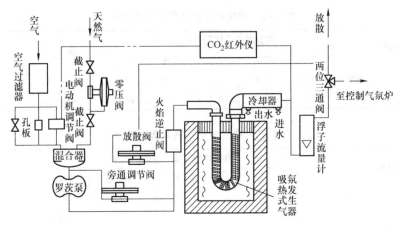

图 3-18　吸热式气氛制备流程

表 3-31　放热 - 吸热式气氛典型成分

气氛名称	成分（体积分数，%）					露点 /℃	备注
	CO	CO_2	H_2	CH_4	N_2		
放热 - 吸热式气氛	18.80	0.20	21.0	0	60.0	-46	制备 $100m^3$ 气氛需天然气 $12m^3$

（4）有机液体裂解气氛　该类气氛主要是指将有机液体直接滴入炉内裂解后形成的气氛，也有一部分是先在裂解器中裂解后再通入炉中作为保护气氛和渗碳气氛载气。有机液体裂解气氛典型成分见表 3-32，光亮淬火常用的滴注式配比、气氛组成和碳势见表 3-33。

表 3-32　有机液体裂解气氛典型成分

气氛名称	典型成分（体积分数，%）					备注
	CO	CO_2	H_2	CH_4	N_2	
有机液体裂解气氛	34.05	0.38	64.8	0.77	0	甲醇裂解气氛

甲醇热裂解气与乙醇热裂解气均为一种热裂解气氛。甲醇热裂解气用于渗碳、碳氮共渗的稀释气，也可作为一般的保护加热和氮气气氛的添加气。乙醇热裂解气中碳的含量较高，故裂解出来的气氛中 CO 和 CO_2 的含量也较高，一般用于渗碳气氛和氮基气氛的富化气添加气或其他碳含量较低气氛的富化气添加气。

在高温下将甲醇直接滴入炉内，则甲醇按下式分解：

$$CH_3OH \rightarrow CO+2H_2$$

得到的气氛由 $2/3H_2$ 及 $1/3CO$ 的组成并含有少量的 CO_2、H_2O 和 CH_4。

（5）氮基气氛　氮基气氛是以空气分离氮（液氮、分子筛制氮等）分别与一定量的氢气、燃料气、有机液体以及含有一定比例的氧化性介质（H_2O、CO_2 等）的燃料气混合，直接通入工作炉内的气氛。氮基气氛可用作渗碳、碳氮共渗气氛的载气，气体渗氮的稀释气，各种钢件的光亮退火、正火、淬火的加热冷却保护，碳氮共渗稀释气，粉末冶金烧结，焊接保护等。

氮基保护气氛具有物美价廉和使用灵活的特点，成为目前主要的保护气氛。

表 3-33　光亮淬火常用的滴注式配比、气氛组成及碳势

滴注液	生产条件	气氛组分（体积分数，%）							碳势（体积分数，%）	备注
		CO_2	CH_4	CO	H_2	O_2	N_2	CnHm		
100%甲醇	930℃	0.38	0.77	33.0	64.80	0.15	0.087	—	0.55	—
	850℃	—	—	—	—	—	—	—	0.80	—
	800℃	—	—	—	—	—	—	—	1.00	—
甲醇+丙酮（5:1）	950℃	0.20	0.95	35.0	58.70	0.40	4.75	—	0.85	—
	800℃	—	—	—	—	—	—	—	1.05	—
甲醇+乙醇（7:3）	930℃	0.40	1.03	30.0	63.10	1.00	1.20	—	0.95	—
	900℃	—	—	—	—	—	—	—	1.05	—
甲醇+乙醇（3:7）	930℃	0.50	1.42	31.57	65.0	0.04	1.47	—	1.02	—
	880℃	—	—	—	—	—	—	—	1.05	—
乙醇+水	850℃	—	—	—	—	—	—	—	1.03	—
体积分数为100%的乙醇 1000℃裂解通入850℃的工作炉	10:1	0.30~0.50	1.5~1.9	29.1~29.5	67.0~68.0	0.10~0.40	—	0.40~0.70	1.05~1.15	炭黑最多
	8:1	0.30~0.50	1.2~1.6	30.3~30.8	66.6~67.3	0.20~0.50	—	0.20~0.70	1.04~1.05	炭黑多
	6:1	0.40~0.60	0.80~1.10	32.9~33.2	65.1~65.8	0.20~0.60	—	0.20~0.60	1.18~1.25	有炭黑
	4:1	0.50~0.80	0.5~1.0	33.1~33.3	65.8~66.1	0.40~0.80	—	0.20~0.40	1.10~1.11	无炭黑
	2:1	0.80~1.3	0.4~0.6	32.5~32.9	63.0~64.0	0.60~1.0	—	0.0~0.30	0.5~0.65	无炭黑
		2.0~2.9	0~0.40	28.1~29.5	63.6~64.9	0.80~1.50	—	0~0.30	0.25~0.38	无炭黑

氮基保护气氛典型成分见表 3-34。

表 3-34　氮基保护气氛典型成分

气氛名称		成分（体积分数，%）					用途
		CO	CO₂	H₂	CH₄	N₂	
氮基气氛	N₂-H₂ 系列	—	—	5.0 ~ 10.0	—	90.0 ~ 98.0	用于保护气氛
	N₂-CH 系列	—	—	—	1.0 ~ 2.0	98.0 ~ 99.0	用于保护气氛
	N₂-CO 系列	4.3	—	18.3	2.0	75.4	配比 CH₄/CO₂=6
	N₂-CH₃OH 系列	15.0 ~ 20.0	0.4	35.0 ~ 40.0	0.3	40.0	保护加热或渗碳载气

（6）氨制备气氛　在 850 ~ 900℃ 温度范围，利用催化剂使氨发生分解，氨分解气体能够对工件表面氧化的快速还原起作用，应用于不锈钢、硅钢的光亮退火，粉末冶金的烧结，铜的退火，各种钢件制品的无氧化加热光亮淬火、退火、正火、回火等。氨制备气氛包括氨分解气氛和氨燃烧气氛。氨分解气氛无毒，对环境友好，排出的气体不会对环境造成污染。氨制备气氛典型成分见表 3-35。

表 3-35　氨制备气氛典型成分

气氛名称	成分（体积分数，%）		露点 /℃	备注
	H₂	N₂		
氨分解气氛	75.0	25.0	−40 ~ −60	
氨燃烧气氛	20.0	80.0	−40 ~ −60	空气 / 氨 = 1.1/1.0
	1.0	99.0	−40 ~ −60	空气 / 氨 = 15.0/4.0

（7）木炭制备气氛　这是可控气氛发展初级阶段使用的一种方法，用木炭对钢件进行保护气氛加热，现在一些乡镇企业、个体业主仍在使用，适用于碳素钢、铸铁件的退火、正火、淬火的保护加热。木炭制备气氛典型成分见表 3-36。

表 3-36　木炭制备气氛典型成分

气氛名称	成分（体积分数，%）					露点 /℃	备注
	CO	CO₂	H₂	CH₄	N₂		
木炭制备	32 ~ 30	2 ~ 1	1.5 ~ 7	0 ~ 0.5	余量	−25 ~ 20	燃烧
	34 ~ 32	0.5	—	—	余量	−25 ~ 20	外部加热

（8）氢气　氢气是钢件在加热时常用的一种中性保护气氛，其露点一般在 −50℃，生产中实际应用的氢气含有一定量的水分，和氢一起构成多组分气体，H_2 与 H_2O 之间存在平衡关系，故通过调节气氛的露点，可以达到还原、氧化以及脱碳的目的。

3. 可控气氛热处理炉

可控气氛炉自 20 世纪 70 年代引入我国，20 世纪 90 年代以后发展迅速，目前已系列化、规范化、商品化。可控气氛炉大约有八类：可控气氛井式热处理炉、可控气氛密封箱式周期炉、可控气氛密封箱式周期炉生产线、可控气氛推杆炉生产线、可控气氛转底炉、可控气氛网带炉、可控气氛滚筒式热处理炉、可控气氛多用炉。

对于有不同要求的热处理工件，本着适用、经济、保证质量及满足工艺要求的原则选择相应的合适的可控气氛炉。所有的可控气氛炉应具备如下特点：

1）密封性好，保证气氛的稳定性。

2）流动性好，应设有搅拌装置。

3）采用抗渗碳砖，避免气氛的干扰。

4）采用适宜的加热元件，防止与气氛反应而提早失效。

5）设置通风和供气排气装置，确保设备周围空气流通。

6）设前室和后室，淬火槽与炉体密封，保证炉内气氛稳定。

7）配有安全防爆装置，可自动排除爆炸隐患，起到安全作用。

8）对环境友好，不对环境造成污染。

3.5.3　可控气氛热处理工艺举例

进行热处理时，视设备的具体情况，制订可控气氛热处理工艺很关键。在可控气氛条件下，工艺的制订既决定于工件热处理的质量状态，也与经济性紧密相关。工件的渗碳处理、实现不同材料工件的光亮淬火回火和退火等，与热处理工艺的正确制订是分不开的。不同的可控气氛炉工艺是有差异的，这与设备的特点有关。对于不同气氛的热处理炉其热处理工艺都有其独特的一面，除了温度要求精准外，重要的还有气氛的碳势控制是否适用和准确，因为气氛碳势控制的稳定性直接关系工件热处理质量的优劣。以下列举不同气氛炉型热处理实例进行说明。

1. 可控气氛密封箱式周期炉渗碳

图 3-19 所示为 D85 推土机变速器齿轮的热处理工艺，齿轮材料为 20CrMnTi，渗碳层深度要求 1.6～2.0mm，表面硬度 58～60HRC，心部硬度 33～48HRC。

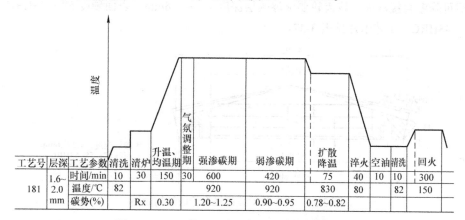

工艺号	层深	工艺参数	清洗	清炉	升温、均温期	气氛调整期	强渗碳期	弱渗碳期	扩散降温	淬火	空油	清洗	回火
181	1.6~2.0mm	时间/min	10	30	150	30	600	420	75	40	10	10	300
		温度/℃	82				920	920	830	80		82	150
		碳势(%)		Rx	0.30		1.20~1.25	0.90~0.95	0.78~0.82				

图 3-19　D85 推土机变速器齿轮的热处理工艺

需要指出的是：密封箱式周期炉的载气种类较多，应用最多的为吸热式气氛，它具有载气质量稳定，供气均匀的优点，使用吸热式气氛作为载气，吸热式气氛发生器多采用 CO_2 红外仪、氧探头碳势控制仪、露点仪进行气氛控制。控制仪器仪表进行气氛的控制，一般是通过调整通入原料气与空气的通入比例来调整吸热式气氛成分的。

2. 可控气氛井式渗碳炉渗碳

可控气氛井式渗碳炉是目前应用较多的渗碳炉型，具有设备结构简单、渗碳成本低、原料来源广、工艺容易操作、适用范围广等优点。图 3-20 所示为行星齿轮滴注式气体渗碳炉渗碳工艺曲线。该炉的气氛碳势通过控制气氛中的 CO_2 值达到控制目的，渗碳剂为甲醇＋煤油。

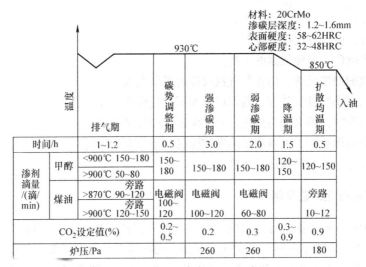

材料：20CrMo
渗碳层深度：1.2~1.6mm
表面硬度：58~62HRC
心部硬度：32~48HRC

		排气期	碳势调整期	强渗碳期	弱渗碳期	降温期	扩散均温期
时间/h		1~1.2	0.5	3.0	2.0	1.5	0.5
渗剂滴量/(滴/min)	甲醇	<900℃ 150~180 >900℃ 50~80	150~180	150~180	150~180	120~150	120~150
	煤油	旁路 >870℃ 90~120 旁路 >900℃ 120~150	电磁阀 100~120	电磁阀 100~120	电磁阀 60~80		旁路 10~12
CO_2设定值(%)			0.2~0.5	0.2	0.3	0.3~0.9	0.9
炉压/Pa				260	260		180

图 3-20　行星齿轮滴注式气体渗碳炉渗碳工艺曲线

3. 可控气氛炉推杆炉渗碳

可控气氛推杆炉适用于大批量、少品种、1100℃以下工件的热处理。工件热处理后的质量稳定，操作过程简单，自动化程度高，质量重复性好，节能减排，对环境友好，广泛应用于金属制品的渗碳淬火、碳氮共渗、工件的加热淬火、光亮退火、正火处理等。

图 3-21 所示为汽车从动弧齿锥齿轮结构简图，材质为 20MnTiB，属本质细晶粒钢，故渗碳完毕后可降温直接淬火。该齿轮要求渗碳层深度 1.2 ~ 1.6mm，表面硬度 58 ~ 63HRC，心部硬度 33 ~ 48HRC。工艺卡片见表 3-37。

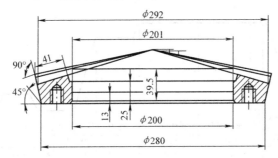

渗碳层深度：1.2~1.6mm
表面硬度：58~63HRC
心部硬度：33~48HRC

图 3-21　汽车从动弧齿锥齿轮的结构简图

表 3-37　汽车从动弧齿锥齿轮淬火工艺卡片

渗碳区段	预氧化区	加热区	渗碳Ⅰ区	渗碳Ⅱ区	淬火降温区	淬火后油冷
温度/℃	450	930	930	930	840	80
加热室气氛流量/(m³/h)	—	3.2	10	8	4.2	—
天然气流量/(m³/h)	—	—	0.25 ~ 0.35	0.10 ~ 0.20	—	—
装料盘数（个）	6	6	18	14	8	1
碳势（%）	—	Rx（0.3）	1.20	0.90 ~ 1.10	0.8 ~ 0.9	—
时间/min	21×6=126	21×6=126	21×18=378	21×14=294	21×8=168	1×21=21
推料周期/min	21					

注：Rx—碳测量。

3.6 淬火冷却工艺参数的选择

实践证明，热处理很多质量问题与淬火冷却介质选择或使用不当所致，所以要做好热处理必须重视冷却。

3.6.1 各种淬火方法的冷却工艺参数

淬火方法及冷却时间的计算见表 3-38。常用钢淬火预冷温度及其工艺参数见表 3-39。几种钢在不同冷却介质中的硬度及预冷参数见表 3-40。

表 3-38　淬火方法及冷却时间的计算

淬火方法	冷却时间
单液淬火	在水中冷却 1s/（2～3）mm 在 40～80℃的油中（4～6）min/10mm 在 80～150℃的油中（10～15）min/10mm
双介质淬火（双液淬火）	一般以 3～5mm 有效厚度在水中停留 1s；大截面合金钢可按每 mm 有效厚度 1.5～3s 计算；对大型锻件水 - 空气断续冷却时间：第一次水冷必须保证锻件表面层冷到珠光体转变以下温度，冷却时间为（0.3～0.5）min/mm，然后再空冷，空冷时间不少于 1.5～2.0min
预冷淬火	$t_{预}$ = 12s+ 危险截面厚度（mm）×（2～5）s/mm。如果在一件工件上有两个危险处，应按次序对危险截面厚度进行计算，预冷温度和时间见表 3-39、表 3-40
分级淬火	淬火加热温度比常规高出 30～50℃，热浴温度 Ms + 10～30℃，分级淬火停留时间 $t_分$ = 30+5d（d 为工件的有效厚度）
贝氏体等温淬火	淬火加热温度比常规高出 30～50℃；等温温度主要由钢的碳曲线及工件要求的组织性能而定，一般定在 Ms +（30±5）℃；等温时间 $t = t_1 + t_2 + t_3$，其中 t_1 为工件从等温温度冷却到等温盐浴所需的时间，该时间与工件尺寸及等温的温度有关；t_2 为沿工件截面在等温温度下的均温时间，主要取决于工件尺寸；t_3 为碳曲线上查出的转变所需的时间。总时间 ≤ 1h
喷雾淬火	控制水压为 260～600kPa，控制工件与喷嘴间的距离、喷雾器的孔数及喷射的角度等

表 3-39　常用钢淬火预冷温度及其工艺参数

牌号	预热温度 /℃	加热温度 /℃	预冷温度 /℃	淬火冷却介质	淬后硬度 HRC
T8A T10A	400～500	790～810	740～750	盐水 - 油	> 60
T8A T10A	400～500	810～830	760～770	碱浴 - 硝盐	> 60
CrWMn	400～500	810～830	750～760	热油、硝盐浴	> 60
Cr	400～500	840～860	780～800	碱水、热油	> 60
Cr12	800～850	960～980	860～880	油、铜板、空气	> 60
Cr12MoV	800～850	1000～1030	870～890	油、铜板、空气	> 60
5CrWMn	400～500	850～860	780～800	油	> 56
5CrW2Si	400～500	880～900	810～830	油	> 56
9Mn2V	400～500	800～820	750～760	油	> 60
Cr6WV	800～850	960～980	850～860	油	> 60

表 3-40   几种钢在不同冷却介质中的硬度及预冷参数

材料		冷却介质				预冷参数	
		5% 盐水 - 油	34%NaOH+ 14%NaNO₂ 的水溶液，60～80℃	50%KNO₃+ 50%NaNO₂，160～180℃	柴油	时间 /s	最高预冷温度 /℃
		最高硬度 HRC					
45	大件	48	< 43	—	—	14～18	760～770
	小件	50	< 52	—	—	6～4	750～760
65Mn	大件	—	> 57	> 52	> 52	12～6	760～770
	小件	—	> 59	> 57	> 56	8～4	750～760
T10A	大件	62	< 55	> 50	< 43	15～8	740～750
	小件	62	< 60	> 55	< 45	10～4	740～750
CrMn	小件	—	> 62	> 58	> 57	20～10	790～800
GCr15	小件	—	—	> 60	> 60	10～7	790～800

注：1. 大件是指有效厚度 > 20mm 的工件（或质量 > 10kg）；小件指有效厚度 < 20mm 工件（或质量 < 1kg）。
　　2. 冷却介质配比为质量分数。

3.6.2   常用淬火冷却介质的选用

常用淬火冷却介质的使用温度及适用范围见表 3-41。

表 3-41   常用淬火冷却介质的使用温度及适用范围

冷却设备	冷却介质		使用温度 /℃	适用范围
水槽	水		15～30	淬透性差，形状简单的工件
	水溶液	盐类水溶液	20～60	淬透性差，形状简单的工件
		碱类水溶液	20～50	淬透性差，形状较复杂的工件
		有机化合物	20～80	淬透性中等或形状复杂的工件
油槽	普通淬火油		40～90	淬透性中等或要求较高的工件
空冷	空气		一般指室温	淬透性好，形状复杂的小件
热浴槽	等温淬火浴		预定温度 ±20	淬透性较好，形状复杂的小件
	分级淬火浴		预定温度 ±20	淬透性较好，形状复杂的小件

1. 水基淬火冷却介质的选用

水基淬火冷却介质的成分、特性及应用见表 3-42、表 3-43。

应用三硝淬火冷却介质应注意的问题：

1）三硝水溶液静置 24h 后不使用会发生沉淀，再使用时应先搅拌，使之均匀。

2）淬火件冷却至 200～300℃后立即取出空冷，使其在 M 转变区缓冷，防止淬裂。

3）三硝淬火冷却介质的冷却速度毕竟比较快，对那些截面尺寸相差较大的工件（如弹簧夹头等），还必须采取防裂措施。

4）用盐浴炉加热时，应注意防止夹具、淬火钩及未加热的工件溅上硝盐后带入炉内而造成爆溅，还要注意硝盐产生火灾及对环境的污染。

表 3-42　水基淬火冷却介质的成分、特性及应用

名称	成分	特性	具体应用
水（<30℃）	自来水	冷却能力较强，温度高、杂质多、冷却速度降低	$\phi 30 \sim \phi 100mm$ 45 钢调质，碳素结构钢小件淬火
盐水（<30℃）	5%～10%NaCl 水溶液	冷却能力强，易淬裂、受蚀	形状简单碳素钢工件
碱水（<60℃）	5%～10%NaOH 水溶液	冷却能力强，化学腐蚀性大，工作条件差	形状简单要求淬硬的大型碳素钢工件
浓碱水（<80℃）	50%NaOH 水溶液	冷却能力稍低，工作条件差	碳素钢、低合金钢工件
三硝水淬火液水（<60℃）	25%NaNO$_3$ 20%NaNO$_2$ 20%KNO$_3$+ 其余水	冷却介质于水 - 油之间	形状复杂的工模具、渗碳件，如 T8A、GCr9、40Cr、20Cr、球墨铸铁等材质工件

注：溶液的相对密度：碳素钢淬火 1.40～1.45；合金淬火 1.45～1.50。成分为质量分数。

表 3-43　三硝淬火冷却介质应用实例

工作名称	牌号	工件外形尺寸 /mm	工件特征	技术要求	淬火结果
凹模	T10A	460×100×25	多孔，体积较大，窄长、孔距公差小	硬度 60～62HRC，孔距公差 0.1mm	完全符合技术要求
活塞杆	45	$\phi 46 \sim \phi 48 \times 385$	杆细长、截面粗细不一，淬火易畸变	硬度 45～50HRC	硬度 >45HRC，最大变形 <0.5mm
冷挤压凹模	40Cr	$\phi 90 \times 45$，内有型腔	淬火后型腔上角易开裂	硬度 46～48HRC	硬度 47～48HRC，完全符合技术要求

为了解决 45 钢小件的淬火裂纹问题，作者自配了两硝淬火冷却介质，即 25%NaNO$_3$ + 25%NaNO$_2$ + 50% 水（质量分数），使用温度 <60℃。45 钢制丝锥、板牙采用此淬火冷却介质，硬度 ≥54HRC，变形符合工艺要求，不开裂，成品经中温磷化处理，出口多年，外商满意。

两硝淬火冷却介质还用于碳素结构钢、低合金钢淬火，不仅硬度高，而且变形小。45 钢、60 钢制的五金工具类产品采用此淬火冷却介质淬火，效果甚佳。

新型水溶性淬火冷却介质的成分、冷却特性和用途见表 3-44～表 3-46。

表 3-44　新型水溶性淬火冷却介质的成分、特性及用途

介质名称	成分（%，质量分数）		冷却特性说明	适用范围
氯化锌 - 碱水溶液	ZnCl$_2$ NaOH 肥皂粉 加 300 倍的水稀释	49 49 2	高温区冷却速度比水快，低温区冷却速度比水慢，淬火畸变小，表面较光亮	碳素钢制中小型形状复杂的工模具淬火，使用温度 <60℃
水玻璃淬火冷却介质	"351" 淬火液配方 水玻璃（稀释后相对密度 1.27～1.30） NaCl Na$_2$CO$_3$ NaOH 水	7～9 11～14 11～14 2 62.5～70.5	冷却能力介于水、油之间，性能稳定，冷速可调节，可作为淬火油的代用品，对工件表面有腐蚀作用	适用于大批量油淬工件代用品，使用温度 30～65℃

（续）

介质名称	成分（%，质量分数）		冷却特性说明	适用范围
合成淬火冷却介质（聚乙烯醇溶液）	聚乙烯醇 防锈剂（三乙烯胺） 防腐剂（苯甲酸钠） 消泡剂（太古油） 水	10 1 0.2 0.02 余量	高温区冷却速度与水相近，低温区冷速比水慢，淬火时在工件表面形成胶状薄膜，使沸腾和对流期延长，冷速可调，无毒无臭不燃	加水稀释到不同浓度可广泛用于碳素工具钢，合金结构钢，轴承钢等，使用温度 <45℃
聚醚水溶液（相当于我国研制牌号：903 聚二醇水溶液）	903 水溶液成分： 环氧乙烷 环氧丙烷 多乙烯多胺 KOH 水分 使用温度	50 40 9 0.8 <0.1 <50℃	为逆溶性淬火冷却介质，<75~80℃完全溶于水，升高温度溶解度反而下降，提高溶液浓度冷却能力下降，对控制截面不均匀及管壁工件变形有明显效果，易清洗、安全	大转矩柴油机曲轴感应淬火、合金钢锻模、装甲板及航空用铝、钛合金工件的淬火

表 3-45　应用聚乙烯醇水溶液淬火实例

牌号	工件名称	热处理工艺方法	使用浓度（质量分数，%，浓缩液）
45、40Cr 45Cr	花键轴、摇臂、螺钉接头、摇臂轴齿轮、输出轴	感应淬火、渗碳淬火、碳氮共渗后淬火	0.2~0.4
50Mn	轴承滚道、凸轮轴	火焰表面淬火	0.2~0.3
20CrMo 40CrMnMo 42CrMo、35CrMo 40MnB、45MnB	销套 进井机大轴 曲轴、后半轴 叉形凸缘轴、花键轴	淬火 中频淬火 中频淬火 中频淬火	0.3~0.5
3Cr2W8V、Cr12 9CrSi、9Cr2 42CrNi	轧辊 滚压螺纹机丝杆 轴	淬火	0.1~0.5
40CrMnMo 42CrMo 30CrMnSi、40Mn2 45Mn2	钻头接头 钻探工具 管内工件 管内工件	淬火 淬火 调质 调质	0.25~0.4

注：表中淬火件为一般中小件，其有效厚度在 200mm 以下，但也可用于直径较大的轴类淬火。

表 3-46　水玻璃水溶液淬火实例

工件名称	牌号	外形尺寸 /mm	技术要求	淬火结果	备注
抛丸机左、右圆盘	40Cr	外径：φ420~φ500 内径：φ125~φ126 变形为：1000:2 厚度：22.5	硬度 45~50HRC	硬度 47~50HRC 变形量 <0.80mm	原淬火工艺变形大，淬油硬度不足
轴承内外套圈	GCr15 GCr15SiMn	有效壁厚 8~10	硬度 60~65HRC	硬度 62.5~65HRC，变形量 0.1mm 左右，寿命超过设计 7~14 倍	

注：水玻璃水溶液的成分见表 3-44。

氯化钙水溶液淬火冷却介质应用实例：

1）45 钢制 U 形工件，形状复杂，要求热处理后硬度 40～45HRC，畸变不超过技术要求。原工艺为 840℃箱式炉保护气氛加热，保温 1.5h，水淬，根本达不到质量要求。改用密度为 1.46g/cm³ 氯化钙水溶液淬火，结果未发现开裂，畸变亦小，硬度也达到设计要求。

2）40Cr 钢制凸轮，外形尺寸 ϕ110mm×69mm×ϕ65mm（内孔），原工艺为箱式炉加热，840℃×2h 水淬，72 件产品因键槽出现淬裂而全部报废。后改为密度为 1.48g/cm³ 氯化钙水溶液淬火，投放 40 件试验，硬度全部合格，且无裂纹。

3）20Cr 钢制卡盘爪，该工件有齿，横截面有突变，形状较复杂。原工艺采用渗碳 - 水淬油冷双液淬火，畸变大，硬度不均匀，质量很不稳定。后改用密度为 1.38～1.42g/cm³ 氯化钙水溶液，淬火畸变大大减小，齿部的变形在 0.10～0.15mm 以下，处理的 2000 多件工件全部合格。

4）T10A 钢制丝锥，原采用水淬油冷双液淬火工艺，后改用水淬 - 硝盐浴冷，往往会产生裂纹或硬度不足等缺陷，最后使用密度为 1.30～1.34g/cm³ 氯化钙水溶液淬火，硬度、变形全部符合要求。

2. 淬火油的选用

淬火油包括全损耗系统用油、普通淬火油、光亮淬火油、快速淬火油、快速光亮淬火油、超速淬火油、真空淬火油、分级淬火油、等温淬火油。

（1）传统的淬火用油——全损耗系统用油　全损耗系统用油是机械产品用油，其实质是润滑油。

以前，人们用全损耗系统用油淬火，旧牌号有 HJ10、HJ20、HJ30 等，号数是按 50℃时的运动黏度（mm²/s）平均值确定的，新牌号是按 40℃时运动黏度（mm²/s）平均值确定的，热处理常用的有 L-A N15、L-A N32、L-A N46 等几个牌号。

（2）热处理专用淬火油

1）普通淬火油。为了解决机械油淬火冷却性能低、易氧化、易老化等弊端，研制出将石蜡润滑油馏分精制后加入催冷剂、抗氧化剂、活化剂而制成的淬火油。

2）快速和超速淬火油。在普通淬火油中加入催冷剂，就调成了快速或超快速淬火油。由于在油中加入催冷剂，其冷却速度大大提高，提高了淬火效果。

3）光亮淬火油和快速光亮淬火油。热处理可控气氛的应用，使工件在加热过程中表面不氧化、不脱碳而保持光亮，为了在油中淬火后仍保持光亮的表面，需要一种能满足工艺要求的光亮淬火油。之所以能使工件热处理后光亮，主要是油受热后"裂化"产生的树脂状物质和形成灰分，黏附在工件表面。实践证明，轻质油比重质油，油的淬火光亮度要好，用溶剂精炼法比硫酸精炼法生产的油淬火光亮度要好，生成聚合物和树脂减少、残碳越少、硫分越少，油的光亮度越好。为了提高淬火件表面光亮度，常采用的方法有：净化处理，去掉易产生灰分的物质，加入抗氧化剂和光亮剂，还可以加入催冷剂制成快速的光亮淬火油。

4）真空淬火油。国家对生产的环境保护要求严格，使得真空淬火件越来越多，淬火油的应用日趋广泛。由于是在低压下工作，对真空淬火油提出严格的要求：不易挥发，饱和蒸气压低、足够的冷却速度、较强的硬化能力；对环境友好，不污染炉膛，不影响真空炉的真空度，工件淬火后表面光亮，油的稳定性好。真空淬火油已系列化、标准化，市场有售。

5）分级淬火油和等温淬火油。分级淬火油和等温淬火油都是在高温下使用的，通常在 100～250℃使用，或取低于闪点 80℃的温度使用。

淬火油的特性见表 3-47。

表3-47　淬火油的特性

项目	分类牌号									
	冷淬火油						热淬火油			
	普通淬火油	快速淬火油	超速淬火油	快速光亮淬火油	1号真空淬火油	2号真空淬火油	1号分级淬火油	2号分级淬火油	1号贝氏体淬火油	2号贝氏体淬火油
运动黏度/(mm²/s), 40℃ ≤	32	24	18	35	35	90	11	—	32	—
100℃ ≤	—	—	—	—	—	—	—	32	—	65
闪点/℃(开口) ≥	200	180	180	200	200	240	240	280	310	340
燃点/℃ ≥	220	200	200	220	220	260	260	300	340	370
水分(%) ≤	痕迹	痕迹	痕迹	无	无	无	无	无	无	无
倾点/℃ ≤	-9	-9	-9	-5	-5	-5	-5	-5	-5	-5
腐蚀/级,(铜片100℃×3h) ≤	1	1	1	1	1	1	1	1	1	1
光亮性/级 ≤	2	2	2	1	1	1	1	1	1	1
饱和蒸气压/kPa ≤1	—	—	—	—	6.7×10^{-6}		—	—	—	—
热氧化安定性　黏度比 ≤1	1.0	1.0	1.0	1.0	1.0	1.0	1.0	1.2	1.5	1.5
残碳增加值(%) ≤	1.0	1.0	1.0	1.0	1.0	1.0	1.0	1.2	1.5	1.5
冷却特性　特性温度/℃(80℃时) ≥	560	630	610	630	620	600	620	610	650	650
800℃冷至600℃时间/s, <	3.5	2.5	2.5	2.5	3.5	3.5	3.0	3.0	3.0	3.0
800℃冷至400℃时间/s, <	5.5	4.5	3	4.5	5.5	7	5	5.5	10	10
500℃冷速(℃/s) ≥	300	360	350	360	350	340	350	340	210	200
最大冷速(℃/s) ≥	260	400	450	350	300	300	300	300	300	310
最大冷速温度/℃ ≥	430	500	450	500	480	450	500	500	500	500
800℃冷至300℃时间/s, ≤	—	—	4.5	—	—	—	—	—	—	—
300℃冷速/((℃/s) ≥	4	7	30	7.5	7	7	5.5	5.5	4	4
对流温度/℃ ≤	360	400	360	400	380	400	410	420	470	480
V值(表征淬火油使钢硬化能力)	≤0.6	0.8~1.0	<1.0	0.8~1.0	0.70~0.90	0.6~0.8	0.8~1.0	0.70~0.90	0.8~1.0	0.8~1.0

3.6.3　其他淬火冷却介质的选用

1. 等温分级淬火盐浴及碱浴

等温分级淬火盐浴及碱浴在淬火冷却过程中不发生物态变化，工件硬化主要取决于对流冷却，通常在高温区冷速较快，在低温区冷速较慢，此技术适用于形状复杂、截面尺寸悬殊的工具、模具及重要件的淬火，以减少畸变和开裂倾向。冷却介质的成分、工件及热浴的温差以及流动性是影响其冷却能力的主要因素。作为淬火冷却介质它们具备如下特点：

1）熔点低，保证淬火冷却介质在工作状态下能充分地熔化并具有良好的流动性。

2）具有较小的黏度，以减少淬火时被工件带出而造成损失。

3）无毒，不易老化；不腐蚀工件易于清洗。

4）对环境友好，在工作状态不产生大量蒸汽，以减少有害气体对人、环境的危害。

（1）盐浴　热处理等温分级淬火用盐浴，通常多为硝盐浴和氯化盐低温盐浴。

硝盐浴系指 $NaNO_3$、KNO_3、$NaNO_2$、KNO_2 四种盐以不同的比例配合，即可得到人们希望得到的不同熔点的硝盐浴。图 3-22 所示为上述四种硝盐系熔化曲线。常用的硝盐浴配方及使用温度见表 3-48。在硝盐浴中加入少量的水，可以大大提高其冷却能力，改变工件冷却过程。

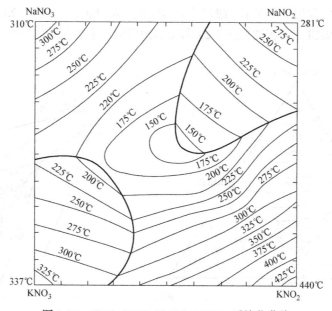

图 3-22　KNO_3-KNO_2-$NaNO_2$-$NaNO_3$ 系熔化曲线

表 3-48　常用硝盐浴配方及其工作温度

序号	配方（质量分数，%）	熔点 /℃	工作温度 /℃
1	100$NaNO_3$	310	330 ~ 600
2	100$NaNO_2$	281	300 ~ 350
3	100KNO_3	337	360 ~ 600
4	100KNO_2	440	—
5	50$NaNO_3$+50$NaNO_2$	221	250 ~ 500
6	50$NaNO_3$+50KNO_3	220	250 ~ 550

（续）

序号	配方（质量分数，%）	熔点/℃	工作温度/℃
7	50KNO₃+50NaNO₂	145	170～500
8	45NaNO₃+55KNO₃	220	250～550
9	45NaNO₂+55KNO₃	137	160～550
10	50NaNO₂+50KNO₃	140	160～550
11	75NaNO₂+25KNO₃	215	240～300
12	45NaNO₃+27.5NaNO₂+27.5KNO₃	120	150～260
13	（70～80）NaNO₃+（30～20）KNO₃	260	300～550
14	7NaNO₃+40NaNO₂+53KNO₃，另外（2～3）H₂O	100	120～150
15	45NaNO₂+55KNO₃，另加（3～5）H₂O	130	150～200
16	95NaNO₃+5Na₂CO₃	304	360～520
17	25NaNO₂+25NaNO₃+50KNO₃	175	205～600
18	25NaNO₃+75NaOH	280	400～550
19	40KNO₃+60NaNO₂	172	200～550

氯化盐低温盐浴常用于高速钢分级淬火。盐浴组分由 $BaCl_2$、$CaCl_2$、KCl、$NaCl$ 构成，其中 $BaCl_2$、$CaCl_2$、$NaCl$ 三元相图如图 3-23 和图 3-24 所示。低温氯化盐浴的配方及工作温度见表 3-49。

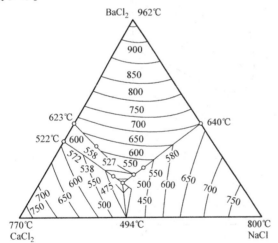

图 3-23 $BaCl_2$、$CaCl_2$、$NaCl$ 三元相图

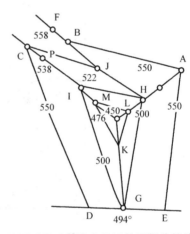

图 3-24 适合刀具淬火盐浴使用部分的放大图

表 3-49 低温氯化盐浴配方及工作温度

序号	配方（质量分数，%）	熔点/℃	工作温度/℃
1	75CaCl₂+25NaCl	500	540～580
2	50BaCl₂+30KCl+20NaCl	560	580～620
3	50CaCl₂+30BaCl₂+20NaCl	440	460～550
4	48CaCl₂+31BaCl₂+21NaCl	435	460～550
5	50KCl+50Na₂CO₃	560	580～620
6	50BaCl₂+30CaCl₂+20NaCl	530	550～620

（2）碱浴　碱浴具有较强的冷却能力，以前应用较广，现在逐渐被新的介质所取代。工件加热表面若未被氧化，碱浴淬火后获得银灰色。常用淬火碱浴配方及工作温度见表 3-50。

表 3-50　常用淬火碱浴配方及工作温度

序号	配方（质量分数，%）	熔点 /℃	工作温度 /℃
1	35NaOH+65KOH，另加 3% ~ 6%H_2O	155	180 ~ 350
2	25NaOH+75KOH	170	200 ~ 350
3	25NaOH+75KOH，另加 4% ~ 6%H_2O	140	160 ~ 200
4	20NaOH+80KOH，另加 10%H_2O	130	150 ~ 300
5	20NaOH+80KOH，另加 2% ~ 3%H_2O	140	150 ~ 200

碱浴中加入适量的水，将显著降低熔化温度，提高冷却速度。碱浴中含水量过多，炽热的工件淬入其中，会激烈沸腾，易飞溅伤人，通常加水量不超过 6%，特殊情况下加到 10%。

碱浴蒸汽有较强腐蚀性，对皮肤有刺激作用，应注意通风与防护。

（3）盐和碱的混合浴　钢件用的发蓝液基本上都是盐和碱的混合液，配制不同的混合液淬火，不仅可以使工件减少畸变，而且可以使表面生成蓝色或褐色的氧化膜，光洁美观，并具有一定的抗蚀能力，适合于形状复杂、要求畸变量很小的碳素工具钢、弹簧钢、渗碳钢和其他一些低合金钢制工件的淬火。常用的盐碱混合液的配方及工作温度见表 3-51，不同成分碱浴的冷却曲线如图 3-25 所示。

表 3-51　常用盐碱混合液的配方及工作温度

混合液成分配比（质量分数，%）	熔点 /℃	工作温度 /℃
85KOH+15NaNO$_3$，另加 2 ~ 3H_2O	140	160 ~ 300
80NaOH+20NaNO$_2$	250	280 ~ 550
95NaOH+5NaNO$_2$	270	300 ~ 550
70NaOH+20NaNO$_2$+10NaNO$_3$	260	280 ~ 550
60NaOH+15NaNO$_3$+15NaNO$_2$+10Na$_3$PO$_4$	280	320 ~ 500
75NaOH+25NaNO$_3$	280	350 ~ 550
75（35NaOH+65KOH）+20NaNO$_2$+5NaNO$_3$，另加 8H_2O	160	180 ~ 280
60NaOH+40NaCl	450	500 ~ 700

2. 气体淬火冷却介质

（1）空气淬火冷却介质　高速钢等高淬透性钢种制件，奥氏体化后在静止的空气中冷却或吹风冷却也可以得到马氏体组织，工件截面较大或为了得到更深的马氏体层，可以用压缩空气喷嘴高速吹向工件进行冷却。如 Cr12 模具钢、高速钢、5Cr8WMo2VSi 等基体钢以及 9SiCr 等低合金钢制小件，采用速度为 20 ~ 40m/s 的压缩空气冷却淬火可以代替油淬，畸变及开裂倾向减小。速度为 20 ~ 40m/s 的压缩空气在 700℃及 200℃时的冷却速度与 N32 号机械油相近。实践证明，采用有喷嘴的压缩空气冷却，可以实现工件局部冷却或分区冷却，满足了特殊工艺需要，例如需要内孔强化可单独冷却内孔，操作方便。

安徽嘉龙锋钢刀具有限公司用 W6Mo5Cr4V2 钢制厚度＜15mm 的机械刀片，感应加热后空气冷却，硬度均＞63HRC，质量稳定，性能优异。

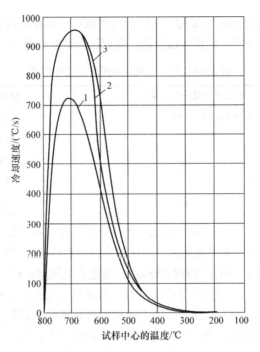

图 3-25　不同成分碱浴的冷却曲线

1—85%KOH + 15%NaNO₂，另加 3%H₂O，170℃　2—85%KOH+15% NaNO₂，另加 6%H₂O，170℃
3—80%KOH+20%NaOH，另加 3%KNO₃ +3%NaNO₂+6%H₂O，170℃（质量分数）

（2）真空炉高压气淬　真空气淬是近年来快速发展的淬火工艺，气淬的冷速与气体种类、气体压力、流速、真空炉的结构及装炉状况有关。可供使用的冷却气体有氩、氦、氢、氮，它们在 100℃时的物理特性见表 3-52，技术要求见表 3-53。

表 3-52　几种冷却气体的物理特性（100℃时）

名称	密度 /(kg/m³)	普朗特数	黏度 /Pa·s	热导率 /[W/(m·K)]	热导率比
N₂	0.887	0.70	2.15 × 10⁻⁵	0.0312	1
Ar	1.305	0.69	27.64	0.0206	0.728
He	0.172	0.72	22.1	0.166	1.366
H₂	0.0636	0.69	10.48	0.220	1.468

表 3-53　热处理用气体技术要求

名称	指标要求（体积分数，%）					
	氩含量	氮含量	氢含量	氧含量	总碳含量（以甲烷计）	水含量
高纯氩气	≥ 99.999	≤ 0.0005	≤ 0.0001	≤ 0.0002	≤ 0.0002	≤ 0.0004
氩气	≥ 99.99	≤ 0.007	≤ 0.0005	≤ 0.001	≤ 0.001	≤ 0.002①
高纯氮	—	≥ 99.999②	≤ 0.0001	≤ 0.0003	≤ 0.0003	≤ 0.0005②
纯氮	—	≥ 99.996②	≤ 0.0005	≤ 0.001	CO ≤ 0.0005 CO₂ ≤ 0.0005 CH₄ ≤ 0.005	≤ 0.0005③

（续）

名称		指标要求（体积分数，%）					
		氩含量	氮含量	氢含量	氧含量	总碳含量（以甲烷计）	水含量
工业用气态氮	Ⅰ类	—	99.5	—	≤ 0.5	—	露点 ≤ -43℃
	Ⅱ类	—	99.5	—	≤ 0.5	—	游离水 ≤ 100mL/瓶
	Ⅲ类	—	—	—	—	—	—
	Ⅰ类	—	98.5	—	≤ 1.5	—	游离水 ≤ 100mL/瓶
	Ⅱ类						
氢气		—	≤ 0.006	≥ 99.99	≤ 0.0005	CO ≤ 0.0005 CO₂ ≤ 0.0005 CH₄ ≤ 0.001	≤ 0.003

① 在 15℃时，大于 11.8MPa 条件下测定。
② 含微量惰性气体氖、氩、氙。
③ 液态氮不规定水含量。

目前，在先进的工业国家如美国、德国、日本等，真空高压气淬技术已成功为高速钢、高合金模具钢热处理的主导工艺，20bar（1bar=10⁵Pa）氦气和氮气混合气体的超高压气淬炉在处理大截面尺寸工件时，已达到或接近油冷水平。

与相同条件下的空气传热速度相比较，设空气为 1，则氮为 0.99，氩为 0.70，氢为 7，氦为 6，如图 3-26 所示。

实验表明，在任何情况下，氢都具有最大的热传导能力及最大的冷却速度。氢可以应用于装载石墨元件的真空炉，但对碳含量高的钢种，在冷却过程的高温阶段（> 1050℃），有可能造成轻微的脱碳，对高强度钢还会产生氢脆的可能。因此，热处理同仁不愿意接纳氢。

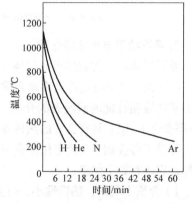

图 3-26　氢、氦、氮、氩的相对冷却性能

从图 3-26 可以看出，冷却速度仅次于氢的是氦，制备困难、价格昂贵，只有在某些特殊情况下才使用氦气作为冷却介质。

氩气的冷却能力比空气低，很少用它作为气淬介质，只有在个别情况下替代氮气使用。

氮气的资源丰富，成本低廉，在低于大气压下进行强制循环，冷却速度比氩气可提高近 20 倍。使用安全，在 200 ~ 1200℃范围内，对常用钢材，氮呈惰性状态；在某些特殊情况下，如对易吸气并与气体反应的锆钛及其合金，还有一些镍基合金、高强度钢、不锈钢等，易呈现一些活性，此时不宜用氮气。

氮中含有微量的氧，会使高温下的钢产生轻微的氧化、脱碳，所以，一般用高纯氮气的纯度为 99.999%（相对露点 -62℃，相对真空度 1.33Pa）。鉴于高纯氮价格比较贵，有时在无特殊要求情况下，亦可用普通氮气。实践证明，应用普通氮气淬火，对淬火件表面并无伤害。工业用普氮的纯度为 99.9%（O₂ < 0.1%，露点 -30℃）。

图 3-27 及图 3-28 给出了冷却气体的压力与冷却速度和冷却时间的关系。

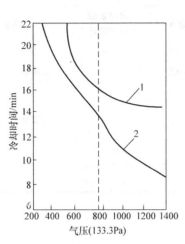

图3-27   气压对冷却速度的影响

1—0.66m³/s   2—0.566m³/s

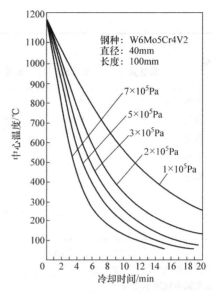

图3-28   冷却气体压力和冷却时间的关系

3. 悬浮粒子淬火冷却介质

悬浮固体粒子的载体可是气体（空气、氮气），也可以是水或水加空气。

（1）固 - 气流态化淬火冷却介质   它是一种固体粒子与压缩空气以一定的方式混合成的一种具有某些液相性能的假液态的介质，在加热和冷却时，其没有像水、油等液体介质那样有相变（物态变化），但它具有良好的热传导性能，因此，热处理用它作为冷却介质。

加热工件在固 - 气流态化介质中冷却，温差小，产生的热应力也小，所以热处理畸变亦小。此外，它还有如下优点：

1）介质不凝固，热惯性小，可实现连续淬火。

2）对淬火件表面无腐蚀，甚至可在其中作光亮淬火。

3）对环境友好，不会产生爆炸、飞溅、毒气等污染。

4）特性稳定，不易老化，可长期使用。

5）除了冷却，还可以用作加热，实现设备多元功能。

由于固 - 气流态化介质的冷却特性比水均匀平缓，近似于油冷，因而适合于高速钢等高合金材料和形状比较复杂的薄小工件的淬火。

（2）固 - 液 - 气流态的淬火冷却介质   在淬火槽中盛有固体微粒和水分，当压缩空气通过有孔的底板时产生小气泡，使固体微粒湍动而形成流态。流态床中液体与固体微粒之比为（5∶1）~（10∶1）。改变固液比值及压缩空气流量，可调节流态的冷却能力，提高水含量可提高冷却速度，使工模具淬火后获得较高的硬度。

4. 液 - 气雾化淬火冷却介质

该淬火冷却介质是这样制取的：通过喷嘴将压缩空气吹到与其成一定角度的液体流束上，使液束破碎并改变运动方向，形成与气混合的雾粒。随着大量雾粒高速喷洒在灼热的工件上，迅速汽化，带走大量的热量，工件急速冷却便完成淬火。

液 - 气雾化介质的冷却物理过程与传统的浸没式淬火冷却不同，前者在冷却过程中，汽化后的介质排除很快，未汽化的介质迅速被新的高速雾粒冲刷掉，因而难以形成稳定的气膜，几乎不存在浸没式淬火中慢冷的气膜冷却阶段。气泡沸腾冷却阶段强烈扩大，加上喷洒在淬火工件上的雾粒停留时间很短，液体来不及过热，所以，冷却烈度增强而又比较均匀。

除了水 - 空气雾化介质以外，还有其他液体 - 空气雾化介质用于淬火，比如聚合物 - 空气雾化介质淬火，例如水溶性塑料水溶体 - 空气雾化淬火冷却介质，它的冷却特性与液体的性质、浓度有关。

5. 浆状淬火冷却介质

浆状淬火冷却介质是在水或其液体中加入质量比例 ≥ 20% 的不溶解的固体粉末，并经搅拌而成的悬浊液，简称为浆状。这种介质的冷却特性是：蒸汽膜冷却阶段可以持续到相当低的温度，而后的沸腾阶段的冷却速度又远比自来水相同温度的冷却速度低。这种介质的冷却特性可以在一定范围内调整。当处于静止状态时，浆状介质总的冷却速度大致可以降低到风冷和油冷之间，正好填补了常用冷却介质中，冷却速度低于机械油而又快于风冷中间的空白。浆状淬火冷却介质节能环保，使用中不燃烧、无烟气，淬火后的工件一般可不清洗或用清水稍加冲洗就十分干净，操作中除补充一些水外，浆状固体物质几乎没有什么消耗。不用时，浆状介质可以直接排放，不对周边环境造成污染。

（1）浆状淬火冷却介质的组成和特性　浆状介质是由液体和在其中的不溶的固体粉末混合而成的悬浊液，可用的液体首选是水，也可以用稀的矿物油或其他液体。所选用的固体粉末应当有很高的化学稳定性，保证在使用过程中不发生化学变化。粉末微粒在使用过程中，应当不会相互粘连，也不会黏结淬火件及容器、管道，同时要求价格低廉，来源方便。

20 世纪 90 年代，我国张克俭博士曾多次推荐泥巴淬火冷却介质：细粒黏土，尤其是重质黏土都可以选用。对新取的黏土需要进行一次烘烧，以去除其中的草根等有机杂质，然后将黏土碾成细粉，最后过筛，选用粒度合适的部分作为配制浆状淬火冷却介质的粉体材料。若选不到合适的粉体材料时，也可以用滑石粉代用。

浆状介质的配方（质量分数）：固体颗粒的含量通常为 20% ~ 60%。粉体材料含量过低，冷却的蒸汽膜阶段过短，得不到低于普通润滑油的冷却速度；粉体材料含量过高，介质的流动性差，得不到好结果。

混合好的浆状介质是选定的液体中不溶固体颗粒的悬浊液。液体是它的分散介质，不溶颗粒是它的弥散相。悬浊液中弥散相颗粒的大小一般在 10^{-7} ~ 10^{-3}mm。胶体中弥散相颗粒大小一般在 10^{-9} ~ 10^{-7}mm；而真空液溶解的是溶质的分子。真溶液和胶体都是透明而稳定的，而悬浊液则不透明易分层。

（2）浆状淬火冷却介质的冷却特性　图 3-29 绘出了典型浆状介质的冷却特性曲线，可以用它来介绍浆状介质的冷却特点。

从图 3-29 可以看出，浆状介质的冷却性与普通淬火油、自来水和水溶性淬火冷却介质的冷却特性有很大的差别，其特点是：蒸汽膜阶段从高温延伸到约 400℃，随后进入沸腾阶段，最后在 100℃ 左右进入对流阶段。在蒸汽膜阶段冷却速度不快，且随淬件的温度降低而逐渐减慢，沸腾开始后，冷却速度再增大。图中沸腾的最

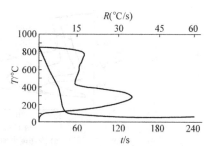

图 3-29　浆状介质的冷却特性曲线
（介质温度 20℃，未搅动）

大冷却速度出现在300℃附近，达35℃/s，但仍低于相同条件下在自来水中淬火时的300℃冷速（90℃/s）。沸腾结束后进入对流阶段。由于浆状的流动性差，其对流阶段的冷却速度也低于自来水在该段的冷速。

（3）浆状淬火冷却介质的稳定性 用自来水和泥土或其他无机矿物粉末配制的浆状介质，是非常稳定的，这里所说的稳定性专指的是悬浊液中固体颗粒必然发生的沉降所引起的问题。组成浆状介质的粉状物质，它的密度高低和粒度大小对浆状介质的稳定性有重要影响。实践表明，能满足浆状介质各方面要求的都是一些无机矿物质，它们的密度在 2.2 ~ 3.0g/cm³。表3-54列出了几种典型的固体物料的密度值，它们的密度都比较大，因此，总是会发生弥散相下沉。高岭土容易分散在水中，因此，该浆液相对比较稳定，正常生产条件下，即使几十分钟不搅拌，也不会出现明显的分层，当停止生产，浆状介质长时间不搅动时，才会发生明显的分层现象。加入少量的分散剂也能提高浆液的稳定性。

表 3-54 典型的固体物料的密度

固体物料名称	黏土	高岭土（白土）	滑石粉	碳酸钙
密度 /（g/cm³）	2.2	2.5 ~ 2.6	2.7 ~ 2.8	2.93

（4）影响浆状介质冷却特性的因素 影响浆状介质冷却特性的因素比较多，主要有以下4个方面。

1）弥散相粒子大小的影响。在相同质量分数比浓度下，颗粒大者，冷却的蒸汽膜阶段短，沸腾开始温度高，且沸腾的冷却速度也快；而颗粒小的蒸汽膜阶段长，沸腾开始温度低，沸腾的冷却速度也慢。图 3-30 所示为三种粒度的浆状介质在相同温度下的冷却特性曲线，不难看出，颗粒大小对蒸汽膜阶段长短和沸腾冷却的快慢有很大影响。随着颗粒直径的减小，沸腾开始的温度会持续下降。此外，固体颗粒愈细，悬浊液就越不容易分层，不同部位的冷却速度差异就越小。

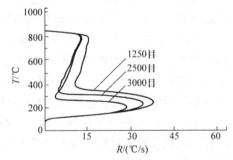

图 3-30 浓度40%，液温40℃，三种粒度的滑石粉浆液的冷却特性

2）弥散相浓度高低的影响。图 3-31 和图 3-32 所示分别是颗粒度为1250目的滑石粉配制的浆状介质，在 20℃及80℃时，弥散相质量百分比（即浓度）对冷却特性的影响。

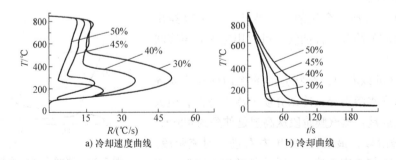

a) 冷却速度曲线   b) 冷却曲线

图 3-31 20℃液温下浆液浓度对冷却特性的影响（1250目滑石粉配制的浆液）

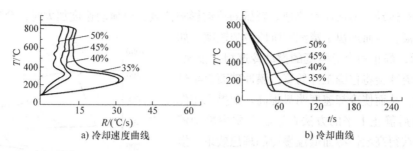

图 3-32　在 80℃液温下浓度对浆液冷却特性的影响（采用 1250 目的滑石粉）

　　从图中可以看出，浓度越高蒸汽膜阶段越长，蒸汽膜阶段的冷却速度越低，沸腾开始的温度越低，沸腾的最高冷却速度值也越小。

　　浓度变化对浆状介质的冷却特性有明显影响，说明改变浓度可以获得不同冷却特性的浆状介质，以适应不同淬火件的需要。

　　3）介质的温度对冷却特性的影响。滑石粉粒度为 1250 目的浆状介质，当浓度为 35% 和 50% 时，液温的变化对冷却特性的影响分别如图 3-33 和图 3-34 所示。从图中可以看出，随着液温的升高，蒸汽膜阶段变长，但值得注意的是液温不相同时，蒸汽膜阶段的冷却速度值却相差无几。另外，蒸汽膜阶段冷却特性变化趋势是：随着温度升高，冷却速度是降低的，但变化也不大。而沸腾阶段最大的冷却速度出现的温度则基本不受液温高低的影响。

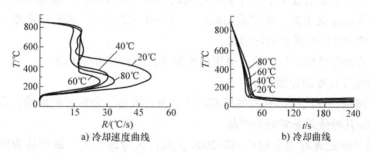

图 3-33　液温变化对 35% 的滑石粉（1250 目）浆液冷却特性的影响

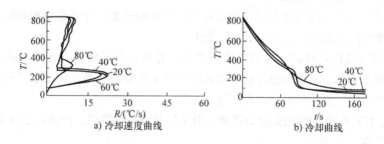

图 3-34　液温变化对 50% 的滑石粉（1250 目）浆液冷却特性的影响

　　总之，在一定的温度范围内，液温变化对浆状介质冷却特性的影响相当小，应当说，这是浆状介质的一大优点。它表明，浆状介质的浓度一定时，介质的平均液温高低，以及同一槽中不同部位的液温差别对冷却的均匀性影响不大。这一优势使热处理容易获得均匀冷却的效果。

　　4）相对流速对冷却特性的影响。假若通过各种方式能使介质流动起来，就均能使工件与介质发生相对运动，形成相对流速。轻微的搅动影响甚微，但搅动速度加大时，会使包围工件的蒸汽膜变薄，因而加快了蒸汽膜阶段冷却速度。如图 3-35 所示，静止和中等强度的搅动冷速相差很大。更大的相对流速会将包围工件的蒸汽膜冲破而提早进入沸腾阶段，从而使冷却速度明显提高。如果采用先强力搅动而后静止下来的方法在浆状介质中冷却淬火，就可以获得高温快冷而低温慢冷的理想效果。搅动和静止相结合，可以创造出多种特性各异的冷却效果，是各种冷却介质很难满足的功能。

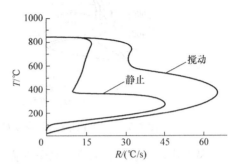

图 3-35　搅动对浆状介质冷却特性的影响

（5）浆状冷却介质的应用　要求高温阶段冷却速度慢的高合金钢，比如高速钢、Cr12 型钢及基体钢制工模具，淬火冷却时工件进入沸腾阶段之前从浆液中取出。

对于某些种类的高合金钢，浆状介质可以代替中性盐做分级淬火冷却介质，从而得到简化操作和减少畸变的双重效果。

用于铝合金的淬火冷却。沸腾开始温度约 500℃，而最高冷速出现在 300～400℃ 之间的浆状介质，正好适用于这种场合。

用水淬 - 浆状冷却代替水淬油冷，节能环保。

用于某些结构钢的快速正火，为了获得细而均匀的预处理组织，现在积极推广等温正火工艺。以前使用的等温正火工艺，大多采用风冷，风冷有它的优点，但冷却速度不够快，且均匀性差，而采用浆状液体冷却效果就好得多。

用浆状淬火冷却介质淬火后，要及时用温水清洗，而且要清洗干净。

6. 新型水溶性淬火冷却介质

近几年来，国内搞淬火冷却介质的厂家很多，而且取得了非常好的成绩，满足了不同行业的需求。下面介绍几种效果非常好的产品。

（1）辽宁和兴热处理有限公司的 HX-2000 无机淬火冷却介质　该产品为安全、无色、无味、无沉淀、无结晶、环保、不易老化、无毒、不可燃高性能淬火冷却介质。曾在全国节能减排会议上被专家多次推荐，应用广泛。

HX-2000 淬火冷却介质与水相溶，淬火时只是水分的蒸发，介质浓度相对提高，适时补充失去的水分，冷却性能依旧，十分方便工厂操作。

该淬火冷却介质稳定性高，淬火工件硬度高，且均匀不易变形。特点是高温区冷速比水快，低温区冷速低于水。从而彻底解决了双液淬火中水淬油冷中易出现的水淬易裂油淬不硬的问题。淬碳钢的使用温度 <50℃，淬合金钢 <65℃。

与油相比，HX-2000 的耐污染能力很强，对工件及设备无腐蚀，淬火后工件无须后序清洗，从而降低生产成本。

与水比较，对多种材质及各类型工件，消除了淬火软点软块问题。淬火液的黏度远低于油，带出量极少，故生产运行成本低，比热容和热传导率都比油大，所以淬火温升慢，生产效率高，大大降低了淬火时间，节约了时间和费用，据分析，能提高劳动生产率 20%～30%，为工厂节约生产综合成本 20% 左右。本产品不适合盐浴炉加热的工件淬火。

（2）KR1280 匀速淬火冷却介质　KR1280 是一种在较高浓度时冷却速度非常缓慢的、无逆溶性的水溶性均匀冷却介质。由于没有逆溶性，可提高介质使用温度来控制其冷却速度，使之有更广泛的适用性。

KR1280 浓度在 10% ~ 30% 时，使用温度 10 ~ 50℃，适用于合金钢锻后空冷，代替传统的风雾冷，提高组织均匀性。如代替齿轮坯锻后的空冷，代替等温正火工艺，改善碳化物形态；用于轴承套圈、滚子的锻后空冷，改善网状碳化物。

该介质不适合盐浴炉加热的工件淬火，而适用于燃气炉、连续炉、井式炉、台车炉等加热的工件淬火。

（3）KR6180、KR6280 淬火冷却介质   该淬火冷却介质是一种成熟的环保型淬火冷却介质，具有较理想的高、中、低温冷却速度，特别适合于碳素钢及较大尺寸的合金钢的整体加热淬火或连续淬火。

KR6180 浓度在 5% ~ 15% 时，使用温度在 5 ~ 40℃，适合于 15CrMn、20CrMo、20CrMn-Ti、20CrMnTi、35CrMo、40Cr、40MnB、42CrMo 等钢的淬火，同时适用于 Q195、20、35、45 等碳素钢的整体淬火。

用盐浴炉加热的淬火件，不宜使用该介质淬火。

（4）KR6380A、KR6380B 淬火冷却介质   目前国内的铝合金热处理多采用热水冷却，最大缺点是能耗大。

热水冷却的冷却性能不易受控，易造成工件变形和开裂，增加矫正工作量，表面质量也难以保证。为了克服上述不足，国外早已采用水溶性淬火冷却介质，国内应用尚少。KR6380A、KR6380B 两款水溶性淬火冷却介质应用到铝合金的固溶热处理，有效地解决了变形、开裂问题。

两溶液的使用浓度为 8% ~ 20%，使用温度 10 ~ 45℃。加热炉型为专用的固溶热处理炉。

（5）KR6480 淬火冷却介质   该产品适用于碳素钢、低中合金钢的整体及感应淬火。以及标准件、链条、弹簧钢板、螺旋弹簧、弹簧钢丝、合金钢制件的调质，滚动轴承、齿轮轴、锻件等淬火。

KR6480 浓度 3% ~ 10% 时，使用温度 10 ~ 45℃。适用于 20、35、45、40Cr、35CrMo、40MnB 等钢件淬火；而浓度为 10% ~ 20% 时，使用温度为 10 ~ 45℃，适用于 42CrMo、50CrV、60Si2Mn、65Mn、GCr15、40CrMnMo、20CrMnTi、20CrMo 等钢的整体淬火、表面处理件的淬火。

KR6480T 水溶性淬火冷却介质，浓度 5% ~ 20%，使用温度 10 ~ 50℃，特别适合弹簧行业零部件的淬火处理。

（6）KR6580 淬火冷却介质   该淬火冷却介质主要面向感应淬火行业，适用于碳素钢及中低合金钢的感应淬火冷却。浓度 5% ~ 15%，使用温度 10 ~ 50℃。适于 40Cr、42CrMo、40CrMnMo、40CrNiMo 等合金钢的调质；GCr15 钢的淬火；20Cr、20CrMo、20CrMnTi 钢的渗碳淬火；此外，还适用于 50CrV、60Si2Mn 等弹簧钢的淬火。

（7）KR7280 淬火冷却介质   该淬火冷却介质比自来水有更快的高、中温冷却速度，能显著提高工件的淬硬层，适用于碳素钢及较大尺寸的低合金钢的整体淬火或感应淬火。

配制浓度 3% ~ 15%，使用温度 10 ~ 50℃。

（8）KR8180 淬火冷却介质   该产品是一款有较高浓度时冷却速度非常慢、无逆溶性的水溶性匀速冷却介质。由于没有逆溶性，可提高介质使用温度来控制其冷却速度，使介质具有更广泛的使用性能。

浓度6%～12%，使用温度70～95℃，适用于钢丝的索氏体淬火，代替传统的铅浴淬火。

浓度15%～35%，使用10～50℃，用于高碳铬耐磨铸铁、Cr12、Cr12MoV等冷作模具钢的淬火，显著降低了生产成本。

（9）KR9180淬火冷却介质　该产品是一款冷却性能类似于油、无逆溶性的淬火冷却介质，较快的高温冷却速度能够保证工件淬火硬度的均匀性和足够的淬硬层深度，而在低温时较低的冷速，能有效地减少变形防止开裂。

浓度10%～20%，使用温度10～50℃，适合于42CrMo、40CrNiMoA、38CrMoAl等尺寸较大的、中低淬透性钢的调质。而浓度为15%～30%，使用温度10～50℃，适用于弹簧钢、H13、5CrNiMo等工模具及马氏体不锈钢的淬火。

（10）KR9988淬火冷却介质　该介质的冷却性能类似于KR9180，已广泛应用于弹簧钢、合金钢、工模具钢、马氏体不锈钢或对淬硬层深度要求高的大尺寸工件、气瓶的整体淬火。

浓度3%～8%，使用温度10～50%，适用于30CrMo、40CrNiMoA、42CrMo等大尺寸、中低淬透性工件，如车载气瓶等。

浓度8%～20%，使用温度10～50℃，特别适合50CrVA等弹簧钢、工模具钢、40Cr13等马氏体不锈钢的淬火。

（11）NQ水溶性淬火冷却介质　通过调整淬火冷却介质浓度、淬火工艺参数，使工件淬得硬、少变形、不开裂。该冷却介质性能稳定，不燃烧、使用时无烟无毒，不污染环境；中性，不污染环境，淬火件不需要清洗可直接回火，是取代水淬油冷的理想水剂。

7. 多种淬火冷却介质冷却性能比较

淬冷烈度（又称冷却强度）H值，可以用计算方法求得，亦可用多种试验测得。以18℃纯净水650～400℃及300～200℃的平均冷速为1，其他介质的平均冷速除以水的平均冷速，用h表示（与淬冷烈度H相区别）。各种淬火冷却介质的冷却能力的比较见表3-55和表3-56。

表3-55　多种介质在650～400℃区间冷却能力

序号	冷却介质	温度/℃	冷速h
1	10%～15%NaOH水溶液	20	11
2	10%～15%CaCl₂水溶液	20	10
3	10%NaCl水溶液	20	9
4	10%～15%Na₂CO₃水溶液	20	9
5	自来水，平均冷速180℃/s	18	1
6	0.1%～0.3%聚乙烯醇水溶液	20	1.0～0.7
7	10%～20% C1-1聚醚水溶液	20	0.9～0.3
8	5%～20% 903聚醚水溶液	20	0.9～0.3
9	3%～9% PAS聚丙烯酸钠水溶液	20	0.9～0.3
10	超速淬火油	—	0.9～0.3
11	快速淬火油	—	0.8～0.5
12	含水碱水，工作温度170℃左右	170	0.8～0.5
13	55%KNO₃+45%NaNO₂（熔点135℃）	195～350	0.45～0.4
14	普通淬火油	—	0.5～0.3

（续）

序号	冷却介质	温度 /℃	冷速 h
15	N32 机械油	—	0.3 ~ 0.25
16	分级淬火油	100 ~ 140	0.3 ~ 0.2
17	等温淬火油	280	0.2 ~ 0.1
18	流态床	40	0.2 ~ 0.1
19	压缩空气喷吹	—	0.1 ~ 0.08
20	一般风冷	—	0.05
21	静止空气自然冷	—	0.03

表 3-56　多种介质在 300 ~ 200℃区间冷却能力

序号	冷却介质	温度 /℃	冷速 h
1	10% ~ 15% NaOH 水溶液	20	1.3
2	10% ~ 15% $CaCl_2$ 水溶液	20	1.5
3	10% ~ 15% NaCl 水溶液	20	1.4 ~ 1.3
4	10% ~ 15% Na_2CO_3 水溶液	20	1.4
5	18℃自来水，平均冷速 566℃ /s	18	1.0
6	0.1% ~ 0.3% 聚乙烯醇水溶液	20	1.1 ~ 0.46
7	10% ~ 20% CU-1 聚醚水溶液	20	0.7 ~ 0.43
8	5% ~ 20% 聚醚水溶液	20	0.44 ~ 0.32
9	3% ~ 9% PAS-1 聚丙烯酸钠水溶液	20	0.76 ~ 0.19
10	N32 机械油	50	0.11
11	2 号普通淬火油	80	0.014（大连海威）
12	超速淬火油	80	0.044（大连海威）
13	快速淬火油	80	0.11
14	10% 油水乳状液	20	0.74
15	静止空气	20	0.007

3.7　回火工艺参数的选择

将钢加热到 Ac_1 以下的某一温度，保持一定的时间然后冷却到室温，使不稳定的淬火组织转变成稳定组织的热处理工艺称为回火。一般钢淬火后的金相组织为马氏体 + 少量的残留奥氏体，硬度高、脆性大、尺寸不稳定、有很大的内应力，易于畸变和开裂，不能直接使用，必须进行回火处理。

1. 回火的目的

1）降低或除去工件的淬火应力，降低脆性。

2）调整性能。根据图样设计要求，施以适当的回火，提高钢的塑性和韧性，获得良好的综合力学性能。

3）稳定组织和尺寸，使零件在服役过程中，不发生组织变化和保持所需要的精度。

4）改善钢的切削性能，同时可以避免磨削加工、线切割等火后加工开裂现象的发生。

2. 回火种类

回火是淬火的后续工序，是决定钢组织和性能的关键，也对零件的使用寿命有直接影响。

几乎所有的书籍及相关热处理期刊，都按加热温度的不同将回火分为低温回火、中温回火和高温回火三大类。作者认为这种分类方法欠妥。搞了半个多世纪的热处理，觉得应以回火后获得的组织作为判定回火种类的依据：淬火钢经回火得到的以回火马氏体为主的操作称之为低温回火；以此类推，得到回火屈氏体的称为中温回火；得到回火索氏体的称为高温回火。高速钢淬火后经560℃回火，若以温度而论，无疑属高温回火，但从回火得到马氏体分析，仍属于低温回火范围。类似这种情况的还有LD等基体钢等。回火后的冷却通常为空冷，特殊情况下，为防止第二类回火脆性的产生，视情况进行油冷或水冷。以下简介人们以碳素钢为例所惯用的三类回火。

（1）低温回火　回火温度为150～250℃，回火后得到回火马氏体，既保证了工件的高硬度，又提高了塑性和韧性，同时消除了淬火应力。要求高硬度的刃具、量具、冷作模具钢、轴承零件、渗碳件、表面淬火件、碳氮共渗件和部分高强度钢制件等多采用低温回火工艺。

（2）中温回火　回火温度在350～500℃，回火后得到回火屈氏体（托氏体）组织，目的是获得足够的硬度和弹性，同时保持较高的韧性。此工艺多用于机械零件、标准件、弹簧及部分热锻模。为了消除部分铬钢、铬锰钢、硅锰钢的回火脆性，回火后往往快冷。

（3）高温回火　回火温度在500～650℃，该工艺也称调质处理，得到索氏体组织，具有较低的硬度、强度和较高的塑性和韧性，可获得理想的综合力学性能。此工艺多用于在受冲击、交变载荷下工作的零件，广泛应用于汽车、拖拉机、机床等零件，如半轴、连杆、螺栓、曲轴、主轴和凸轮轴等。另外还可作为表面处理的预处理。

工程上经常使用的120～160℃×xh的时效处理，也应归属回火类，在实际生产应用非常广泛。以前在油中去应力时效使用较多，由于油对环保不太友好，淘汰了不少，现在时效用空气炉居多。

3. 回火温度的确定

淬火钢的性能主要取决于回火温度。实际生产中一般都根据工件硬度要求来选择回火温度的下限，生怕因回火温度过高而使硬度下降过多而返工，但有经验的热处理工人一定就准，无须重复回火。下列做法可供参考。

1）根据钢的回火温度-硬度曲线或查表确定。

2）用经验公式确定，比如对45钢来说

$$回火温度（℃）= 200 + 11 \times (60 - H)$$

式中　H——要求硬度的平均值。

也可将上述经验公式用于其他牌号的碳素钢，$w(C)$每增加或减少0.05%，回火温度相应提高或降低10～15℃。

4. 回火保温时间

回火保温时间的长短是根据回火温度、工件材料、工件尺寸、对工件性能的要求、回火设备和加热介质以及装炉量等因素决定。为了保证回火件透烧和组织转变充分，回火时间要足，但也不是时间越长越好，要做到恰到好处。若回火不充分易产生磨削裂纹和尺寸的不稳定性等问题。

对于中温或高温回火的淬火件，回火的保温时间可按下列经验公式计算：

$$t = ad + b \ (\text{min}) \qquad\qquad (3\text{-}17)$$

式中　　t——回火保温时间，单位为 min；

　　　　a——回火保温系数，单位为 min/mm；

　　　　d——工件的有效直径，单位为 mm；

　　　　b——附加时间，一般取 $10 \sim 20\text{min}$。

a 值根据回火炉型取定：盐浴炉，$0.5 \sim 0.8$；井式炉，$1.0 \sim 1.5$；箱式炉，$2 \sim 2.5$。

对于以消除淬火应力为主要目的低温回火，则需要更长的保温时间，一般保温时间至少 1h，但并非越长越好，应适可而止，过长的保温时间，不光浪费能源，而且影响生产效率。

回火方法有普通回火、局部回火、快速回火、自回火等，回火后的冷却视具体情况而定。

5. 回火操作要点

回火是最基本的热处理操作，必须保持清醒的头脑，认真做细做好，操作要点如下：

1）回火工件要清洗干净，不得粘有油、盐及污染物等。

2）工件淬火后应及时回火，淬火后回火的间隔时间不宜过长，一般不超过 4h，最长不得超过 8h，有的工件甚至不冷到室温就应立即回火，以防置裂。

3）钢的含碳量在技术标准的上限，淬火温度又比较高时，回火温度应取上限。碳含量相同，合金钢的回火温度应比碳素钢稍高。

4）同一牌号采用不同的淬火冷却介质，水淬应比油淬者回火温度高些。

5）同一牌号制作形状不同的工件，淬火后的硬度可能有差异，硬度低的工件回火温度也应适当低些。

6）在空气炉中回火，应比在油或硝盐中回火温度适当提高。

7）需多次回火的工件，每次必须冷至室温才能进行下一次回火。

8）在盐浴炉中回火的工件，工件应低于液面 30mm 以上。

9）对于截面较大、形状复杂或高合金钢淬火件，应限制回火的加热速度和回火后的冷却速度，以防产生裂纹。

10）对于淬火后变形的工件，应利用马氏体相变超塑性的原理适时矫正，很难矫正的可利用回火后再矫正，一定要掌握火候。

11）对于没有十分把握确定回火硬度合格的工件，应取其代表的工件检测，视检测结果做出是否继续回火的决定。

6. 冷处理和深冷处理

此工艺是把淬火件冷却到室温以后继续冷却到 0℃以下，使残留奥氏体进一步转变成马氏体。根据处理温度的不同，分为冷处理和深冷处理。其目的是：

1）提高钢的硬度。

2）稳定工件尺寸，防止在储运、保管和使用中发生畸变。

3）提高钢的铁磁性。

4）提高渗碳件的抗疲劳性能。

冷处理和深冷处理适用于要求硬度高、耐磨性好的精密件，对高速钢制刀具应慎用。

冷处理工艺：$(-20 \sim -100℃) \times (1.5 \sim 2\text{h})$。当工件与制冷剂直接接触时，保温时间为 $0.5 \sim 1\text{h}$；非直接接触时，保温时间为 $1 \sim 2\text{h}$。

深冷处理工艺：（−102～−150℃）×（0.5～1h），很少用−196℃的温度。

冷处理和深冷处理是放在回火前还是回火后进行？这要看各单位的具体情况。如果放在回火后，间隔时间不得超过 1h。对于形状复杂的高合金钢制件，为防止冷处理开裂，应放在回火后进行，然后再补充一次低温回火。

冷处理和深冷处理注意事项：

1）操作中应穿戴好劳保用品，用长柄工具取、放工件，防止冻伤；并要防止制冷剂的泄漏。

2）认真清理干净工件表面的水、油以及污染物，未冷到室温的工件不得进行冷处理。

3）冷处理前的工件先用冷水清洗、烘干后，再进冷冻室，对于形状复杂的工件应在室温下放入冷却设备内，与设备一同冷却到工艺设定的温度。

4）冷处理后的工件应在空气中缓慢回升至室温后，再进行回火处理，以防止工件因内应力增加而致裂。

5）严禁在冷处理设备附近点火、吸烟，使用液氧时应避免有机物质与氧接触，因为水、油等与液体氧接触时会发生强烈的反应而爆炸。

第4章

表面热处理工艺设计

表面淬火是强化材料表面的重要措施。凡能淬火进行强化的金属材料，包括高速钢，原则上都可以进行表面淬火处理。经过表面淬火的工件，不仅提高了表面硬度、耐磨性，而且与经过适当的预备热处理的心部组织相配合，可获得很好的强韧性、高的疲劳强度。由于表面淬火工艺简单、强化效果显著，热处理变形小、设备的自动化程度高，并易于程序化、智能化，因而有较高的生产率，故在生产上应用十分广泛。

4.1 表面热处理工艺设计基础

4.1.1 表面淬火用材料

中碳钢经调质处理后最适宜表面淬火，球墨铸铁也是常用的材料，另外，低淬透性钢、合金工具钢，甚至高合金钢、高速钢亦可表面淬火。常用表面淬火材料见表4-1。

表 4-1　常用表面淬火材料

类别	材料	应用
碳素结构钢	35、45、50、55	模数较小，轻负荷的机床传动齿轮及轴类零件
碳素工具钢	T8、T10、T12	锉刀、剪刀、量具
合金结构钢	40Cr、45Cr、40MnB、45MnB	中等模数、负荷较轻的机床齿轮及强度较高传动轴
	35CrMo、42CrMo、42SiMn	模数较大、负荷较重的齿轮或轴类
	55Tid、60Tid（低淬透性钢）	用于负荷不大，模数为 4~8mm 齿轮的仿形硬化
合金工具钢	5CrMnMo、5CrNiMo	负荷大的工件
	GCr15、9SiCr	工量具、直径 <100mm 的小型轧辊
	9Mn2V	精密丝杠、机床主轴
	9Cr2、9Cr2Mo	高冷硬轧辊
高速钢	W6Mo5Cr4V2、W9Mo3Cr4V 等	机械刀片
渗碳钢	20Cr、20CrMnTi、20CrMnMoVB	用于汽车、拖拉机上的负荷大、高耐磨的传动齿轮和汽车防滑链
铸铁	灰铸铁	机床导轨、气缸套
	球墨铸铁	曲轴、机床主轴、凸轮轴
	合金球墨铸铁	
	可锻铸铁	农机具

4.1.2 表面淬火的技术要求

工件的硬度、工作条件与对硬化层深度的要求见表4-2。不同轴类对硬化区的要求见表4-3。表面淬火齿轮的技术要求见表4-4。表面淬火齿轮测定有效硬度层的界限硬度值见表4-5。

表 4-2 工件的硬度、工作条件与对硬化层深度的要求

硬度 HRC	工作条件	对硬化层深度的要求
以耐磨性为主 56 ~ 63	负荷不大	一般在 1 ~ 2mm,直径小者取下限,直径大者取上限
	负荷较大或有冲击负荷作用	2.0 ~ 6.5mm
以耐疲劳为主 45 ~ 58	周期性弯曲或扭转负荷	一般为 2.0 ~ 12mm,中小型轴类硬化层深度可按轴半径的 10% ~ 20% 计算,直径 >40mm 者取下限,过渡层为硬化层的 25% ~ 30%

表 4-3 不同轴类对硬化区的要求

工件名称	对硬化区的要求
光轴	轴端保留有 2 ~ 8mm 不淬硬区,避免硬端产生尖角裂纹
同一轴上有两个硬化区	淬硬区间最小距离 250kHz 时为 10mm;8kHz 为 20mm;2.5kHz 时为 30mm
花键轴(全长淬火)	淬硬区应超出花键全长 10 ~ 15mm
带凸缘的曲轴件淬火	淬硬区从凸缘(轴颈的圆弧过渡外)区的根部开始,包括整个轴颈部分,若达不到此要求,淬硬区须离开圆弧过渡区一定距离,一般为 5 ~ 8mm

表 4-4 表面淬火齿轮的技术要求

项目	小齿轮	大齿轮	备注
硬化层深度 /mm	0.2 ~ 0.4mm(齿轮模数)		有关硬化层深度的规定应以 GB/T 5617—2005 为准
齿面硬度 HRC	50 ~ 55[①]	40 ~ 50 或 300 ~ 400HBW	如果传动比为 1:1,则大小齿轮面硬度可相等
表层金相组织	细针状马氏体		齿部不允许有铁素体存在
心部硬度 HBW	碳素钢 265 ~ 280;合金钢 270 ~ 300		对某些要求不高的齿轴,可用正火代替调质
硬化区	模数≤ 4mm,要求齿廓硬化 模数 <2.5mm,可整齿穿透硬化 大模数齿轮,其齿根部分可保留 1/3 齿高的非淬硬区		如受条件限制,齿底也要有 ≥ 0.5mm 的硬化层

表 4-5 表面淬火齿轮测定有效硬度层的界限硬度值

钢的碳含量 (质量分数,%)	测定有效硬化层的界限硬度值		钢的碳含量 (质量分数,%)	测定有效硬化层的界限硬度值	
	HV	HRC		HV	HRC
0.27 ~ 0.35	322	35	> 0.45 ~ 0.50	461	45
> 0.35 ~ 0.40	392	40	> 0.50 ~ 0.55	509	48
> 0.40 ~ 0.45	413	42	> 0.55 ~ 0.75	544	52

4.1.3 快速加热表面淬火时的相变特点

要实现表面快速加热的基本条件是需要提供高能量密度的热源以加热工件,由传热方程

可知

$$dQ = \lambda \frac{dt}{dx} dA d\tau \qquad (4\text{-}1)$$

单位时间（$d\tau$）、单位面积（dA）内的比热流量（Q）与热导率（λ）及温度梯度（$\frac{dt}{dx}$）成正比。碳钢的热导率很低，使用普通的箱式炉加热工件时，很容易算出在箱式炉中加热时，可能达到的温度梯度 $\frac{dt}{dx} = \frac{Q}{\lambda} = 5 \sim 6 ℃ / cm$，即 $\phi 20mm$ 的圆棒在箱式炉中加热时，截面的温差只有 $5 \sim 6℃$，对 $\phi 100mm$ 的圆棒加热，其截面温差也只有 $30℃$。显然在箱式炉内加热因供给能量密度太低，不能实现表面快速加热。

在实践中人们发现，利用氧炔焰加热、感应加热、电接触加热可能达到 $10^4 W/cm^2$ 以上的功率密度，加热速度可达 $100℃/s$ 以上，因此，上述加热方式常作为表面快速加热的热源。若用电子束和激光加热，其功率密度可以达 $10^9 W/cm^2$，可以实现超快速加热，加热层深度仅为 $0.1 \sim 0.2mm$。

自 20 世纪 60 年代开始，对钢在快速和超快速加热条件下相变的动力学、相变机理、组织形态以及强化本质做了大量的研究，取得了丰硕成果，主要结论有以下 5 点：

（1）快速加热改变了钢的临界温度　提高加热速度，使钢的 Ac_3、Ac_{cm} 点上移。在高速加热时奥氏体的形成有两种相变机理，即低温的扩散型相变和高温下的无扩散型相变。

（2）快速加热使奥氏体成分不均匀　快速加热条件下形成的奥氏体，其碳含量将随加热速度的提高偏离钢的平均碳含量，形成贫碳的奥氏体。此外，由于大部分合金元素在碳化物中富集，而合金元素的扩散系数远比碳元素小，因此，合金元素在快速加热时更难实现成分的均匀化。

苏联格里德列夫测定了 T8 钢感应加热对奥氏体碳含量与其形成条件之间的关系。他指出，当原始组织是粒状珠光体，以 $150℃/s$ 的速度加热，Ac_1 点由原 $730℃$ 上升到 $800℃$，奥氏体中碳的质量分数为 $0.30\% \sim 0.40\%$；用同样的速度加热到 $900℃$ 时，奥氏体中碳的质量分数仅提高到 0.6%。若用 $2000℃/s$ 速度加热，Ac_1 点上升到 $870 \sim 900℃$，在此温度下奥氏体中碳的质量分数仅为 $0.10\% \sim 0.20\%$，再以同样的速度加热到 $1000℃$，奥氏体中碳的质量分数也只有 $0.4\% \sim 0.5\%$，这与渗碳体在快速加热条件下未能充分溶解有关。显然，快速加热形成的不均匀奥氏体在冷却过程中必将对过冷奥氏体转变产物产生影响，主要表现在两方面：

1）对奥氏体转变动力学的影响。快速加热时奥氏体中未溶碳化物和高碳偏聚区的存在将促进过冷奥氏体的分解，促使奥氏体转变孕育期缩短。加热速度越快，奥氏体越不均匀，过冷奥氏体的稳定性就越差，奥氏体等温转变曲线越向左移。

2）改变马氏体点（Ms、Mf）和马氏体组织形态。对 T8 钢以 $500℃/s$ 速度快速加热试验得出，加热到 $1000℃$ 时，奥氏体中的碳含量可达共析成分，Ms 点是 $210℃$；以同样的速度加热到 $880℃$，奥氏体中碳的质量分数仅为 0.60%，Ms 点提高到 $240℃$。随着奥氏体中碳含量的降低，Ms 点升高；淬火钢中板条马氏体数量增多。

（3）快速加热使奥氏体晶粒显著细化　加热速度越快，奥氏体晶粒越细。在加热速度较低的范围内，随着加热速度的增加，刚完成奥氏体化所形成的奥氏体起始晶粒显著减小，但在加热速度很高时，奥氏体起始晶粒不再受加热速度的增加而减小。实践证明，在感应加热条件下，加热速度极快，所得的起始晶粒极为细小，并且与加热速度无关。但是，已形成的奥氏体晶粒的长大与加热速度有关，当继续加热到某一温度时，加热速度越慢，所形成的实际奥氏体晶粒越大，所以只要加热温度和加热时间控制得当，快速加热是不会过热的。

（4）快速加热淬火的马氏体形态变化　有人利用透射电镜研究 40 钢快速加热淬火的马氏体形态，发现沿淬硬层的马氏体形态不同，最表层由细长而平行的大块集束马氏体组成，板条宽度相差较大，在 0.1μm 到 1μm 范围内波动；并发现板条马氏体内部有平行的微细孪晶分布，孪晶间距为 10nm 左右。在距表面约 1mm 深处细长板条马氏体排列较凌乱，并在自由铁素体附近出现板条马氏体分支；在距表面较深处，板条马氏体更为凌乱，多处呈分枝状。

（5）快速加热淬火对回火转变的影响　由于快速加热淬火的表面层多为板条马氏体，并且马氏体成分不均匀，在淬火过程中低碳马氏体容易出现自行回火，为此，回火温度一般应比普通回火略低。但若采用自行回火工艺或快速加热回火，由于加热时间很短，在达到相同硬度的条件下采用的回火温度比普通回火温度要高。试验表明，在相同的回火温度下，高频感应淬火、回火后一般均获得较高的硬度值，如中碳钢在 200℃以上回火比炉中加热淬火、回火后的硬度要高。

4.1.4　钢件表面淬火后的组织与性能

1. 表面淬火后的金相组织

钢件经表面淬火后沿截面一般分为淬硬层、过渡层及心部组织三部分。淬硬层的加热温度远高于该钢 Ac_3，淬火后得到全马氏体组织；过渡层的加热温度在 $Ac_3 \sim Ac_1$ 之间，淬火后得到马氏体 + 自由铁素体；最里边的心部组织由于加热温度低于 Ac_1，为原始组织。

表面淬火后的组织及其分布还与钢的成分、淬火规范、工件尺寸等因素有关。如果加热层较深，还经常在硬化层间存在着马氏体 + 贝氏体或马氏体 + 贝氏体 + 屈氏体或少量铁素体的混合组织。此外，由于奥氏体成分的不均匀，淬火后还可以观察到高碳孪晶马氏体和低碳板条马氏体的混合组织。

2. 表面淬火后的性能

（1）表面硬度　工件经感应淬火，其表面硬度比盐浴加热淬火要高出 2 ~ 3HRC。这种硬度增高的现象与快速加热条件下奥氏体成分不均匀、奥氏体晶粒及精细结构的细化等有关；而且工件仅是表层快速加热继之迅速冷却，这要比整体加热淬火快得多，淬火后表层的高压应力分布对提高表面硬度有帮助。然而，这种增硬现象还与淬火工艺参数有关，当加热速度一定时，在某一温度区间才会出现增硬现象，提高加热温度，会使增硬现象移向高温。

（2）耐磨性　实践证明，经感应淬火的工件，其耐磨性要高于普通淬火工件。这主要是由于淬火层中马氏体晶体极为细小，碳化物弥散度较高，硬度、强度也高，以及表层高的压应力状态综合影响的结果。这些都将提高工件抗咬合磨损及抗疲劳磨损的能力。

人们通过实验发现，中碳钢经高频感应淬火后表面硬度和渗碳淬火的硬度相当，但它的耐磨性仍不如渗碳钢，原因是渗碳件表面碳化物数量多。如果适当提高碳含量，高频感应淬火工件的耐磨性还有不少的提升空间。

（3）疲劳强度　有人曾做过试验，用 40MnB 钢制造汽车半轴，原工艺用整体调质，后改为调质后高频感应淬火，使用寿命提高了 20 倍。又如汽车羊角，原来也是调质，后来改为调质后高频感应局部淬火、低温回火，平均寿命提高 46 倍。试样的数据也证明了这一点。表 4-6 列出了 40Cr 钢不同热处理工艺对缺口敏感性的影响，表 4-7 列出了 40Cr 钢不同处理状态下的疲劳强度（光滑试样）。

表 4-6   40Cr 钢不同热处理工艺对缺口敏感性的影响

试样形式	疲劳强度 /MPa	
	调质	调质 + 表面淬火
ϕ 20mm 光滑试样	450 ~ 480	630
ϕ 20mm 缺口试样①	140	600

① 缺口试样缺口深度为 4mm，锥度为 60°，圆角半径为 0.2mm。

表 4-7   40Cr 钢不同处理状态下的疲劳强度（光滑试样）

热处理状态	疲劳强度 /MPa
正火	200
调质	240
调质 + 表面淬火（$\delta = 0.5$mm）	290
调质 + 表面淬火（$\delta = 0.9$mm）	230
调质 + 表面淬火（$\delta = 1.5$mm）	480

从以上例子可以得出以下结论：

1）表面淬火使疲劳强度得到显著提高。

2）表面淬火使缺口敏感性下降。

3）表面淬火后，随着硬化层深度的增加，疲劳强度增加，但硬化层过深，表面压应力下降，工件表面脆性增加，疲劳强度降低。

4.2   感应热处理工艺设计

感应淬火是最常用的表面淬火方法，具有工艺简单、淬火畸变小、生产率高、节能、对环境友好、工艺过程易于实现机械化和自动化等特点。在汽车、拖拉机及工程机械、机床工具、铁路运输、石油、冶金、纺织机械、建筑材料等众多行业，感应热处理得到了广泛的应用。

4.2.1   感应淬火设备的选择

感应加热设备电源经历了 20 世纪 20 年代的发电机组与真空管发生器、20 世纪 60 年代初的晶闸管（SCR）发生器、20 世纪 80 年代初的晶体管发生器，直到 20 世纪 90 年代中期的现代功率晶体管（IGBT、MOSFET 等）发生器这样一个发展过程。

现代感应加热电源是指以各类功率晶体管为功率器件的感应加热电源，也称为固体感应加热电源，频率低于 10kHz 的电源称为中频感应加热电源；频率在 10 ~ 100kHz 的电源称为超音频感应加热电源；频率高于 100kHz 的电源称为高频感应加热电源；50Hz 者为工频。按照功率器件 SCR、MOSFET 和 IGBT 的频率特性及功率容量来看，SCR 主要用于中频感应加热。从 IGBT 感应加热电源的制造水平来看，国际上已达到 1200kW/180kHz，我国为 1000kW/kHz；从 MOSFET 感应加热电源的制造水平来看，国际上为 2000kW/400kHz，我国为 10 ~ 250kW/50 ~ 400kHz、1800kW/150kHz。

现代感应加热电源有以下 9 个特点：

1）所涉及的电路基本理论变化不大，由于新型功率器件的出现，其电路及实现技术有了很大的发展。

2）功率整流及逆变电器的器件多采用模块器件代替单件功率器件。为了扩大输出功率，采用了功率器件的串联、并联或串并联。

3）控制电路及保护所采用的器件由原来主要采用晶体管等模拟器件，而改为大量采用数字器件；专用集成电路；采用可编程序逻辑器件。集成芯片的采用简化了控制电路，提高了可靠性。比例积分（PI）电路、数字锁相环路频率自动跟踪电路、单片计算机技术的采用提高了控制品质及电源装置的性能，系统实现了智能控制。

4）新型电路元件，如美国 CDE（无感）电容模块、无感电阻应用于缓冲电路，能大大提高吸收热能效果；Mn-Zn 功率铁氧体应用于功率输出回路，减少了损耗和减小了电源体积等。

5）频率应用广（0.1～400kHz），覆盖了中频、超音频、高频的范围；输出功率（1.5～2000kW）可满足不同热处理工艺的要求。

6）转换效率高，节能明显。晶体管逆变器的负载功率因数可接近于 1，这可减少输入功率 22%～30%，减少冷却用水量 44%～70%。

7）整台装置结构紧凑，外形尺寸小，节省空间，与真空管电源相比可节省空间 66%～84%。

8）保护电路完善，可靠性高。感应加热电源能够在工件碰触感应器、空载或过载，以及其他误操作情况下安全运行。

9）电源内部或输出端没有高压（相对于真空管电源），因而工作电压低、安全性高。采用单相交流电工作的小功率晶体管感应加热电源的直流工作电压为 220～250V，采用三相交流电源的直流工作电压为 510～560V，而真空管电源的直流工作电压为 14kV 左右。

固体感应加热电源因为具有体积小、低损耗、逆变器转换效率高、易控制和安全性好等特点，已经完全取代了中频发电机式电源，在某些领域也取代了真空管式感应加热电源。完全取代真空式电源是一个系统工程，要做全面考量，权衡利弊，例如，考虑感应加热工艺的要求、生产率、安全性、费用、可靠性及维护性等。从使用频率考虑，特别是高于 450kHz 的应用，还是采用真空管电源较好。

4.2.2 感应器的设计

感应器的功能是把感应加热的能量，通过电磁感应原理传输给工件，其设计的合理性对工件的淬火质量和设备的热效率有直接的影响。

1. 感应器设计的理念与原则

感应淬火工艺制订前，需对淬火工件图样和实物进行仔细分析，涉及工件的几何形状、淬硬区层深范围、生产率、工件材质、淬火冷却介质，加热方式是采用一次固定加热，还是扫描加热等。

传统的感应加热设计是采用经验法，即根据已试验应用的感应器进行新产品感应设计，其结构大小相同，仅在局部结构上、材料上不断更新与改进，并采用 CAD 设计方法。较先进的方法是针对新产品，根据新思路设计感应器，经过试验改进、再试验再改进，达到工艺要求后，最终确定感应器的结构。

近年来，随着计算机技术的发展，更先进的感应器设计方法为先通过计算机模拟，根据工件技术要求，通过计算机模拟软件，在计算机上进行模拟加热，获得电与热的相关数据，再进行感应器设计。这种设计思路在工业发达的国家早已应用。计算机模拟可以在任何工件几何形状和环境下进行，模拟过程中可以演示动力学的全过程，具有相当的准确性，并能留下记录，供今后研究改进参考。

感应器是一个工作线圈，在交变电流通过线圈时，其导线周围便产生了交变磁场。处在磁场内的淬火件，因电磁感应产生了电动势。当金属工件具有完整的电路时，就会有涡流产生。此涡流与线圈电流相平行，如图 4-1 所示，涡流使工件加热。从电路上讲，感应器由串联的电阻和电感组成，它必须与电源相匹配。

感应淬火用感应器根据工件要求，能将电磁能量集中在一个特定区域上。因此，不同的工件需设计不同的感应器，即感应器设计具有个性化的特点。

（1）感应器的设计原则

1）由电磁感应产生的磁力线应尽可能均匀地分布在工件被加热的表面，使其形成的涡流能均匀地加热表面，保持加热温度均匀。

2）遵守感应加热的原理，尽可能提高感应加热效率。

3）感应器与淬火变压器之间的连接部分（汇流排与连接板）尽可能短，以减少电能的损耗。

4）制造简单，有一定的强度，便于装卸。

5）冷却效果要好，使用寿命长。

6）用材经济、合理，达到标准化、通用化与系列化。

（2）设计理论

1）感应器的基本结构如图 4-2 所示。感应器一般都用纯铜制造，虽然形状、大小各不同，但都由 4 部分组成。

① 感应圈是感应器的主要部分，交流电流通过时产生交变磁场，使工件产生涡流而被加热。

② 汇流排的功能是将交流电传输给感应器。

③ 连接板用于连接淬火变压器的输出端和汇流排。

④ 供水管用于感应器冷却或连续淬火时兼供淬火冷却介质用。

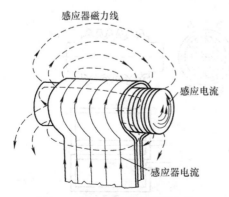

图 4-1　处在磁场内的金属工件

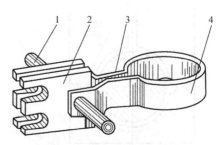

图 4-2　感应器的基本结构

1—供水管　2—连接板　3—汇流排　4—感应圈

2）趋肤效应。感应器上通过的高频、中频电流都是走表面的。对一纯铜，在通水冷却的情况下，电流在铜中的透入深度 d（mm）可用一经验公式表示为：

$$d = \frac{67}{\sqrt{f}} \tag{4-2}$$

式中　f——电流的频率，单位为 Hz。

3）邻近效应。在感应器的导电板（管）之间，具有电流方向相反的邻近效应，如图4-3所示，在多匝感应器匝与匝之间具有电流方向相同的两导体的邻近反应。所有感应器有效圈与加热工件之间均存在邻近效应。在设计感应器时，如能巧妙地利用邻近效应，则能大大提高感应器效率。

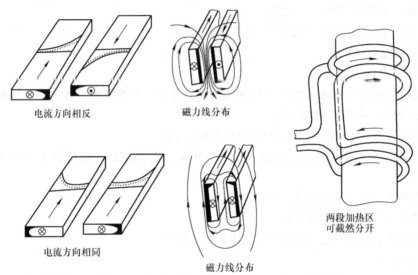

图 4-3　二导体间的邻近效应

4）电流走捷径的趋向，是因为走捷径时电阻小。因此，在感应器铜板厚的部位要考虑此因素。图4-4所示为曲轴感应器电流走捷径的现象。

5）合理涡流途径的选择。当同时加热齿轮整圈齿时，要求齿顶、齿槽均能加热，此时应选择圆环形感应器；蜗杆、丝杠、带台阶的轴加热时，应选择走轴向电流的回线形感应器，使键顶、底、轴台肩处均有涡流通过，从而达到各点加热温度一致。图4-5所示为蜗杆感应器的电流走向。

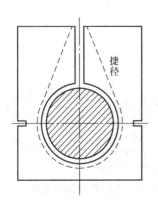

图 4-4　曲轴感应器电流走捷径的趋向

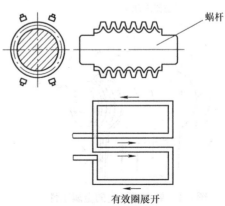

图 4-5　蜗杆感应器的电流走向

6）局部涡流集中现象。感应加热时，工件的顶角、小孔、小圆弧处有时会产生涡流集中现象。当电流频率增高时，此现象更为显著。

7）导磁体在有效圈上的驱流作用。感应器有效圈上装"∏"形导磁体，高频电流通过导体时，由于心部磁通密度大，自感电动势也大，电流被驱向感抗小的开口侧，如图 4-6 所示。

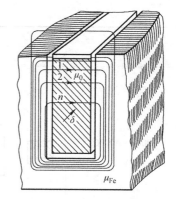

图 4-6　"∏"形导磁体的驱流作用

（3）感应器的设计

1）板（管）厚度的选择。板（管）厚度应大于 $1.57d_{铜}$（$d_{铜}$ 为铜导体中的电流透入深度），此时导体的电阻最小，不同电流频率时板（管）厚度可参考表 4-8。

表 4-8　不同电流频率时板（管）厚度的选用

频率 f / Hz	$1.57d_{铜}$ /mm	选用厚度 /mm
1000	3.5	3.0 ~ 4.0
2500	2.2	2.0
8000	1.2	1.5
10000	1.1	1.5
250000	0.22	1.0
400000	0.17	1.0

2）接触板（管）的设计。应保证接触板（管）能和淬火变压器（或感应器接头）连接可靠、紧贴、坚固，并有一定的接触压力，贴合面应平直，表面粗糙度值 Ra 不低于 1.6μm。对于高频感应器，压紧螺栓不小于 M8，中频感应器压紧螺栓不少于两个尺寸为 M12 的螺栓，接触板厚度应大于 $1.57d_{铜}$，但应小于 12mm。板宽根据感应器承受功率大小而定，一般为 60 ~ 190mm，功率大时选上限。

3）导电板（管）的选择。感应器上的功率是沿导体长度方向分配的，为使有效部分获得较多的功率，导电部分宜短不宜长。由于电阻与导电截面积大小成反比，因此导电板宜宽不宜窄。

4）有效圈的设计。

①有效圈宽度。

a. 工件外圆淬火时，同时加热感应器，有效圈与工件高度之差见表 4-9。

表 4-9　工件外圆同时加热时有效圈与工件的高度差

频率 /Hz	有效圈与工件的高度差 h/mm		
	示意图	间隙 ≤ 2.5mm	间隙 > 2.5mm
2500 ~ 10000		0 ~ 3	0 ~ 3

（续）

频率 /Hz	有效圈与工件的高度差 h/mm		
	示意图	间隙 ≤ 2.5mm	间隙 > 2.5mm
20000 ~ 400000		1 ~ 3	0 ~ 2

b. 工件内孔淬火时，同时加热感应器有效圈与工件高度差见表 4-10。

表 4-10　工件内孔同时加热时有效圈与工件的高度差

频率 /Hz	有效圈与工件的高度差 h/mm	示意图
20000 ~ 400000	3 ~ 7	
2500 ~ 100000	2 ~ 5	

c. 为避免淬硬层在工件截面上呈月牙形，有效圈两端可设计成凸台形，凸台高度为 0.5 ~ 1.5mm，宽度为 3 ~ 8mm，如图 4-7 所示。

d. 当感应器为半环形时，可以用增长周向导管长度的方法来提高轴颈两端的温度，如图 4-8 所示。

e. 当长轴的中间一段淬火加热时，要考虑两端的吸热因素，一般有效宽度应比加热区宽度大 10% ~ 20%，功率密度小时取上限。

② 有效圈与工件的间隙。

a. 外圆淬火时，有效圈与工件的间隙见表 4-11。当轴类外圆连续加热淬火时，有效圈与工件间的间隙应考虑工件的弯曲。

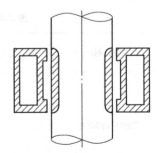

图 4-7　有效圈两端设计成凸台

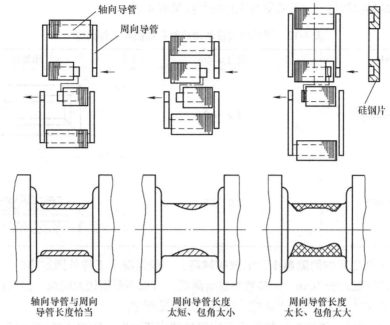

图 4-8　半环形感应器用增长周向导管长度的方法来提高轴颈两端温度

表 4-11　外圆淬火时有效圈与工件的间隙

频率 /Hz	工件直径 D/mm	同时加热时间隙 /mm	移动加热间隙 d/mm
示意图			
2500 ~ 10000	30 ~ 100	2.5 ~ 5.0	3.0 ~ 5.5
	> 100 ~ 200	3.0 ~ 6.0	3.5 ~ 6.5
	> 200 ~ 400	3.5 ~ 8.0	4.0 ~ 9.0
	> 400	4.0 ~ 10.0	4.0 ~ 12.0
20000 ~ 400000	10 ~ 30	1.5 ~ 4.0	2.5 ~ 4.0
	> 30 ~ 60	2.0 ~ 5.0	2.5 ~ 4.5
	> 60 ~ 100	2.5 ~ 5.5	3.0 ~ 5.0
	> 100	2.5 ~ 5.5	3.5 ~ 5.5

b. 内孔淬火时，有效圈与工件的间隙见表 4-12。

表 4-12　内孔加热时有效圈与工件的间隙

频率 /Hz	同时加热间隙 d/mm	移动加热间隙 d/mm
2500 ~ 10000	2.0 ~ 5.0	2.0 ~ 2.5
20000 ~ 400000	1.5 ~ 3.5	1.5 ~ 2.5
示意图		

c. 平面连续移动加热时，有效圈与工件的间隙见表 4-13。

表 4-13　平面连续移动加热时有效圈与工件间隙

频率 /Hz	间隙 d/mm	示意图
20000 ~ 400000	1.5 ~ 2.0	
2500 ~ 10000	2.0 ~ 3.5	

感应器与工件之间的间隙越小，电效率越高。一般情况下工件外圆加热时，间隙为 1.5 ~ 2.5mm 较好。若间隙大于 5mm，则热效率显著降低，所以不采用较大间隙。但工件的形状复杂或要求淬硬层加深时，可适当放大间隙，应视具体情况而定。

5）喷液器的设计。不同加热状态或不同钢材感应淬火时，需要不同的冷却速度。对喷液器来讲，可选用不同的喷淋密度：一般表面淬火时，喷淋密度为 0.01 ~ 0.15L/（cm² · s）；透热淬火时，喷淋密度为 0.04 ~ 0.05L/（cm² · s）；低淬透性淬火时，喷淋密度为 0.05 ~ 0.10L/（cm² · s）。

① 扫描感应淬火喷液孔如图 4-9 所示，喷液孔直径与淬火轴直径的关系见表 4-14，喷液孔直径一般为 $\phi 1.8$ ~ $\phi 2.5$mm；喷液孔中心线与工件轴中心线交角为 30º ~ 60º，此值随着有效线圈与工件间隙大小、钢材允许预冷时间的变化而变化；孔间距为 3.5 ~ 4.0mm 交叉分布。

表 4-14　喷液孔直径与淬火轴直径的关系

淬火轴直径 /mm	$\phi 6.5$ ~ $\phi 13$	> $\phi 13$ ~ $\phi 38$	> $\phi 38$
喷液孔直径 /mm	$\phi 1.0$ ~ $\phi 1.5$	> $\phi 1.5$ ~ $\phi 2.5$	> $\phi 2.5$ ~ $\phi 4.0$

a. 当淬硬层要求较深及淬有台肩的轴时，应考虑加辅助喷液器，特别是上大、下小的台肩，会挡住下流的水，此时加辅助喷液圈更是必要。图 4-10 所示为带辅助喷液器的扫描淬火感应器。

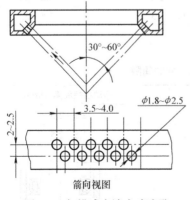

图 4-9　扫描感应淬火喷液孔

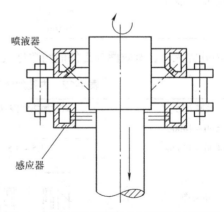

图 4-10　带辅助喷液器的扫描淬火感应器

b. 当带法兰的轴要求淬硬层离轴的法兰很近时，感应器可不带辅助喷液器，此时有效圈上喷液孔应增至 4 ~ 5 排。图 4-11 所示为不带辅助喷液器的扫描淬火感应器。

② 同时加热有效圈兼作喷液器。有效圈壁厚应加厚到 8 ~ 12mm，喷液孔经常是 $\phi1.5 \sim \phi2.0$mm 交叉排列，尺寸如图 4-12a 所示；另一种坡线分布的喷液孔排列，对转动的加热工件可以得到更均匀的冷却，如图 4-12b 所示。

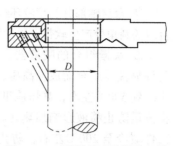

图 4-11   不带辅助喷液器的扫描淬火感应器

由于导电板厚及上下盖板占据了喷液孔的位置（当进水压力特高时例外），对喷液时工件不转动的有效圈，该处要用斜孔来补充，使淬火件表面得到均匀的冷却。有效圈导电板侧与两端喷液孔的角度如图 4-13 所示。

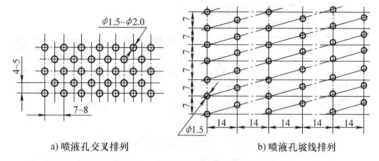

a) 喷液孔交叉排列   b) 喷液孔坡线排列

图 4-12   两种不同的喷液孔排列

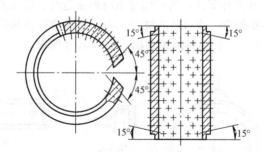

图 4-13   有效圈导电板侧与两端喷液孔的角度

喷液孔截面积总和与进液管截面积总和应基本相当，当进水压力特高时例外。喷液腔截面积应是进液管截面积的 2 ~ 4 倍，腔宽一般不应小于 6mm。喷液腔太窄，会造成各部分喷液不均匀；若喷液腔太宽，会导致喷液滞后。

③ 水幕式喷液环。图 4-14 所示为一种可调节喷液量的水幕式喷液环，它喷出去的液体是一个面，形成水幕，调节上盖可使喷液量变大或变小。

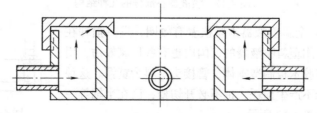

图 4-14   可调节喷液量的水幕式喷液环

④ 台肩轴部分的喷液环结构。轴的台肩部分同时加热并淬火时，如采用一般喷液环，会使台肩的圆角处产生软带，采用图 4-15 所示结构，可防止上述弊端。

⑤ 快慢组合的喷液器。如图 4-16 所示，喷液器由两种喷液器组合而成。高压、小流量喷嘴 2 使工件表面快冷到 500℃左右，高压能迅速破坏工件表面的蒸汽膜，小流量防止喷液影响加热区。低压、大流量喷液嘴可使工件缓冷至 200℃左右，防止淬裂。高压喷嘴的窄缝为 0.5mm×15mm，喷液块由许多喷液孔组成。这种高、低组合的喷液器，能避免生成非马氏体组织，有效淬硬层深度也得到提高，特别适合于滚珠丝杠的感应淬火。

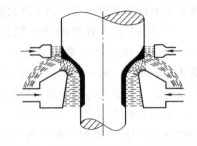

图 4-15   消除台肩圆角处软带的喷液器

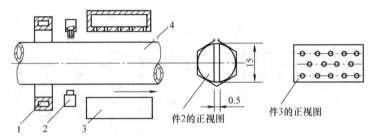

图 4-16   高低压组合喷液器

1—感应器   2—高压、小流量喷嘴   3—低压、大流量喷液块   4—工件

设计的喷液器的形式有多种多样。当采用导电材料制造时，应注意避免形成环路，产生涡流。金属制喷液环一般在中间开一个 45° 的缺口。为了使喷液环各部分喷液尽可能均匀，可采用喷液漏斗、缓冲板、缓冲管和切向进液等结构，如图 4-17 所示。

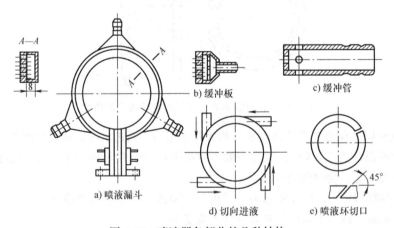

a) 喷液漏斗   b) 缓冲板   c) 缓冲管   d) 切向进液   e) 喷液环切口

图 4-17   喷液器各部分的几种结构

⑥ 塑料喷液器。金属喷液器因紧挨着有效圈，发热损耗在所难免，现在国外有用塑料喷液器的，国内也有些厂家效仿，用环氧玻璃布板或夹布胶木板制造本体，管接头材料为黄铜。这种喷液器坚固耐用，既不产生损耗，也不必开切槽，已在半轴等一些感应器上使用，如图 4-18 所示。

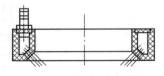

图 4-18   塑料喷液器

2. 常用的感应器

感应器按电流频率可分为高频、中频和工频感应器；按加热方法可分为同时加热和连续加热感应器；按形状可分为圆柱外表加热、内孔表面加热、平面加热及特殊形状表面加热感应器；按通水、开孔情况分类见表 4-15。图 4-19 所示为高频感应器的结构，表 4-16 为高频感应器的结构说明，图 4-20、表 4-17 为中频感应器结构及说明。

表 4-15 感应器结构按通水、开孔情况分类

加热时感应器不通水（用于同时加热）	a. 铜板不开孔，不焊水套，工件加热后，对工件进行浸液式淬火，或在附加喷水圈中淬火。感应器结构简单，容易制造 b. 铜板开多排喷水孔并焊水套，工件加热后对其进行喷液淬火 c. 铜材为空心并开喷水孔，工件加热后对其进行自喷淬火
加热时感应器通水（同时加热、连续加热）	a. 铜板不开孔焊水套，工件加热后，对工件浸液淬火或在喷水圈中淬火 b. 空心感应器上不开喷水孔，工件加热后，对工件进行浸液淬火或在附加喷水圈中淬火，此法最常用 c. 在感应器下边斜面处开一排喷水孔，或在多匝感应器下开一排或多排喷水孔，工件连续加热后自喷淬火

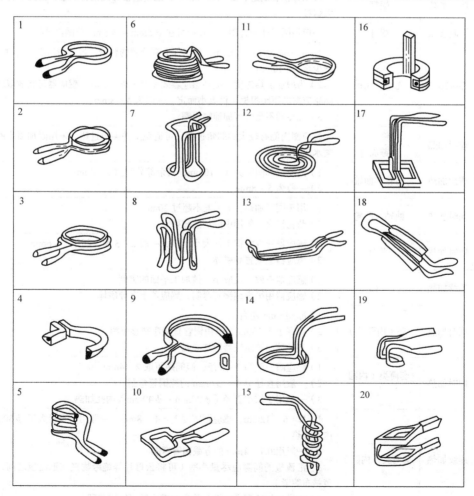

图 4-19 高频感应器的结构

表 4-16　高频感应器的结构说明

序号	加热方法	适用淬火件	感应器设计说明
1	同时加热	齿轮、短柱体	单匝、感应器高度 h_i 一般 < 15mm，感应器可用方截面纯铜弯制，也可用圆纯铜管拉方后弯制
2	同时加热	齿轮、短柱体	1）单匝，h_i 一般为 $15 \sim 20$mm、$20 \sim 25$mm、$25 \sim 30$mm（对应工件直径为 $25 \sim 50$mm、$50 \sim 100$mm、$100 \sim 200$mm），感应圈冷却管应呈半圆形，用黄铜与感应圈焊接 2）若淬火部位必须超过上述数据，则应选多匝
3	同时加热	齿轮、斜齿轮等	单匝，锥形
4	同时加热	双联齿轮的小轮	在加热多联齿轮的小齿轮时，为防止大轮端面被加热，可把感应圈的截面设计成三角形
5	同时加热	齿轮、轴类	1）感应圈总长度 L_i 与感应圈高度 h_i 之比为 $5 \sim 10$ 时效率较高，h_i 一般不大于 10mm，感应圈数一般不大于 5 2）为加热均匀，中间部位感应圈与工件的间隙可略大，呈鼓形，一般两端匝间距比中间小
6	同时加热	齿轮、轴类	多匝、锥形，一般两端匝间距比中间小，感应器匝数 n 和高度 h_i 同上
7	同时加热	蜗杆	可用方铜管制造，加热效果较好，但制造较圆纯铜管困难，而且不宜加热较大蜗杆
8	同时加热	蜗杆	一般用圆形纯铜管制造，直径可在 $\phi 5$mm $\sim \phi 8$mm 范围内选择
9	连续加热	光轴、花键	1）h_i 一般为 $10 \sim 15$mm，如工件上有淬硬的台阶、过渡圆角需淬硬时，h_i 可减少至 $5 \sim 10$mm 2）为增加加热深度、提高感应器效率及 $L_i / h_i < 5$ 时，感应器可制成双圈，双圈感应器的匝距根据工件大小而定，一般为 $4 \sim 8$mm 3）在冷却不足时可加辅喷水圈
10	连续加热	钳口大截面件	感应圈内侧有较大的圆角过渡，可避免工件尖角过热，采用附加喷水圈或自喷水淬火
11a	连续加热	凸轮、曲轴	1）凸轮尖部间隙为 $4 \sim 10$mm，其余部分间隙 $2 \sim 3$mm 2）一般为 $5 \sim 8$mm
11b	同时加热	曲轴、凸轮	1）用于同时加热，h_i 一般不超过 30mm 2）凸轮淬火一般用中频加热较好
12	同时加热	平面	1）感应器圈数根据工件大小而定，一般 $2 \sim 5$ 圈，间距 $3 \sim 6$mm 2）感应器上放置导磁体
13	连续加热	平面	1）感应器有效长度应小于被加工平面的宽度 2）感应器用平扁纯铜管弯制，感应器上有导磁体
14	同时加热	环（内圆孔）	1）$h_i = 15$mm 左右 2）孔深小于 15mm，可用铜管直接弯制感应圈 3）直径较小的感应器应加导磁体
15	同时加热	套筒类（内圆孔）	1）感应圈一般为 $2 \sim 5$ 匝，匝间距可取 $2 \sim 4$mm 2）一般用直径 $\phi 4 \sim \phi 6$mm 的纯铜管弯制 3）一般用于较小直径（$\phi 20$mm $\sim \phi 40$mm）内孔加热
16	连续加热	套筒类（内圆）	1）$h_i = 6 \sim 12$mm，感应器宽度 $b_i = 4 \sim 8$mm，一般用于直径大于 $\phi 50$mm 的内孔加热 2）一般用 $0.7 \sim 1$mm 的方截面管弯制 3）汇流板的间隙应尽量小些（可将云母片等绝缘物夹在汇流板之间，外加黄蜡布缠紧） 4）为增加加热深度、提高效率，感应器可制成双圈

（续）

序号	加热方法	适用淬火件	感应器设计说明
17	连续加热	方孔	
18	同时加热	大模数锥齿轮	1）单齿，铜板长度每边比齿宽短 2～3mm 2）齿根不能得到淬硬
19	连续加热	大模数锥齿轮	1）齿轮模数为 5～14mm 2）单齿，沿齿面连续加热，自喷淬火 3）齿根不能得到淬硬
20	连续加热	大模数锥齿轮	1）齿轮模数为 5～12mm 2）双菱角形，沿齿沟连续加热

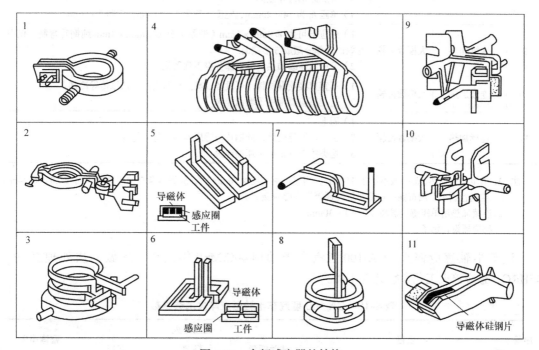

图 4-20　中频感应器的结构

表 4-17　中频感应加热器的结构说明

序号	加热方式	适用淬火件	感应器设计说明
1	同时加热	齿轮轴	加热圆柱体（及齿轮）时，h_i 等于或稍大于工件高度；h_i 比凸轮高度高 3～6mm
2	同时加热	曲轴颈	同时加热时，$h_i = B$（曲轴颈长）$- 2x$（曲轴圆角半径）；当 25mm $< B$（曲轴颈长）< 35mm，采用双匝，其单匝 h_i 一般为 10～15mm
f	连续加热	曲轴颈	B（曲轴颈长）> 70mm，选用连续加热淬火，h_i 为 5～8mm
3	连续加热双匝	光轴 花键轴	1）h_i 为 14～20mm，宽度 $b_i = 9～15$mm，匝间距一般 8～12mm 2）选用喷油或喷聚乙醇水溶液时，必须用附带喷水圈淬火 3）亦可以制成单匝自喷式，其淬火深度比双匝要浅，其 h_i 为 14～30mm，b_i 为 9～20mm
4	连续加热	轴、棒	用于调质时的穿透连续加热淬火

（续）

序号	加热方式	适用淬火件	感应器设计说明
5	同时加热	平面	1）感应器有效部分应略大于被加热平面，每边大 3～6mm 2）有效部分的中间三根导线间距为 2～4mm 3）最外侧两根导线与相邻导线间距应大于 15mm
6	同时加热	平面	
7	连续加热	导轨	1）感应圈两回线间距不能太小，一般为 12～20mm 2）感应圈内侧直角要认真修正，不宜以圆角过渡
8	连续加热	深孔	1）$\phi > 70$mm 深孔淬火 2）双匝 h_i 为 12～16mm，匝间距一般为 8～12mm 3）嵌加硅钢片导磁体 4）单匝 h_i 为 14～20mm，宽度一般为 9～14mm，间隙 2～3mm
9	连续加热	大模数齿轮	1）感应器可由 $\phi 8$mm×1mm（壁厚）及 $\phi 10$mm×1mm 纯铜管弯制，仅在有效加热部分弯成方形截面 2）沿齿面连续加热，齿根部分得不到硬化
10	连续加热	大模数齿轮	1）不宜直接喷淋材料，可设计成喷淋相邻齿面，依靠传导冷却 2）这类感应器常用于埋油淬火
11	连续加热	大模数齿轮	1）同上 2）必须加嵌导磁体，硅钢片与感应器用云母片绝缘 3）这类感应器常用于埋油淬火

注：1. 单匝同时加热，h_i 一般不小于 150mm，当感应圈高度 > 70mm 时，应焊两条自冷半圆管（将 $\phi 20 \sim \phi 24$mm 纯铜管锯半，用黄铜将自冷半圆纯铜管焊在感应圈上）。

2. 连续加热用单匝感应器高度为 14～30mm。

3. 感应器设计例子。

　　汽车半轴感应淬火。CA-100 型汽车半轴用 40CrMnB 钢制作，先做调质处理至 40～45HRC，感应淬火工艺参数见表 4-18。

表 4-18　CA-100 型汽车半轴感应淬火工艺参数

序号	项目	连续淬火			整体淬火
		法兰圆角	杆部	花键	
1	发电机空载电压 /V	340	400	400	750
2	发电机负载电压 /V	335	410	400	730
3	发电机负载电流 /A	280	285	250	460
4	发电机有效功率 / kW	80	89	85	260
5	功率因数 $\cos\phi$	1.0	0.99	0.98	0.90
6	变压器匝比	—	11 : 1	—	12 : 4
7	电容量 /μF	—	147.35	—	—
8	加热时间 /s	—	—	—	58
9	冷却时间 /s	—	—	—	—
10	水压 /MPa	0.15～0.35			—
11	淬火冷却介质温度 /℃	25～45			—
12	淬火冷却介质（质量分数，%）	0.2～0.3 聚乙烯醇水溶液			水
13	感应器移动速度 /（mm/s）	3～12（常用 3～6）			—

4.2.3　感应加热时间与比功率的选择

感应淬火时电流频率固然是最重要的工艺参数，但设备的输出功率也很重要，它必须满足一定的加热速度，才能实现快速加热，达到表面淬火的目的。感应加热速度的快慢取决于比功率的大小，比功率越大，加热速度越快。据考证，比功率与淬硬层深度、加热面积及原始组织等有关，实际生产中常按要求的硬化深度选择比功率。

1. 根据淬硬层深度选择比功率

表 4-19 和表 4-20 分别为轴类工件表面加热和齿轮全齿同时加热时比功率的选择范围。表 4-21 为根据要求的淬硬层深度选择加热时间和比功率的参照表。图 4-21 所示根据淬硬层深度与所需最高表面温度求比功率与加热时间的关系曲线，图 4-22 所示为根据淬硬层深度和所需最高表面温度求比功率和感应器移动速度的关系曲线。

表 4-19　轴类工件表面感应加热比功率的选择

频率 /kHz	淬硬层深度 /mm	比功率 / (kW /cm^2)		
		低值	最佳值	高值
500	0.4 ~ 1.1	1.1	1.6	1.9
	> 1.1 ~ 1.5	0.5	0.8	1.2
10	1.5 ~ 2.3	1.2	1.6	2.5
	> 2.3 ~ 3.0	0.8	1.6	2.3
	> 3.0 ~ 4.0	0.8	1.6	2.1
2.5	2.5 ~ 4.0	1.0	3.0	7.0
	> 4.0 ~ 7.0	0.8	3.0	6.0
	> 7.0 ~ 10.0	0.8	3.0	5.0
8	1.0 ~ 2.0	1.2	2.3	4.0
	> 2.0 ~ 4.0	0.8	2.0	3.5
	> 4.0 ~ 6.0	0.4	1.7	2.8
3	2.3 ~ 3.0	1.6	2.3	2.6
	> 3.0 ~ 4.0	0.8	1.6	2.1
	> 4.0 ~ 5.0	0.8	1.6	2.1
1	> 5.0 ~ 7.0	0.8	1.6	1.9
	> 7.0 ~ 9.0	0.8	1.6	1.9

表 4-20　齿轮全齿同时加热时的比功率（ f = 200 ~ 30kHz ）

模数 /mm	1 ~ 2	2.5 ~ 3.5	3.75 ~ 4	5 ~ 6
比功率 / (kW /cm^2)	2 ~ 4	1 ~ 2	0.5 ~ 1	0.3 ~ 0.6

表 4-21　根据淬硬层深度选择加热时间与比功率的参照表

项目	淬硬层深度/mm	加热时间/s	比功率/(kW/cm²)	淬硬层深度/mm	加热时间/s	比功率/(kW/cm²)	淬硬层深度/mm	加热时间/s	比功率/(kW/cm²)	淬硬层深度/mm	加热时间/s	比功率/(kW/cm²)	淬硬层深度/mm	加热时间/s	比功率/(kW/cm²)	淬硬层深度/mm	加热时间/s	比功率/(kW/cm²)
直径/mm										*f* = 2.5kHz（圆柱外表面加热）								
20	2	0.8	2.65	3	1.5	1.5	4	2	1.18	5	—	—	6	—	—	7	—	—
30	2	1	2.62	3	2	1.35	4	3.1	1.0	5	5.5	0.65	6	—	—	7	—	—
40	2	1	2.6	3	2.3	1.28	4	4	0.88	5	7.1	0.58	6	10	0.45	7	133	0.38
50	2	1	2.6	3	2.7	1.24	4	4.8	0.81	5	8.5	0.54	6	13	0.41	7	17.8	0.34
60	2	1	2.6	3	3.0	1.21	4	5.2	0.79	5	9.5	0.51	6	15	0.39	7	20.5	0.31
70	2	1	2.6	3	3.2	1.2	4	5.6	0.78	5	10.1	0.5	6	16.1	0.38	7	20.8	0.3
80	2	1	2.6	3	3.1	1.2	4	5.7	0.76	5	10.8	0.49	6	17.2	0.37	7	25	0.29
90	2	1	2.6	3	3.1	1.2	4	6	0.75	5	11.3	0.49	6	18	0.30	7	26.2	0.28
100	2	1	2.6	3	3.1	1.2	4	6	0.75	5	11.7	0.49	6	18.7	0.35	7	27.8	0.28
110	2	1	2.6	3	3.1	1.2	4	6	0.75	5	11.9	0.49	6	19.2	.35	7	28.5	0.28
厚度/mm										*f* = 2.5kHz（平面零件单面加热）								
10	2	0.7	3.7	3	3	1.8	4	5.9	1.0	5	8.8	0.8	6	11	0.66	7	—	—
15	2	0.7	3.55	3	3.6	1.62	4	7.9	0.88	5	11.9	0.68	6	16.5	0.54	7	—	—
20	2	0.7	3.52	3	4.0	1.54	4	8.7	0.78	5	14.2	0.6	6	22	0.46	7	29	0.4
25	2	0.7	3.52	3	4.0	1.54	4	8.7	0.78	5	16.5	0.52	6	27.5	0.4	7	38	0.38
30	2	0.7	3.52	3	4.0	1.54	4	8.7	0.78	5	17.5	0.52	6	29.8	0.4	7	41.5	0.35
35	2	0.7	3.52	3	4.0	1.54	4	8.7	0.78	5	18	0.52	6	30.7	0.4	7	42.7	0.35
40	2	0.7	3.52	3	4.0	1.54	4	8.7	0.78	5	18	0.52	6	31	0.4	7	43.5	0.35
45	2	0.7	3.52	3	4.0	1.54	4	8.7	0.78	5	18	0.52	6	31	0.4	7	44	0.35
50	2	0.7	3.52	3	4.0	1.54	4	8.7	0.78	5	18	0.52	6	31	0.4	7	44.2	0.35
直径/mm										*f* = 4kHz（圆柱外表面加热）								
20	2	1.0	2.20	3	1.88	1.25	4	2.5	0.98	5	—	—	6	—	—	7	—	—
30	2	1.25	2.17	3	2.50	1.12	4	3.88	0.83	5	6.88	0.54	6	—	—	7	—	—
40	2	1.25	2.17	3	2.88	1.06	4	5.00	0.73	5	8.88	0.48	6	12.5	0.37	7	16.63	0.32
50	2	1.25	2.17	3	3.38	1.03	4	6.00	0.67	5	10.63	0.45	6	16.25	0.33	7	22.25	0.28
60	2	1.25	2.17	3	3.75	1.00	4	6.50	0.66	5	11.88	0.42	6	18.75	0.32	7	25.63	0.26
70	2	1.25	2.17	3	4.00	1.00	4	7.00	0.65	5	12.63	0.41	6	20.13	0.32	7	28.5	0.25
80	2	1.25	2.17	3	3.88	1.00	4	7.13	0.63	5	13.50	0.40	6	21.5	0.31	7	31.25	0.24
90	2	1.25	2.17	3	3.88	1.00	4	7.50	0.62	5	14.13	0.40	6	27.0	0.30	7	32.75	0.23
100	2	1.25	2.17	3	3.88	1.00	4	7.50	0.62	5	14.63	0.40	6	23.38	0.30	7	34.75	0.23
110	2	1.25	2.17	3	3.88	1.00	4	7.50	0.62	5	14.88	0.40	6	24.01	0.30	7	35.63	0.23

f = 4kHz（平面零件单面加热）

厚度/mm																		
10	2	0.88	3.10	3	3.75	1.49	4	7.38	0.83	5	11	0.66	6	13.75	0.55	7	—	—
15	2	0.88	2.95	3	4.50	1.34	4	9.88	0.73	5	14.88	0.56	6	20.63	0.45	7	—	—
20	2	0.88	2.92	3	5.0	1.28	4	10.88	0.65	5	17.75	0.50	6	27.50	0.38	7	36.25	0.33
25	2	0.88	2.92	3	5.0	1.28	4	10.88	0.65	5	20.63	0.43	6	34.38	0.33	7	47.5	0.32
30	2	0.88	2.92	3	5.0	1.28	4	10.88	0.65	5	21.88	0.43	6	37.25	0.33	7	51.88	0.29
35	2	0.88	2.92	3	5.0	1.28	4	10.88	0.65	5	22.50	0.43	6	38.88	0.33	7	53.38	0.29
40	2	0.88	2.92	3	5.0	1.28	4	10.88	0.65	5	22.50	0.43	6	38.75	0.33	7	54.38	0.28
45	2	0.88	2.92	3	5.0	1.28	4	10.88	0.65	5	22.50	0.43	6	38.75	0.33	7	55.0	0.29
50	2	0.88	2.92	3	5.0	1.28	4	10.88	0.65	5	22.50	0.43	6	38.75	0.33	7	55.25	0.29

f = 8kHz（圆柱外表面加热）

直径/mm																		
20	2	1.2	1.7	3	3	0.83	4	4.5	0.58	5	—	—	6	—	—	7	—	—
30	2	1.5	1.58	3	3.8	0.78	4	7.0	0.51	5	10	0.38	6	14	0.3	7	18	0.25
40	2	1.8	1.52	3	4.1	0.74	4	8.5	0.48	5	13.7	0.34	6	20	0.26	7	24.5	0.21
50	2	1.8	1.5	3	4.3	0.72	4	9.5	0.46	5	16	0.315	6	24	0.24	7	32	0.19
60	2	1.8	1.5	3	5	0.71	4	10	0.45	5	18	0.31	6	27	0.22	7	38	0.18
70	2	1.8	1.5	3	5.5	0.7	4	10.8	0.44	5	19.3	0.3	6	30	0.21	7	43	0.17
80	2	1.8	1.5	3	5.8	0.7	4	11.5	0.44	5	20.2	0.3	6	32	0.21	7	47	0.17
90	2	1.8	1.5	3	5.8	0.7	4	12	0.44	5	21	0.3	6	34	0.21	7	50	0.17
100	2	1.8	1.5	3	5.8	0.7	4	12.2	0.44	5	22	0.3	6	35.5	0.21	7	52.5	0.17
110	2	1.8	1.5	3	5.8	0.7	4	12.5	0.44	5	22.5	0.29	6	36.5	0.21	7	54.5	0.17

f = 8kHz（平面零件单面加热）

厚度/mm																		
10	2	1.5	1.77	3	4	1.1	4	8.0	0.7	5	10	0.5	6	13	—	7	17	—
15	2	2	1.73	3	5.5	1.0	4	11.5	0.59	5	17.5	0.45	6	24.5	0.38	7	30	0.3
20	2	2	1.72	3	6	0.97	4	13	0.58	5	22	0.41	6	30.5	0.32	7	41	0.26
25	2	2	1.72	3	6	0.97	4	13.5	0.56	5	24.5	0.4	6	35	0.3	7	52	0.22
30	2	2	1.72	3	6	0.97	4	13.5	0.56	5	25	0.4	6	38	0.29	7	62	0.21
35	2	2	1.72	3	6	0.97	4	13.5	0.56	5	25	0.4	6	40	0.29	7	64	0.21
40	2	2	1.72	3	6	0.97	4	13.5	0.56	5	25	0.4	6	42	0.29	7	70	0.21
45	2	2	1.72	3	6	0.97	4	13.5	0.56	5	25	0.4	6	42	0.29	7	71	0.21
50	2	2	1.72	3	6	0.97	4	13.5	0.56	5	25	0.4	6	42	0.29	7	71.5	0.21

（续）

$f = 250\text{kHz}$（圆柱外表面加热）

项目 直径/mm	淬硬层深度/mm	加热时间/s	比功率/(kW/cm²)	淬硬层深度/mm	加热时间/s	比功率/(kW/cm²)	淬硬层深度/mm	加热时间/s	比功率/(kW/cm²)	淬硬层深度/mm	加热时间/s	比功率/(kW/cm²)	淬硬层深度/mm	加热时间/s	比功率/(kW/cm²)	淬硬层深度/mm	加热时间/s	比功率/(kW/cm²)
10	2	2.5	0.5	3	—	—	4	—	—	5	—	—	6	—	—	7	—	—
20	2	4.0	0.44	3	9.0	0.28	4	11.5	0.22	5	—	—	6	—	—	7	—	—
30	2	7.0	0.43	3	12.5	0.27	4	19	0.205	5	23	0.165	6	29	0.145	7	34	0.125
40	2	8.0	0.425	3	16.5	0.265	4	23	0.195	5	31	0.16	6	39	0.135	7	45	0.115
50	2	9.0	0.422	3	18	0.26	4	28	0.19	5	39	0.155	6	48	0.13	7	56	0.11
60	2	9.3	0.42	3	20	0.255	4	31	0.188	5	43	0.15	6	56	0.125	7	68	0.108
70	2	9.5	0.42	3	20.5	0.255	4	34	0.187	5	49	0.148	6	62	0.12	7	78	0.105
80	2	9.7	0.42	3	21	0.255	4	37	0.187	5	52	0.148	6	69	0.12	7	86	0.103
90	2	9.8	0.42	3	22	0.255	4	38.5	0.187	5	56	0.148	6	73	0.12	7	92	0.102
100	2	10	0.42	3	23	0.255	4	40	0.187	5	59	0.148	6	79	0.118	7	99	0.101

$f = 250\text{kHz}$（平面零件单面加热）

项目 厚度/mm	淬硬层深度/mm	加热时间/s	比功率/(kW/cm²)	淬硬层深度/mm	加热时间/s	比功率/(kW/cm²)	淬硬层深度/mm	加热时间/s	比功率/(kW/cm²)	淬硬层深度/mm	加热时间/s	比功率/(kW/cm²)	淬硬层深度/mm	加热时间/s	比功率/(kW/cm²)	淬硬层深度/mm	加热时间/s	比功率/(kW/cm²)
10	2	11	0.42	3	19	0.29	4	26	0.24	5	30	0.205	6	37	0.18	7	40	0.165
15	2	14	0.413	3	26	0.273	4	38	0.22	5	49	0.185	6	58	0.16	7	65	0.14
20	2	17	0.41	3	30	0.26	4	49	0.21	5	62	0.172	6	78	0.15	7	90	0.13
25	2	17	0.41	3	35	0.255	4	56	0.209	5	73	0.165	6	91	0.142	7	112	0.22
30	2	17	0.41	3	37	0.25	4	60	0.20	5	83	0.162	6	107	0.14	7	130	0.12
35	2	17	0.41	3	37.5	0.25	4	64	0.197	5	90	0.162	6	118	0.14	7	148	0.118
40	2	17	0.41	3	38	0.25	4	65	0.195	5	96	0.162	6	127	0.14	7	160	0.118
45	2	17	0.41	3	38	0.25	4	65	0.195	5	98	0.162	6	132	0.14	7	169	0.118
50	2	17	0.41	3	38	0.25	4	65	0.195	5	100	0.162	6	139	0.14	7	178	0.118

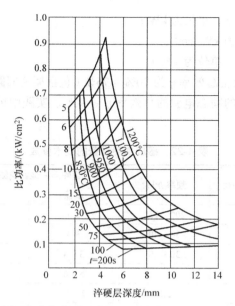

图 4-21　根据淬硬层深度与所需最高表面温度求比功率与加热时间的关系曲线

注：电源频率 f = 10kHz。

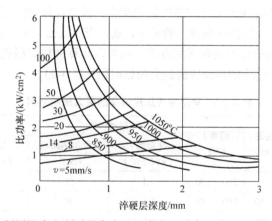

图 4-22　根据淬硬层深度和所需最高表面温度求比功率和感应器移动速度的关系曲线

注：电源频率 f = 10kHz。

2. 根据淬火加热面积选择设备额定功率

轴类或圆柱形工件表面淬火时，工件的加热面积 A 为

$$A = \pi DH \tag{4-3}$$

式中　A——工件的加热面积，单位为 cm^2；

　　　D——工件加热部分直径，单位为 cm；

　　　H——工件加热部分长度，单位为 cm。

计算的感应加热设备额定功率 P 为

$$P = A\rho/\eta \tag{4-4}$$

式中　*P*——设备的额定功率，单位为 kW；

　　　　ρ——比功率，单位为 kW /cm²；

　　　　η——设备的总效率，单位为（%）。

据考证，真空管高频设备总效率 η 为 70% ~ 75%（包括振荡回路、第二槽路、淬火变压器的效率和感应器效率），新的固态电源的总效率 $\eta \geqslant$ 90%。实践中可根据感应加热的频率和功率在表 4-22 中选择设备。

表 4-22　感应加热设备的技术参数

设备型号	额定功率 /kHz	频率 /kHz	齿轮淬火适合模数 /mm		同时一次加热最大尺寸 /mm
			最佳	一般	
GP100-C₃	100	200 ~ 250	2.5	≤ 4	$\phi\,300 \times 400$
CYP100-2	≥ 75	30 ~ 40	3-4	3 ~ 7	$\phi\,300 \times 400$
CYP200-4	≥ 150	30 ~ 40	3 ~ 4	3 ~ 7	$\phi\,400 \times 60$
BPS100/8000	100	8	5 ~ 6	4 ~ 8	$\phi\,350 \times 40$
BPS250/2500	250	2.5	9 ~ 11	6 ~ 12	$\phi\,400 \times 80$
KGPS100/2.5	100	2.5	9 ~ 11	6 ~ 12	$\phi\,350 \times 40$
KGPS100/8	100	8	5 ~ 6	4 ~ 8	$\phi\,350 \times 40$
KGPS250/2.5	250	2.5	9 ~ 11	6 ~ 12	$\phi\,400 \times 80$

如果设备输出功率不能满足工件加热所需的功率，或当计算的感应加热设备额定功率大于实际设备的额定功率时，应选择功率较大的设备，或适当降低比功率，再计算一次，重新选择；或采用降低比功率，适当延长加热时间的方法；也可以计算加热面积进行比较，核实设备功率是否满足工艺要求。常用感应加热设备的最大加热面积见表 4-23。

表 4-23　常用感应加热设备的最大加热面积

设备		功率 /kW	频率 /kHz	同时加热		连续加热	
种类	型号			比功率 /（kW/cm²）	最大加热面积 /cm²	比功率 /（kW/cm²）	最大加热面积 /cm²
电子管式高频	GP60-CR	60	200 ~ 300	1.1	55	2.2	28
	GP100-C	100	200 ~ 300	1.1	90	2.2	48
中频	BPS100/8000	100	8	0.8	125	1.25	80
	BPSD100/2500	100	2.5	0.8	125	1.25	80
	BPS200/8000	200	8	0.8	250	2	100
	BPS200/2500	200	2.5	0.8	250	2	100

当计算的感应加热设备额定功率大于实际设备的额定功率较多时，应改用连续加热淬火。在实际生产中，对大多数回转体形工件的表面淬火，建议采用连续淬火。因为连续淬火时，工件加热面积较小，比功率可选择小些；同时，采用喷射冷却的淬火效果也许会更好。

4.2.4　感应淬火工艺参数的确定

感应淬火的工艺参数十分复杂，不但有热参数，还有电参数。此外，影响工艺参数的还有设备的性能，如设备的功率、频率以及感应器的质量、工件的材料、形状、淬火冷却介质等。

1. 加热温度的选择

感应加热温度与钢的化学成分、原始组织和相变区的加热速度有关，亚共析钢的淬火温度一般为 $Ac_3+(80\sim150)$ ℃。

表 4-24 列出了不同材料感应淬火时推荐的加热温度及表面硬度，表 4-25 列出了常用钢感应淬火时推荐的加热温度。

表 4-24　不同材料感应淬火时推荐的加热温度及表面硬度

材　料		加热温度 /℃	淬火冷却介质[①]	硬度 HRC ≥
碳钢钢及合金钢[②]	$w(C)=0.30\%$	900 ~ 925	水	50
	$w(C)=0.35\%$	900 ~ 915	水	52
	$w(C)=0.40\%$	880 ~ 900	水	55
	$w(C)=0.45\%$	870 ~ 890	水	58
	$w(C)=0.50\%$	860 ~ 870	水	60
	$w(C)=0.60\%$	850 ~ 865	水	64
铸铁[③]	灰铸铁	880 ~ 920	水	45
	珠光体可锻铸铁	889 ~ 920	水	48
	球墨铸铁	900 ~ 930	水	50
不锈钢[④]	420 型	1100 ~ 1150	油或空气	50

注：表中所列金属是已成功应用于感应加热的典型材料，不包括所有材料。

① 淬火冷却介质的选择取决于所用钢材的淬透性、加热区的直径或截面、淬硬层深度及要求的硬度、最小畸变以及淬裂的倾向。

② 相同碳含量的易切削钢和合金钢可以进行感应淬火，含有合金碳化物形成元素（W、Mo、Cr、V、Ti、Nb）的合金钢加热温度比表中数据要高 50~100℃。

③ 铸铁中碳含量至少为 0.40%~0.50%（质量分数），淬后硬度随化合碳含量的改变而改变。

④ 其他马氏体不锈钢，如 410、416 及 440 也可以进行感应淬火。

表 4-25　常用钢感应淬火时推荐的加热温度（喷水冷却）

牌号	原始组织	预备热处理	下列情况下的加热温度 /℃			
			炉中加热	Ac_1 以上的加热速度 / (℃/s)		
				Ac_1 以上的加热持续时间 /s		
				30 ~ 60 / 2 ~ 4	100 ~ 200 / 1.0 ~ 1.5	400 ~ 500 / 0.5 ~ 0.8
35	细片状珠光体 + 细粒状铁素体	正火	840 ~ 860	880 ~ 920	910 ~ 950	970 ~ 1050
	片状珠光体 + 铁素体	退火或没有处理	840 ~ 860	910 ~ 950	930 ~ 970	980 ~ 1070
	索氏体	调质	840 ~ 860	860 ~ 900	890 ~ 930	930 ~ 1020
40	细片状珠光体 + 细粒状铁素体	正火	820 ~ 850	860 ~ 910	890 ~ 940	950 ~ 1020
	片状珠光体 + 铁素体	退火或没有处理	810 ~ 830	890 ~ 940	940 ~ 960	960 ~ 1040
	索氏体	调质	820 ~ 850	840 ~ 890	870 ~ 920	920 ~ 1000

（续）

牌号	原始组织	预备热处理	下列情况下的加热温度 /℃			
			炉中加热	Ac_1 以上的加热速度 / (℃/s)		
				Ac_1 以上的加热持续时间 /s		
				30 ~ 60	100 ~ 200	400 ~ 500
				2 ~ 4	1.0 ~ 1.5	0.5 ~ 0.8
45、50	细片状珠光体 + 细粒状铁素体	正火	810 ~ 830	850 ~ 890	880 ~ 920	930 ~ 1000
	片状珠光体 + 铁素体	退火或没有处理	810 ~ 830	880 ~ 920	900 ~ 940	950 ~ 1020
	索氏体	调质	810 ~ 830	830 ~ 870	860 ~ 900	920 ~ 980
45Mn2、50Mn	细片状珠光体 + 细粒状铁素体	正火	790 ~ 810	830 ~ 870	860 ~ 900	920 ~ 980
	片状珠光体 + 铁素体	退火或没有处理	790 ~ 810	860 ~ 900	880 ~ 920	930 ~ 1000
	索氏体	调质	790 ~ 810	810 ~ 850	840 ~ 880	900 ~ 960
65Mn	细片状珠光体 + 细粒状铁素体	正火	760 ~ 780	810 ~ 850	840 ~ 880	900 ~ 960
	片状珠光体 + 铁素体	退火或没有处理	770 ~ 790	840 ~ 880	860 ~ 900	920 ~ 980
	索氏体	调质	770 ~ 790	790 ~ 830	820 ~ 860	860 ~ 920
35Cr	索氏体	调质	850 ~ 870	880 ~ 920	900 ~ 940	950 ~ 1020
	珠光体 + 铁素体	退火	850 ~ 870	940 ~ 980	960 ~ 1000	1000 ~ 1060
40Cr 45Cr 40CrNiMo	索氏体	调质	830 ~ 850	860 ~ 900	880 ~ 920	940 ~ 1000
	珠光体 + 铁素体	退火	830 ~ 850	920 ~ 960	940 ~ 980	980 ~ 1050
40CrNi	索氏体	调质	810 ~ 830	840 ~ 880	860 ~ 900	920 ~ 980
	珠光体 + 铁素体	退火	810 ~ 830	900 ~ 940	920 ~ 960	960 ~ 1020
T8A	粒状珠光体	退火	760 ~ 780	820 ~ 860	840 ~ 880	900 ~ 960
T10A	片状珠光体或索氏体（+ 渗碳体）	正火或调质	760 ~ 780	780 ~ 820	800 ~ 860	820 ~ 900
CrWMn	粒状珠光体或粗片状珠光体	退火	800 ~ 830	740 ~ 880	860 ~ 900	900 ~ 950
	细片状珠光体或索氏体	正火或调质	800 ~ 830	820 ~ 860	840 ~ 880	870 ~ 920

2. 加热时间的选择

加热时间主要与功率有关，与加热温度、加热速度、硬化层深度、原始组织等也有一定的关系，加热时间 t 可按下式估算：

$$t = 4.9/P_。 \tag{4-5}$$

式中　　t——加热时间，单位为 s；

　　　　$P_。$——比功率，单位为 kW/cm^2。

3. 感应加热方式及其冷却

感应加热方式及其冷却有两种方式：同时加热和连续加热，如图 4-23 和图 4-24 所示。淬火冷却方法及冷却介质与淬火件的形状、尺寸、设备功率、生产方式等因素有关,见表 4-26,图 4-25 所示为感应淬火的几种典型的加热与冷却方法。

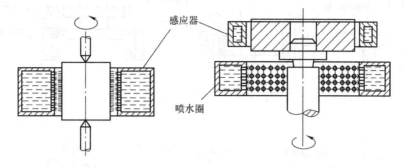

a) 感应器喷液冷却　　　　　　　　b) 喷液圈中喷射冷却

图 4-23　同时加热淬火法

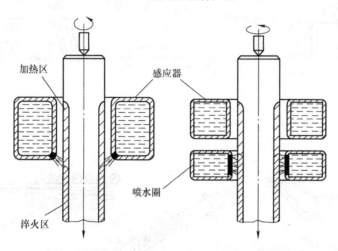

a) 感应器喷液连续冷却淬火　　　　b) 喷液圈喷液连续冷却淬火

图 4-24　连续加热淬火法

表 4-26　感应淬火方式

淬火方式	冷却方式		操作方法	适用范围
同时加热淬火方式	浸液冷却		将表面加热到淬火温度的工件从感应器中迅速投入冷却介质中冷却	适用于小型工件,淬火面积小于设备允许的最大加热面积,或工件较大而淬火面积较小的工件,如小轴、齿轮及曲轴等
	喷射冷却	感应器自喷	工件在感应器中同时加热后,由感应器立即喷水冷却,如图 4-23a 所示	
		喷液圈自喷	将专用的喷液圈置于感应器下方,感应器对工件加热后,将工件降到喷液圈中喷射冷却,如图 4-23b 所示	
	埋油冷却		将感应器和工件置于油面以下,在油中将工件同时加热到淬火温度,停止加热后利用油箱里的油进行冷却	
连续加热淬火方式	感应器喷液连续冷却		在感应器内侧下面沿圆周方向钻有喷射孔,如图 4-24a 所示	用于轴类、杆类、导轨类、较大平面的工件表面淬火及单件、小批量生产
	喷液圈喷液冷却		用专用喷液圈喷液冷却,如图 4-24b 所示	

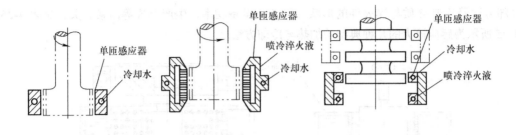

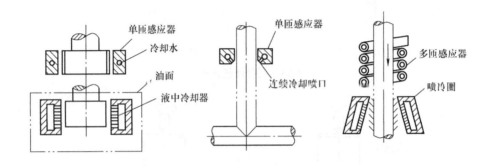

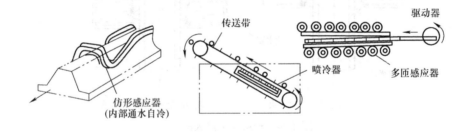

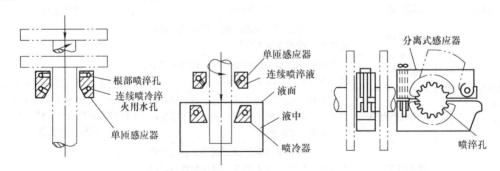

图 4-25　感应淬火的几种典型加热和冷却方式

4. 淬火冷却介质的选择

淬火冷却介质的选择应根据工件材料、形状和大小、淬硬层深度及采用的加热方式等因素综合考虑确定。

常用的冷却方式和冷却介质如图 4-26 所示，常用淬火冷却介质的冷却性能见表 4-27。

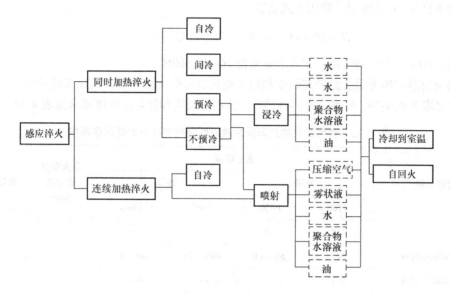

图 4-26　常用的冷却方法和冷却介质

表 4-27　常用淬火冷却介质的冷却性能

冷却介质及其冷却方式			冷却条件		冷却速度 / (℃ /s)	
			压力 /MPa	温度 /℃	工件温度	
					600℃	250℃
喷水	喷水圈与工件的间隙 /mm	10	0.4	15	1450	1900
			0.3	15	1250	1750
			0.2	15	610	860
		40	0.4	20	1100	400
			0.4	30	890	330
			0.4	40	650	270
			0.4	60	500	200
浸水			—	15	180	560
喷油（L-AN10）			0.2	20	190	190
			0.3	20	210	210
			0.4	20	230	210
			0.6	20	260	320
浸油			—	50	65	10
喷聚乙烯醇水溶液	溶液的质量分数	0.25%	0.4	15	1250	1000
		0.05%	0.4	15	730	550
		0.10%	0.4	15	860	240
		0.30%	0.4	15	900	320

5. 感应淬火表面硬度和淬硬层深度

感应淬火后工件表面所能得到的硬度 H（HRC）高低跟钢中的碳含量有很大的关系。当 $w(C)$ 为 0.15% ~ 0.75% 时，常用下式估算：

$$H = 20 + 60\{2w(C) - 1.3[w(C)]^2\} \tag{4-6}$$

例如，$w(C)$ 为 0.35% 时，代入上式则得 $H = 52.5$HRC。

常用钢材感应淬火后表面最高硬度和最大硬化层深度见表 4-28，机床齿轮感应淬火常用钢材及硬度要求见表 4-29，轻型汽车零件感应淬火后的硬度和硬化层深度要求见表 4-30。

表 4-28　常用钢材感应淬火后表面最高硬度和最大硬化层深度

材料名称	表面硬度				最大硬化层深度/mm	预备热处理
	水淬		油淬			
	HV	HRC	HV	HRC		
25	458	46	—	—	—	正火
珠光体球墨铸铁	542	55 ~ 60	484 ~ 595	48 ~ 55	—	
珠光体可锻铸铁	542	55 ~ 60	484 ~ 595	48 ~ 55	—	
35	390 ~ 542	42 ~ 52	345 ~ 446	35 ~ 45	3.0	正火或调质
40	446 ~ 453	45 ~ 58	392 ~ 513	40 ~ 50	3.5	
45	513 ~ 772	50 ~ 63	544	45 ~ 55	4.0	
50	595 ~ 772	55 ~ 63	560	48 ~ 58	4.5	
55	653 ~ 772	58 ~ 63	600	50 ~ 60	5.0	
35Cr	446 ~ 595	45 ~ 55	392 ~ 513	40 ~ 50	5.0	调质
40Cr	513 ~ 697	50 ~ 60	446 ~ 595	45 ~ 55	6.0	
45Cr	595 ~ 772	55 ~ 63	600	50 ~ 60	6.0	
40MnB	513 ~ 697	50 ~ 60	446 ~ 595	45 ~ 55	6.0	
45MnB	595 ~ 772	55 ~ 63	600	50 ~ 60	6.0	
35CrMo	446 ~ 595	45 ~ 55	392 ~ 513	40 ~ 50	6.0	
40CrNiMoA	513 ~ 697	50 ~ 60	446 ~ 653	45 ~ 58	8.0	

注：1. 水淬适用形状简单的小件。
　　2. 油淬主要适用形状较复杂的合金钢小件。

表 4-29　机床齿轮感应淬火常用钢材及硬度要求

牌号	表面硬度 HRC	备注
45	40 ~ 45、45 ~ 50	为提高切削加工性能，一般采用正火，很少用调质处理
40Cr	40 ~ 45、45 ~ 50、50 ~ 55	
20Cr、12Cr2Ni4A	56 ~ 62	渗碳后高频感应淬火

表 4-30   轻型汽车零件感应淬火后的硬度和硬化层深度要求

预备热处理	热处理目的	适用材料	表面硬度 HRC（磨削后测试）	有效硬化层深度 DS/mm
正火状态	要求零件表面具有一定的硬度和耐磨性	$w(C) \geq 0.3\%$ 的钢，如 40、45、40Cr、QT700-2、QT900-2	48 ~ 53	1 ~ 2
			53 ~ 58	> 2 ~ 4
			58 ~ 63	> 4 ~ 7
调质状态	要求零件表面具有一定的硬度、耐磨性和较高的强度		48 ~ 53	1 ~ 2
			53 ~ 58	> 2 ~ 4
			58 ~ 63	> 4 ~ 7

人们在实践中总结出感应淬火硬度与碳含量的关系，如图 4-27 所示。随着含碳量的增加，淬火后硬度逐渐升高，但不成线性关系，当 $w(C)$ 达到 0.6% 后，硬度达到顶峰，再增加含碳量，硬度不再增高，当 $w(C) > 0.90\%$ 时，硬度不光不增，反而呈下降趋势。

在工程上，感应淬火硬度的设计有一些通用原则可供参考：

1）用于摩擦部位，如曲轴轴颈、凸轮轴桃尖等件，硬度越高，耐磨性越好。曲轴硬度常设计为 56 ~ 62HRC，球墨铸铁曲轴 ≥ 50HRC，钢凸轮轴常设计为 58 ~ 64HRC，球墨铸铁凸轮轴常设计为 45 ~ 55HRC。

2）对受弯曲、扭转及剪切作用的零件，如汽车半轴、钢板弹簧销、锻工锤头等常设计为 50 ~ 55HRC 及 56 ~ 64HRC。

3）对受冲击载荷的齿轮、花键等，要求部分淬透，并要求心部有一定韧性，这就要求其表面硬度应适当低些，常设计为 40 ~ 48HRC 或 48 ~ 56HRC。

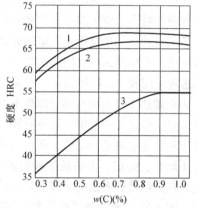

图 4-27   淬火硬度与钢中含碳量的关系
1—感应淬火   2—普通淬火   3—感应淬火后半马氏体区硬度

4）对球墨铸铁、灰铸铁等铸件，其硬度一般要求 45 ~ 55HRC，某些特殊情况，灰铸件的表面淬火硬度也可以低至 42HRC。

感应淬火时淬硬层深度也有一些设计原则：

1）在摩擦条件下服役的零件，一般淬硬层深度为 1.5 ~ 2.0mm，磨损后需修磨的深度可达 3 ~ 5mm。

2）受挤压或受压应力载荷的零件淬硬层深度应达 4 ~ 5mm。

3）冷轧辊感应淬火硬化层深度应大于 10mm。

4）受交变载荷的零件，特别是轴杆件，在应力不高时，其淬硬层深度为杆径的 15%，高应力时为杆径的 20%，以提高零件的扭转疲劳强度和弯曲疲劳强度。

5）轴肩和圆角处的淬硬层深度应大于 1.5mm。

6）受扭转的台阶轴，其淬硬层在全长度上应该连续，否则台阶过渡处淬硬层中断，轴的抗扭强度极低，容易扭断。

感应淬火淬硬层深度的上、下限波动范围一般在 1～2mm。

4.3　火焰淬火工艺设计

将高温火焰或燃烧后的炽热气体喷向工件表面，使其迅速加热到淬火温度，然后在一定的淬火冷却介质中冷却，称为火焰淬火。

火焰淬火是快速加热淬火的一种工艺方法。它的加热温度比常规淬火要高出 30～50℃，淬火温度不易控制和易淬裂是很棘手的问题，故采取预备热处理（如正火或调质），淬火时预冷，选择合适的淬火冷却介质等一系列的防裂措施，可以收到很好的成效。

与其他表面淬火相比，火焰淬火具有设备费用低，简单易行，方法灵活，可对工件的局部进行快速表面加热的特点。由于温度监控和各种调节仪表的发展，各类自动化、半自动化火焰淬火机床均已在现场得以应用。火焰淬火在我国的重工、冶金、矿山等机械制造业应用较广，但机械化、自动化有待提高。

火焰加热工件表面与感应加热不同，它是一种外热源加热，但又与一般炉中加热有所区别。在炉中加热介质的温度相对是均匀的，而火焰则由于本身的各部位（焰心、外焰、内焰及热辐射场）的温度各异，因此，在火焰接触表面的局部受热区域有较大的温度梯度。图 4-28 所示为氧乙炔焰各区域温度分布曲线，一般距焰心顶端 2～3mm 处温度最高（氧乙炔焰可达 3000℃）。因此，当火焰接近工件表面时，内焰直接加热区温度最高，外焰加热区温度较低，而在周围还存在一个热扩散区，如图 4-29 所示。为了使表面加热尽量的均匀而不致形成局部过热，必须采用诸如摆动火焰、旋转工件、延迟淬火等工艺措施。对于要求加热层较深的大型零件，还可以采取充分预热、改变燃烧成分，用发热值较低的混合气（如城市煤气、煤油、丙烷气、天然气等）等措施。

4.3.1　火焰淬火分类

1. 固定法

在一定的时间内利用不移动的烧嘴对工件的某一局部进行加热淬火。此法主要用于表面积较小的局部

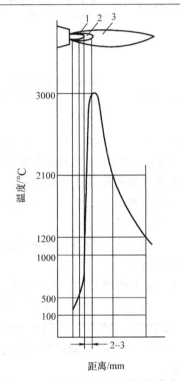

图 4-28　氧乙炔焰各区域温度分布
1—焰心　2—内焰（还原区）　3—外焰（全燃区）

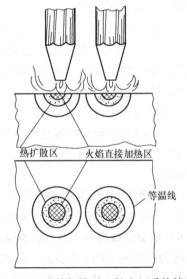

图 4-29　火焰加热时工件表面受热情况

淬火工件，如摇杆活门的端部及小扳手的孔或槽，如图 4-30 所示。

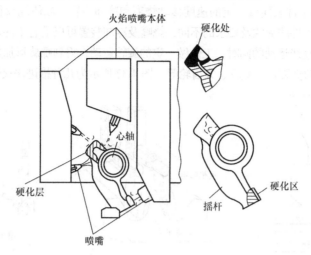

图 4-30　固定法火焰淬火（摇杆）

2. 旋转法

在一定的时间内利用一个或几个固定的烧嘴的火焰对急速旋转的工件进行表面淬火，如图 4-31 所示。当工件不便旋转时，也可以使烧嘴做一定的转动（图 4-31c），此法主要用于直径 < 200mm，长度 < 300mm 的圆柱形工件及模数 < 5mm 的小齿轮表面淬火。

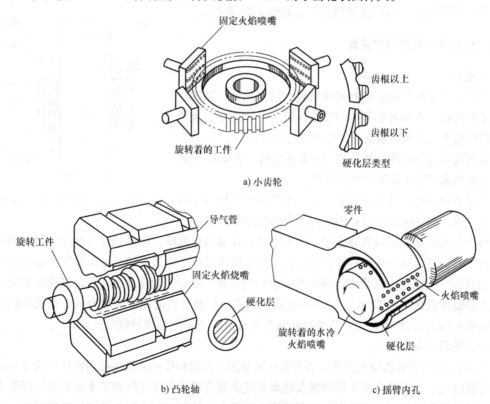

a) 小齿轮

b) 凸轮轴　　　　　　　　　　　　　　　c) 摇臂内孔

图 4-31　旋转法火焰淬火

3. 推进法

沿着固定不变的工件表面以一定的速度移动烧嘴和冷却装置，或使烧嘴和冷却装置不动，让工件做相对移动。依工件的形状及要求的不同，烧嘴及冷却装置可以沿着工件表面做直线或曲线移动；也可以在烧嘴做直线运动的同时，工件做一定的旋转运动，得到螺旋形加热轨迹，这种方法应用很广，如应用于导轨剪刀片、蜗杆、大齿轮等。图4-32所示为几种推进法火焰淬火示意图。

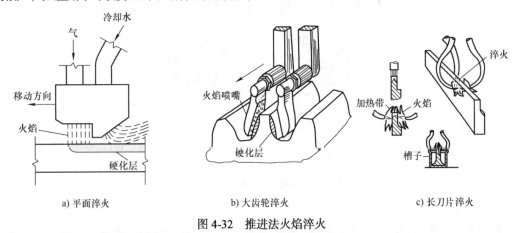

a) 平面淬火　　　　　b) 大齿轮淬火　　　　　c) 长刀片淬火

图4-32　推进法火焰淬火

4. 联合法（旋转推进法）

联合法是使烧嘴及冷却装置沿着旋转的工件做相对移动，主要用于长度 > 300mm 轴类工件，如图4-33所示。

4.3.2　火焰淬火用燃料和装置

1. 燃料

用于火焰表面加热的燃料要求有较高的发热值，来源方便，价格低廉，在储存和使用中安全、可靠、污染小。为了提高燃烧温度，通常用氧或空气作为助燃气体。

煤气及碳氢化合物气体是使用最多的燃料，表4-31列出了火焰加热表面淬火常用燃料的特性。

为了确保燃料气体易于调整，最好使用高压气体发生器或瓶装气体，当供应的压力 < 10MPa 时火焰很难保持稳定。

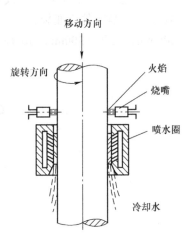

图4-33　轴的旋转推进法火焰淬火

最早使用的是氧乙炔燃烧火焰，但它本身存在着易爆危险，价格较贵以及在深层加热时表面易过热等缺点，逐步被新兴的燃料取代。现在国内外广泛应用丙烷、城市煤气、天然气等廉价的燃料与空气混合，以及用煤油与氧混合的燃烧器。例如，使用煤油-氧火焰具有安全、价廉、火焰温度较低（约2200℃），不易过热的优点，但使氧的消耗量增加80%（总成本仍比氧乙炔焰低60%）。这种燃烧装置的煤油由压力为60MPa的密封储油器供给。

2. 火焰淬火用装置

图4-34所示为氧乙炔火焰淬火装置系统示意图。其燃料供应系统主要由高压乙炔发生器及输气导管组成。火焰淬火用火焰喷嘴及喷水系统由混合室及导管气体调节手动开关、环形火焰喷嘴及供水管路组成。火焰温度的监测及淬火工艺自动控制系统由辐射或红外温度计及电子调节记录仪等组成。

表 4-31　火焰加热表面淬火常用燃料的特性

燃气名称	燃料气密度 （发热值）/ （kJ/m³）	氧气助燃火焰 温度 /℃	常用氧气与 可燃气体积比	空气助燃火焰 温度 /℃	常用空气与 可燃气体积比
乙炔	56869 ~ 58992	3000	1.0	2320	—
甲烷（天然气、沼气）	35817 ~ 39887	2930	1.75	1875	9.0
丙烷	93574 ~ 101802	2750	4.0	1925	25.0
城市煤气	15909 ~ 33913	2540	①	1985	①
氢气	10760 ~ 12769	2650	①	1900	①
液化石油气	81307 ~ 121601	2300	4 ~ 6	1930	20 ~ 30
煤油	—	2300	—	—	—

① 根据实际成分和发热值而定。

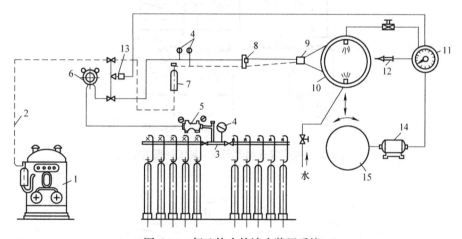

图 4-34　氧乙炔火焰淬火装置系统

1—乙炔发生器　2—乙炔导管　3—氧气汇流排　4—压力表　5—汇流排减压阀　6—氧气站减压器　7—防爆水封
8—气体手动开关　9—混合室　10—环形火焰喷嘴　11—电子调节记录仪　12—辐射温度计　13—气体自动开关
14—移动用电动机　15—淬火机转动装置

　　图 4-35 所示为常用的燃料气 - 氧气焰淬火用的喷嘴结构，图 4-36 所示为空气与燃料气混合火焰加热系统。利用丙烷气、城市煤气或天然气与空气混合，压缩后通入火焰烧嘴内，这种烧嘴实际上是一个燃烧加热器，即由耐火材料做衬里的一个微型燃烧器，靠辐射作用或高温燃烧气体直接喷射到工件表面而实现表面加热。图 4-37 所示为这两种燃烧加热器的结构。

　　为了进一步提高火焰表面淬火质量，现已发明了各种各样的火焰淬火机械化、自动化装置。

4.3.3　火焰淬火的工艺设计

　　火焰淬火硬化层的组织与性能，一般和其他淬火方法相似。由于该方法是依靠外热源加热，因此，它的工艺特点是通过控制燃烧火焰与工件的相对位置及相对运动速度来控制工件的表面温度与加热层深度及加热速度。此外，加热方式、烧嘴的形式及冷却条件也对表面淬火的效果有重要影响。

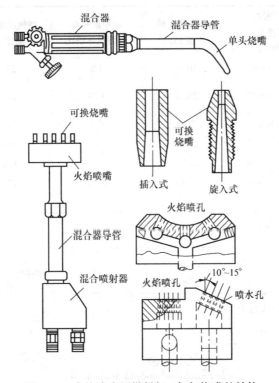

图 4-35　火焰淬火用燃料气 - 氧气烧嘴的结构

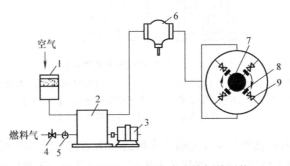

图 4-36　燃料气 - 空气混合火焰加热系统

1—空气滤清器　2—气体混合压缩机　3—电动机　4—燃料气安全开关阀　5—气体调节阀　6—火焰检查　7—工件
8—火焰烧嘴　9—独立的燃烧阀门

1. 对原始组织的要求

由于火焰淬火表面的加热速度仍然较高，因此，对被淬工件的原始组织要求与感应淬火相同，即最好是正火或调质态，以获得细粒状或细片状的珠光体组织，从而提高火焰淬火质量。

2. 火焰淬火加热温度的设计

对于固定式及旋转式火焰表面加热，工件表面温度高低取决于加热时间。图 4-38 所示为这两种加热方式在加热摇杆臂时表面温度与时间的关系。从图 4-38 中可知，加热时间越长，表面温度越高。

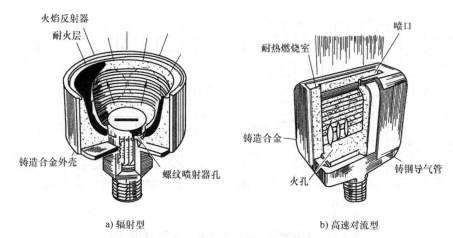

a) 辐射型　　　　　　b) 高速对流型

图 4-37　空气 - 燃料气烧嘴的结构

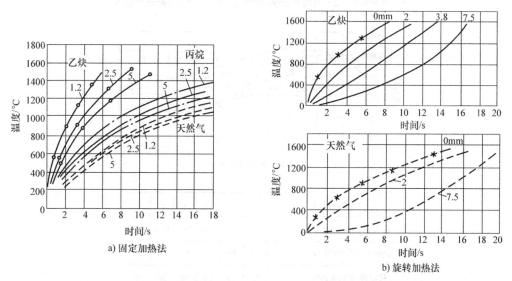

a) 固定加热法　　　　　　b) 旋转加热法

图 4-38　用不同加热方式加热摇杆臂时表面温度与加热时间的关系（图中数字为硬化层深）

在采用推进法时，工件表面温度取决于工件与烧嘴之间的相对移动速度，进给速度与加热时间成反比。当进给速度一定时，工件表面的实际加热时间与加热时的火焰宽度有关。例如，当火焰宽度为 25mm 时，工件表面上某一点的实际加热时间为 15s。图 4-39 所示为尺寸 25mm × 50mm × 100mm 的钢淬火试样，当烧嘴的移动速度为 75mm/min，烧嘴与工件表面距离为 8mm，实际加热时间与工件表面温度分布的关系。

图 4-39a 所示为火焰表面加热空冷后表层温度的变化，此时的表层温度始终比内层要高。

图 4-39b 所示为火焰表面加热后水淬时表层温度的分布曲线，加热到 60s 后开始水冷，此时表面温度急剧下降，65s 后表层温度已接近于内层温度，继续冷却到 100s 时温度趋于一致。这种温度分布将导致相变前的体积变化与马氏体相变在表层不同时间内发生，从而使热应力和组织应力增加。

烧嘴与工件之间的距离对表面加热温度亦有很大影响。从图 4-40 可以看到，当进给速度一定时，烧嘴距离若由 12mm 相对减小到 10mm 或 8mm，表面温度及淬火后的硬度均相应地升高。烧嘴与工件间距应维持在热效率最高的范围内，如前所述，使焰心顶端距工件表面 2～3mm 为佳。

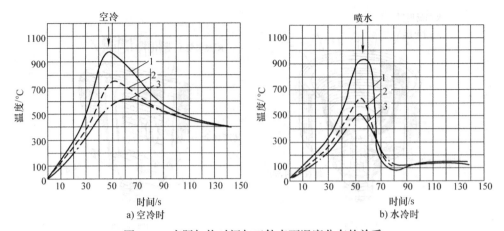

图 4-39　实际加热时间与工件表面温度分布的关系
1—表面温度　2—表面下 2mm 处温度　3—表面下 10mm 处温度

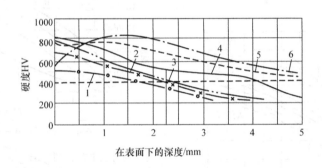

图中曲线号	1	2	3	4	5	6
在表面10mm下温度/℃	630	650	700	750	800	850
烧嘴与工件距离/mm	12	10	8	12	10	8
移动速度/mm/min	75	75	75	50	50	50

图 4-40　工件表面硬度与烧嘴距离及移动速度的关系
注：试样尺寸为 25mm×75mm×100mm，空冷。

　　图 4-41 所示为烧嘴与工件间距一定时，进给速度与淬火表面硬度的关系。当烧嘴移动速度太慢时，表面温度已达到过热状态，反而使淬火后硬度下降。

　　工件表面实际淬火温度还受到喷水嘴和烧嘴之间距离的影响，如图 4-42 所示。当该距离增大时，相当于延长了受热工件表面的预冷时间，即降低了实际淬火温度，不可取。

　　对于大型工件及导热性差的灰铸铁，在火焰表面淬火前应进行预热以缩短加热时间，同时又可以减少变形开裂倾向。

3. 火焰淬火硬化层深度的控制

　　火焰淬火后的硬化层深度主要取决于钢材的淬透性、工件尺寸、加热层深度及冷却条件等。当采用固定法或旋转法加热淬火时，提高加热温度，延长加热时间，都可以使加热层深度增加，硬化层增厚。应用推进法淬火时，则硬化层深度与移动速度有关。图 4-43 所示为在不同移动速度下导轨硬化层深度的变化。

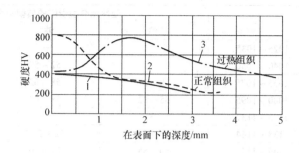

图中曲线号	1	2	3
烧嘴与工件距离/mm	12	12	12
移动速度/mm/min	100	75	50

图 4-41　火焰淬火时烧嘴与工件距离及移动速度与表面硬度的关系

注：试样尺寸为 25mm×75mm×100mm，空冷。

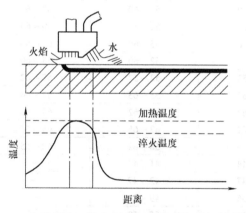

图 4-42　加热温度、淬火温度与水嘴和烧嘴间距之关系

图 4-43　不同移动速度时导轨的硬化层深度

（最右边 v=250mm/min，最左边：v=200mm/min）

由于火焰淬火加热速度比感应淬火加热要慢，所以过渡区较宽。

4．火焰淬火的加热速度

火焰淬火的加热速度主要由喷嘴尺寸及燃料单位消耗量或单位火焰功率确定。工件尺寸越大，要求硬化层越深，则需要增加喷嘴的外径（或总面积），以提高火焰的功率。

4.3.4　火焰淬火应用实例

火焰淬火尽管是一项比较古老的热处理技术，但在当今应用仍很广泛。表 4-32 列出了美国不同材料经火焰加热后，采用不同淬火冷却介质淬火后的硬度。表 4-33 列出了我国典型零件火焰淬火工艺。火焰淬火操作和注意事项见表 4-34。

表 4-32　钢与铸铁经火焰淬火后的硬度（AISI）

材料		受冷却介质影响的典型硬度 HRC		
		空气[1]	油[2]	水[2]
碳钢钢	1025 ~ 1035	—	—	33 ~ 50
	1040 ~ 1050	—	52 ~ 58	55 ~ 60
	1055 ~ 1075	50 ~ 60	58 ~ 62	60 ~ 63
	1080 ~ 1095	55 ~ 62	58 ~ 62	62 ~ 65
	1125 ~ 1137	—	—	45 ~ 55
	1138 ~ 1144	45 ~ 55	52 ~ 57[3]	55 ~ 62
	1146 ~ 1151	50 ~ 55	55 ~ 60	58 ~ 64
渗碳碳钢	1010 ~ 1020	50 ~ 60	58 ~ 62	62 ~ 65
	1108 ~ 1120	50 ~ 60	60 ~ 63	62 ~ 65
合金钢	1340 ~ 1345	45 ~ 55	52 ~ 57[3]	55 ~ 62
	3140 ~ 3145	50 ~ 60	55 ~ 60	60 ~ 64
	3350	55 ~ 60	58 ~ 62	63 ~ 65
	4063	55 ~ 60	61 ~ 63	63 ~ 65
	4130 ~ 4135	—	50 ~ 55	55 ~ 60
	4140 ~ 4145	52 ~ 56	52 ~ 56	55 ~ 60
	4147 ~ 4150	58 ~ 62	58 ~ 62	62 ~ 65
	4337 ~ 4340	53 ~ 57	53 ~ 57	60 ~ 63
	4347	56 ~ 60	56 ~ 60	62 ~ 65
	4640	52 ~ 56	52 ~ 56	60 ~ 63
	52100	55 ~ 60	55 ~ 60	62 ~ 64
	6150	—	52 ~ 60	55 ~ 60
	8630 ~ 8640	48 ~ 53	52 ~ 57	58 ~ 62
	8642 ~ 8660	55 ~ 63	55 ~ 63	62 ~ 64
渗碳合金钢[4]	3310	55 ~ 60	58 ~ 62	63 ~ 65
	4615 ~ 4620	58 ~ 62	62 ~ 65	64 ~ 66
	8615 ~ 8620	—	58 ~ 62	62 ~ 65
马氏体不锈钢	410 和 416	41 ~ 44	41 ~ 44	—
	414 和 431	42 ~ 47	42 ~ 47	—
	420	49 ~ 56	49 ~ 56	—
	440（典型的）	55 ~ 59	55 ~ 59	—
铸铁（ASTM）	30	—	43 ~ 48	43 ~ 48
	40	—	48 ~ 52	48 ~ 52
	45010	—	35 ~ 43	35 ~ 45
	50007、53004 60003	—	52 ~ 56	55 ~ 60
	80002	52 ~ 56	56 ~ 59	56 ~ 61
	64-45-15	—	—	35 ~ 45
	80-60-03	—	52 ~ 56	55 ~ 60

注：1. AISI——美国钢铁协会标准。

　　2. ASTM——美国材料与试验协会标准。

[1] 为了获得表中的硬度值，在加热过程中，那些未直接加热区域必须保持相对冷态。

[2] 薄的部位在淬油或淬水时易开裂。

[3] 经旋转和旋转 - 连续复合加热，材料的硬度比经连续式、定点式加热材料的硬度稍低。

[4] $w(C)$ 为 0.90% ~ 1.10% 渗碳层表面的硬度值。

表 4-33　典型零件火焰淬火工艺

工件名称	材料	加热方式	加热时间/min	淬硬层深度/mm	硬度HRC	氧气压力/MPa	乙炔压力/MPa	氧气消耗/(m³/h)	乙炔消耗/(m³/h)	工件至焰心距离/mm	推进速度(mm/min)或旋转速度(r/min)
喷抛机圆盘	40Cr	旋转式	1.5	2	56	1.2	0.05	3.1	2.6	5	300
大齿轮	45	旋转推进式	0.66/齿	3	58	1.0	0.1	1.5	1.29	2	手动
齿轮	45	旋转移动式	3	5	58	1.2	0.08	5.5	3.9	4	60
大链轮	45	旋转浸液式	0.13	3	58	0.8	0.08	1.5	1.29	1	手动
送料轮	40Cr	旋转式	4	3	57	0.8	0.1	1.5	1.29	1	160
轧辊	45	旋转推进式	30	2	58	1.5	0.08	3.1	2.6	5	110
上压阀	50Mn	旋转式	16	3	55	0.8	0.08	1.5	1.29	2	250
阀板	2Cr13	旋转移动式	0.33	4	52	1.0	0.1	5.5	3.9	—	60~30
钳口板	45	平面推进式	1	2	60	0.8	0.05	3.1	2.6	5	160
裁刀	60Si2Mn	蟹钳推进式	2.5	5	64	1.0	0.08	1.5	1.29	3~4	160
滚轮	ZG340-640	滚动式	20	2	58	0.8	0.08	3.1	2.6	5	40

表 4-34　火焰淬火操作和注意事项

项目	具体内容
淬火前的准备	1）工件须经调质、正火等预备热处理 2）工件表面不允许有氧化皮、污垢、油迹等 3）表面有严重脱碳、裂纹、砂眼、气孔的工件不能进行火焰淬火
火焰预热	铸钢、铸铁、合金钢件可用淬火喷嘴以较小火焰把工件缓慢加热至300~500℃，防止开裂 钢件淬火温度取Ac_3+（80~100）℃，铸铁件淬火温度取730℃+28×w(Si)℃-25×w(Mn)℃
火焰强度	1）常用燃气为乙炔和氧气，乙炔和氧气之比以（1∶1.5）~（1∶1.25）最好 2）氧气压力为0.2~0.5MPa，乙炔压力为0.003~0.007MPa（浮筒式乙炔发生器压力为0.006MPa即可），一般火焰呈蓝色中性为好 3）煤气使用压力为0.003MPa，丙烷气压力为0.005~0.01MPa
火焰和工件距离	1）轴类工件一般为8~15mm，大件取下限近些，形状复杂小件取上限远些 2）模数小于8mm的齿轮同时加热淬火时喷嘴焰心与齿顶距离以18mm为佳，齿轮的圆形线速度<6m/min 3）齿轮单齿依次淬火时，焰心距离齿面2~4mm
喷嘴或工件移动速度	1）旋转法：线速度为50~200mm/min 2）推进法：线速度为100~180min/min
火焰中心与喷水孔距离	1）连续淬火：10~20mm，太近，水易溅火灭。太远，淬硬层不足或过深 2）喷水柱应向后倾斜10º~30º，喷水孔和喷火孔间应有隔板
淬火冷却介质	1）自来水，水压在200~300kPa 2）合金钢形状复杂用30~40℃温水、聚乙烯醇水溶液、油、乳化液、压缩空气、喷雾等
回火	炉中回火180~220℃，1.5~2h，大工件可以自行回火（冷至300℃左右）

4.4 激光淬火与电子束淬火工艺设计

4.4.1 激光淬火的工艺特点

激光具有高度的单色性、相干性、方向性和亮度，是一种聚焦性好，功率密度高、易于控制、能在大气中远距离传输的热源。激光在传输过程中是高度准直的，能够远距离传输而不显著扩束，并能聚焦在一个小的光斑内。激光束的发散角可以小到几毫弧度，光束基本上是平行的。大功率激光器发射出的光束通过聚焦能获得很高的能量密度和功率密度（$> 10^9 W/cm^2$）。激光束辐射到材料表面时，与材料的互相作用可分为几个阶段：激光被材料表面吸收转变成热能、表面材料受热升温、发生固态相变或熔化、辐射移去后材料冷却。根据激光辐射材料表面的功率密度、辐射时间与方式不同，激光热处理包括激光相变硬化、激光快速凝固化、表面合金化和熔覆等。激光热处理具有如下工艺特点：

1）能快速加热并快速冷却。在 $10^{-7} \sim 10^{-9} s$ 之内，就能使受作用的金属表面深度内达到局部热平衡，此时的温度升高速率是 $10^{10} ℃/s$。由于金属本身是优良的导热体，可使该热处理层急速冷却，只要工件有足够的质量，在没有附加冷却的条件下，冷速可达 $10^3 ℃/s$，节能环保，符合节能减排大方向。

2）表面精确加热可控。通过导光系统，激光束可以一定尺寸的束斑准确地照射到工件很小的局部表面，并且加热区与基体的过渡层很窄，基本上不影响处理区以外基体的组织和性能。特别适合于形状复杂、体积大、精加工后不易采用其他方法强化的工件，如拐角、沟槽、不通孔底部等区域的热处理。

3）与传统的淬火工艺相比，工件微变形或不变形，后续加工余量小，有些工件淬火后可直接使用。

4）能精确地控制加工条件，可以实现在线加工，也易于和计算机连接，实现自动化操作。

5）淬火硬度比普通淬火方法高，淬火层组织细密、韧性好，使金属材料具有更高的耐疲劳性能。

6）生产率高，质量稳定可靠。

7）处理方法简单易行，激光时间短暂，工艺可靠性强，有利于流水线大批量作业。

8）成本低，淬火清洁，淬火自冷，不需要任何淬火冷却介质。

4.4.2 激光淬火前的预处理方法

激光淬火常用的预处理方法有碳素法、磷化法和油漆法等。发黑涂料有碳素墨汁、胶体石墨、磷酸盐、黑色丙烯酸、氨基屏光漆等。此外，也可以利用线偏振光大入射角来增强激光的吸收，有利于淬火质量的稳定和提高。

（1）磷化法 该法是将清洗干净的工件置于磷酸盐为主的溶液中，浸渍或加温后获得磷化膜的方法，有磷酸锰法和磷酸锌法。

磷酸锰法使用的主要原料是马日夫盐，其成分以 $Mn(H_2PO_4)_2$ 为主。要求简单的只用马日夫盐 15%（质量分数）的溶液，在（$80 \sim 98$）℃ × （$15 \sim 40$）min 条件下处理即可。处理后的磷化膜由 $Fe(H_2PO_4)_2$ 和 $Mn_3(PO_4)_2$ 组成，表面为呈深灰色的绒状。

磷酸锌法使用的主要原料为 $Zn(H_2PO_4)_2$，可以在室温下浸渍，加温后磷化速度更快。处理后表面为呈深褐色的绒状，膜厚约 $10\mu m$，单位面积上的膜重约为 $0.1g/m^2$。

磷化法的主要优点是处理方法简便、效果好，适于大批量生产，并可根据磷化膜在激光束照射后的状态，判断激光硬化质量。若硬化条中间部分呈黑亮色，在两边各有一个狭细的白色带，则可初步判断相变硬化是成功的。黑色部分相当于受热 800℃以上已进行过硬化区域；狭长白色带相当于受热 350℃以下磷化膜析出部分结晶水的区域。如果中间颜色较浅，两边的白色带很宽时，为激光功率密度不足未得到硬化或未得到完全硬化现象。如果白带特别宽，仅中间有一狭条颜色很深并且有小型黑色圆球时，表示已接近或发生了极轻微的熔化。中间呈深色且呈焊波状说明表层已经发生熔化了。

磷化膜对工件有防蚀及减摩作用，在很多情况下，激光处理后即可安装使用，无须清除。

磷化法适用于碳素钢及各种铸铁，对于高合金钢如 4Cr13 不锈钢等，磷化膜层很薄，效果不佳。

（2）碳素法　包括用碳素墨汁、普通墨汁或者碳素黑胶体石墨悬浮于一定黏结剂的溶液中，用涂或喷涂的方法施加在清洁的工件表面上。其特点是适应性强，能涂在任何材料上，还可以在大工件的局部涂敷，吸收激光亦较好；不足之处是不易涂得很均匀，激光照射时，炭燃烧产生烟雾及光亮，效果有时不太稳定，有时会对材料有增碳效果。

（3）油漆法　用黑色油漆涂抹在工件表面，对 $10.6\mu m$ 的激光有较强的吸收能力。它对钢铁表面有较强的附着力，又便于涂敷，易于得到均匀的表面。吸收效果虽然比磷化法稍微差了一点，但比较稳定，能适合任何钢铁材料。油漆法的缺点是照射时有烟雾和气味，不易清除。

（4）其他方法　除了上述三种预处理方法外，还有一些方法如真空溅射钨、氧化铜等，对 $10.6\mu m$ 激光的吸收率非常高，但在实际生产中却很少采用。

表 4-35 列出了经过处理后的表面对 CO_2 激光器的光谱反射比，可供参考。

表 4-36 列出了不同黑化处理对 45 钢和 42CrMo 钢激光表面淬火效果的影响。

表 4-35　钢的各种表面吸收层对 CO_2 激光的光谱反射比典型值

表面层	砂纸打磨 $1\mu m$	喷砂 $19\mu m$	喷砂 $50\mu m$	氧化	石墨	二硫化钼	高温油漆	磷化处理
光谱反射比（%）	92.1	31.8	21.8	10.5	22.7	10.0	2～3	23

表 4-36　不同黑化处理对 45 钢和 42CrMo 钢激光表面淬火效果的影响

牌号	黑化处理	淬硬层深度 /mm	淬硬带宽度 /mm	硬度 HV	淬硬层组织
45	氧化	0.19～0.20	1.08～1.10	542	细针状马氏体
	磷化	0.22～0.27	1.10～1.23	542	细针状马氏体
	涂磷酸盐	0.25～0.31	1.18～1.35	585	细针状马氏体
42CrMo	氧化	≈0.25	1.30	842	隐针马氏体
	磷化	≈0.35	1.53	642	隐针马氏体
	涂磷酸盐	≈0.35	1.64	642	隐针马氏体

几种不同的激光热处理不同特点列于表 4-37。

表 4-37　几种激光热处理的工艺特点

工艺特点	处理目的	措　施	功率密度 / (W/cm²)	处理效果	应　用
表面相变硬化	获得淬火组织	表面薄层加热至奥氏体化	$10^3 \sim 10^5$	获得细针状马氏体组织	合金钢、铸铁
激光非晶化	使工件表层结构变为非晶态	同上，但须提高冷却速度（附加冷却），采用脉冲激光加热	$> 10^7$	表层为白亮的非晶态结构，强度及塑性均提高，还可获得某些特殊性能	碳素钢、不锈钢、球墨铸铁
激光涂覆	工件表面覆盖一层金属或碳化物	在保护气氛下使施加于工件表面的金属或碳化物粉末熔化	$10^5 \sim 10^7$	覆盖层与基体结合良好，其中所含元素不会被基体稀释，畸变小	碳素钢、不锈钢、球墨铸铁
激光合金化①	改变工件表层的化学成分以获得特定性能	通过电镀、溅射或放置粉末、箔、丝等合金化材料，在保护气氛下加热并保温，使合金化材料与工件表层熔融结合	$10^5 \sim 10^9$	合金化表层晶粒细小，成分均匀	各种金属材料均可应用
激光冲击硬化	利用激光照射产生的应力波使工件表层加工硬化	使用脉冲激光并在工件表层涂覆一层可透过激光的物质（例如石英）	$(1 \sim 2) \times 10^9$	提高疲劳强度及表面硬度	齿轮、轴承等精加工后的非平面表面
激光上釉	改善铸件表层组织	表面薄层加热至熔点以上	$10^5 \sim 10^7$	晶粒细化、成分均匀化、疲劳强度、耐蚀性、耐磨性均提高	耐酸铸造合金、高速钢

　　① 为防止合金化层开裂，处理前应预热工件，处理后应退火。

4.4.3　激光表面加热相变硬化

　　对于钢铁材料而言，激光相变硬化是固态下经受激光辐照，其表面被迅速加热至奥氏体化温度以上，在激光停止照射后快速从淬火温度自冷得到马氏体组织的一种工艺方法，所以称之为激光淬火，应用非常广泛。工程上应用激光淬火的材料有珠光体灰铸铁、铁素体灰铸铁、球墨铸铁、碳素钢、合金钢和马氏体不锈钢等，近年来在高速钢等高合金工具钢中亦有应用。此外，在铝合金等材料上也进行了成功的应用。激光单道扫描后典型的硬化层深度为 $0.5 \sim 1.0$mm，宽度为 $2 \sim 20$mm。激光相变硬化的主要目的是在工件表面形成有选择性的局部硬化带以提高耐磨性，还可以通过在表面产生压应力来提高疲劳强度。工艺的特点如前所述，简单易行，淬火强化后工件表面光洁、畸变甚微。硬化层有很高的硬度，一般不需要加工可直接使用，同时不需要回火即能应用。激光淬火特别适用于形状复杂、体积大、精加工后不易采用其他方法强化的零件。

　　1. 激光相变硬化层的性能

　　（1）硬度　经实践证明，钢铁材料激光相变硬化层的硬度比常规淬火高 $3 \sim 5$HRC。图 4-44 所示为 20 钢、45 钢、T9 钢经激光相变硬化后所得的沿截面的硬度分布曲线。不难看出，激光淬火硬度都比普通淬火要高。硬度提高的原因是：激光相变硬化后形成的位错密度比常规淬火位错密度高，且马氏体组织极细。

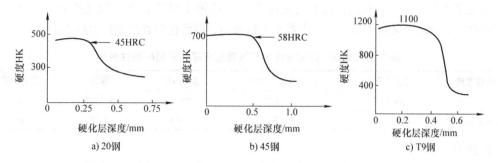

图 4-44　各种钢经激光淬火后沿硬化层截面深度的硬度分布

表 4-38、表 4-39 分别列出了 45 钢和 42CrMo 钢经激光淬火后的效果。

表 4-38　45 钢经激光淬火后的效果

速度 /（mm/min）	功率 /W	硬化层深度 /mm
510	2500	0.52
510	3000	1.02
510	3600	1.37
760	3000	0.24
760	3600	0.66
760	4150	1.24

表 4-39　42CrMo 钢激光表面淬火效果

黑化处理	淬火层深度 /mm	淬火带宽度 /mm	硬度 HV	淬火组织
氧化	≈0.25	1.3	842	隐针细针马氏体
磷化	≈0.35	1.53	642	隐针细针马氏体
涂磷酸锰	≈0.35	1.64	642	隐针细针马氏体

注：激光器工作电流 25～30mA，电压 100V；扫描速度 6mm/s；试样表面离焦距 +15mm。

（2）耐磨性　工件激光淬火后的硬度比常规热处理高，而取决于硬度和组织的耐磨性也较好，可比淬火＋低温回火和淬火＋高温回火后的分别提高 0.5 倍和 15 倍。用激光淬火后与未激光淬火的 AISI1045（45）钢制品，在销盘试验机上进行磨损对比试验，其结果令人满意。

在 MM200 型磨损试验机上测定了四种钢材激光淬火试样的耐磨性，并与普通热处理试样做了对比，结果见表 4-40。磨损试样尺寸为 10mm×10mm×20mm，激光淬火区尺寸为 3mm×20mm，滚压螺线轮 Cr12MoV 钢硬度为 60～62HRC，转速为 20r/min，加载 1470N（150kgf）压力，注油润滑。可以看出，激光淬火试样的耐磨性比淬火＋低温回火、淬火＋高温回火试样分别高出 50% 和 15 倍左右。

表 4-40　激光淬火和普通热处理试样耐磨性对比

牌号	磨损体积 /mm³		
	激光淬火	淬火＋低温回火	淬火＋高温回火
45	0.015	0.161	2.232
T12	0.082	0.131	—
18Cr2Ni4WA	0.386	0.837	0.232
40CrNiMoA	0.064	0.082	1.047

激光淬火与感应淬火相比，耐磨性也较高。SK85钢（相当于T9）激光淬火与高频表面淬火磨损对比试验结果见表4-41。从表中数据可以看出，前者比后者耐磨性提高1倍。

表 4-41　SK85 钢激光淬火与高频感应淬火表面耐磨性对比

处理方法	硬度 HRC	淬火深度 /mm	负荷 /N	擦伤	磨耗损失
激光淬火	64 ~ 67	0.7 ~ 0.9	989.8	未出现	0.5
高频感应淬火	60 ~ 63	2 ~ 3	989.8	出现	1.0

2. 应用

（1）铸铁转向器壳体　整体先经磷化处理，在内壁规定部位处理5个硬化条，每根硬化条宽度为1.5 ~ 2.5mm，深度为0.25 ~ 0.35mm。经激光淬火后，耐磨性提高近10倍。

（2）精密异性导轨面　上海某光学仪器厂生产的KS-63导轨，原采用20钢镀铜→渗碳→淬火→回火工序。现改为45钢激光淬火，硬化层深度0.4mm，弯曲 < 0.10mm，硬度达58 ~ 62HRC。经台架磨损试验滑动2万次，表面完好无损，已用于生产，每年至少节约成本10万元以上。

（3）发动机用缸套　为了提高缸套的耐磨性，增加发动机的使用寿命，用激光对铸铁缸套内壁以螺旋线进行扫描，使内壁约有40%的面积被激光淬火。经磨损试验表明，激光淬火后的表面在提高耐磨性和耐蚀性方面都非常优越。

（4）锭杆　GCr15钢制锭杆经激光淬火后，锭杆的尖部形成冠状硬化区，硬度高于900HV，硬化区的轴向深度 > 0.5mm，在对比试验中使用寿命比常规处理提高1倍多。

（5）齿轮　采用宽带激光淬火对40Cr钢制轧钢机三重箱齿轮试验表明，激光硬化层深度为1.2 ~ 1.4mm，宽度为20mm，表面硬度为55 ~ 60HRC，心部硬度为30 ~ 35HRC，获得满意的效果。

（6）冷作模具　对Cr12、T10等钢制作的冷模具，采用激光淬火后较常规处理寿命可提高0.33 ~ 9倍。

现在激光淬火较为普及，应用的范围越来越广，实例很多，诸如凸轮、主轴、曲轴、凸轮轴等的制造，都应用了激光淬火。表4-42列出了一些零件激光淬火工艺，很有参考价值。

表 4-42　典型零件激光加热表面热处理工艺及应用效果

编号	零件名称	材料及状态	激光处理工艺	优点或效果
1	梳棉用针布	60钢、65Mn钢有的还含Cr，齿高1mm，齿根宽0.5mm、齿距0.75mm，齿尖厚度0.13mm，下部有高1.3mm、厚0.8mm长带托着齿，长度可达数千米	30W激光器，扫描速度12 ~ 21.4m/min（要求12m/min以上），仅要求齿硬，底托必须经软处理后使齿尖硬度达800 ~ 950HV，组织为马氏体	比原用火焰法质量及稳定性均高，耐用性好。火焰法对短齿针布无法处理，而激光法能很好解决
2	油压继电器内杠杆上的小窝	40Cr钢要求小窝底硬度42HRC以上	125W激光器，光斑约 ϕ0.7mm 静止照射10s	原工艺为火焰淬火，加热面积大，变形大，工艺不易掌握。激光淬火后，组织为马氏体，硬度650 ~ 700HV（相当于57HRC），基体280HV（相当于28HRC），硬化层不论在位置、尺寸及硬度方面均符合要求

（续）

编号	零件名称	材料及状态	激光处理工艺	优点或效果
3	大型内燃发动机阀杆锁夹	42CrMo 钢一般在调质后精加工状态下使用	用 152W 激光束纵向处理 4 条深 0.2mm，宽 1.2mm 的硬化条	硬化条硬度 700～780HV，耐用性大为提高，未处理的运行 12.5×10⁴km（约 2000h）后，内部凸出的棱边均已磨平，而经激光处理的很少变化
4	汽车曲轴	铸造球墨铸铁	在圆弧处照射	硬度提高到 55～62HRC，硬化层均匀，耐磨性有很大提高
5	凸轮轴	铸铁	用 10kW 激光器，层深 1mm，每小时处理 70 根，不需后加工	变形小于 0.13mm，硬度 60HRC，硬化层均匀，耐磨性有很大提高
6	花键轴	钢	10kW，12.7mm/s	齿面及齿根硬化均匀
7	阀杆导孔	灰铸铁	400W 激光处理较小内孔	得到硬度高的马氏体，提高耐磨性，变形很小
8	活塞环（各种尺寸）	铸铁或低合金铸铁	在环面上用激光加热相变硬化或熔化 - 凝固处理，处理后仅磨光即可	汽车活塞环耐磨性提高一倍，不拉缸，同时缸壁磨损量下降 35%，现已有激光自动表面强化机在使用中，汽车汽室活塞环耐磨性提高 2～3 倍，同时汽室套偏磨量减小到 1/3～1/2
9	活塞环槽侧面	灰铸铁或球墨铸铁	3kW，50s	此处其他方法难以进行，用激光可以很容易地硬化，提高耐用性
10	各种小型气缸套	灰铸铁或合金铸铁	激光相变硬化或带微熔，在上止点下一定宽度进行螺旋条状扫描	比用硼铸铁等成本低，耐磨性比硼缸套提高 32%～61%，具有较高技术经济效益
11	精密仪器 V 形导轨	45 钢	激光相变硬化纵向数条	较原来渗碳工艺减少工序，变形极小，成品率提高
12	针织机针筒	45 钢	仅在针槽部位硬化数条环	因工件为大直径薄空筒，整体淬火及渗碳极易变形，废品率高，如不硬化则极不耐用
13	大型内燃机弹性连接主片	50CrV	用激光相变硬化，硬化层深 0.4～0.5mm，隐针或细针状马氏体	硬化层深 0.4～0.5mm，硬度 >800HV，变形很小，仅 0.02mm。和 38CrMoA1 材质的花键轴对磨，用高频感应淬火时，变形大，热影响区大，使弹性下降，激光处理能局部硬化，避免了这些缺点
14	各种瓦垄板用波纹辊	包括瓦垄或其他瓦垄板用，钢制	纸板用 1.2kW 激光器，仅处理瓦垄的冠部	深度 1mm，硬度 60～63HRC。辊长 3.05m，辊重 1200kg。整体法和其他表面处理均变形大，成本高。激光处理能大大降低成本
15	各种齿轮	各种钢	仅对齿面进行激光加热处理	耗能小、变形小、硬化轮廓合理，一般不需再磨削

（续）

编号	零件名称	材料及状态	激光处理工艺	优点或效果
16	石油井管内壁	钢制，内壁受到钻杆的磨损	用激光在内壁处理成交叉螺纹	一般处理方法是不可能的，而激光能做到，并且变形及弯曲均很小，可以大大提高耐磨性，延长使用寿命
17	舰艇用火箭发射安全凸轮	AISI 4030 钢	在数控工作台上，扫描 6mm 的条，并互搭，深 0.38 ~ 0.43mm，互搭区深 0.22 ~ 0.25mm	硬度 62HRC，互搭区很狭，硬度 51HRC，变形很小（＜0.03mm）。原来用碳氮共渗法，处理时间为 24h，并有环境污染问题。用激光法后耐磨性及耐蚀性均能满足要求，且能降低成本
18	M-1 或 M60 战车零件（T 142 端头联结器）	AISI 1140	5000W 激光相变硬化每个零件仅用 60s	硬度 55HRC，层深＜5mm。由于激光可精密并较深地使需要的局部硬化，使得它在恶劣的使用条件下格外耐用
19	电动打字机键杆托	钢制，需硬化部位宽 1mm、3mm	1.2kW 激光聚焦，光斑 ϕ3mm。将许多个夹在一起扫描处理	由于对处理部位要求严，变形须小，要求硬度 58HRC 等，采用一般方法非常困难，激光则非常适合，能很容易地解决
20	压缩机用螺旋塞	钢	用激光仅处理和套接触的螺旋顶边	变形极小，不需后加工，可以顶两个用
21	电推子齿板	$w(C)$ 为 0.7% 碳素钢	用 500W 激光，遮住太细的齿尖，扫描硬化	3s 热处理一个，硬度达 60HRC，效率高，变形小。而采用常用方法变形大，齿尖脆化

4.4.4　电子束淬火

电子束加热与激光加热的区别在于电子束加热是在真空室（＜0.666Pa）内进行的。电子束的最大功率可达 10^9W/cm²，如此高的功率密度作用于金属表面，可在极短的时间内将金属表面熔化。因此，电子束淬火与激光淬火一样，具有很高的加热和冷却速度，淬火可获得超细晶粒组织，是很有发展前途的表面热处理新工艺。

利用电子束进行加热表面淬火时，一般都通过散焦方式将功率密度控制在 10^4 ~ 10^5W/cm²，加热速度为 10^3 ~ 10^5℃/s。

加热时电子束以很高的速度轰击金属表面，电子和金属材料中的原子相碰撞，给原子以能量，使受轰击的金属表面温度迅速升高，并在被加热层同基体之间形成很大的温度梯度。金属表面被加热到相变点以上的温度时，基体仍保持原始冷态，电子束轰击一旦停止，热能即迅速向冷态基体扩散，从而获得很高的冷却速度，使被加热金属表面进行"自淬火"。

对 45、T7、2Cr13 及 GCr15 等钢进行电子束淬火试验，结果表明：T7 钢淬硬层的硬度均大于 66HRC，最高可达 67 ~ 68HRC；45 钢硬度可达 62.5HRC，最高可达到 65HRC。表 4-43 为典型的电子束淬火工艺参数。图 4-45 所示为 45 钢在试样移动速度为 10mm/s 情况下的硬度分布曲线。图 4-46 为 20Cr13 钢在试样移动速度为 5mm/s 情况下的硬度分布曲线。

表 4-43　电子束淬火工艺参数

序号	材料	束斑尺寸 / mm	加速电压 / kV	束流 /mA				试样移动速度 / (mm/s)
				1	2	3	4	
1	45	8 × 6	50	35	37	33	40	5
2	45	8 × 6	50	45	47	43	41	10
3	45	8 × 6	50	55	57	53	51	20
4	45	8 × 6	50	65	67	63	61	30
5	45	8 × 6	50	70	70	—	—	40
6	20Cr13	8 × 6	50	35	37	45		5
7	20Cr13	8 × 6	50	45	49	47		10
8	20Cr13	8 × 6	50	55	57	59		20
9	20Cr13	8 × 6	50	65	63	61		30
10	20Cr13	8 × 6	50	69	69	—	—	40

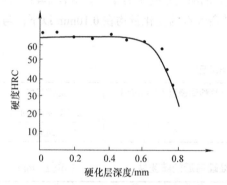

图 4-45　45 钢沿硬化层深度的硬度分布曲线　　图 4-46　20Cr13 钢沿硬化层深度的硬度分布曲线

图 4-47 所示为 20Cr13、45 钢的硬度及硬化层深度与加热速度之间的关系曲线。表 4-44 为 42CrMo 钢电子束淬火效果。

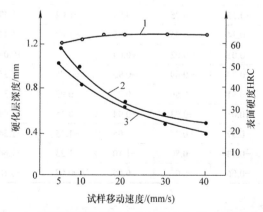

图 4-47　硬度及硬化层深度与加热速度之间的关系曲线

1—45 钢硬度曲线　2—45 钢硬化深度曲线　3—20Cr13 钢硬化深度曲线

表 4-44　42CrMo 钢电子束淬火效果

序号	加速电压 /kV	束流 / mA	聚焦电流 /mA	电子束功率 /kW	淬火带宽度 /mm	硬化层深度 /mm	硬度 HV	表层金相组织
1	60	15	500	0.90	2.4	0.35	627	细针马氏体 5~6 级
2	60	16	500	0.96	2.5	0.35	690	隐针马氏体
3	60	18	500	1.08	2.9	0.45	657	隐针马氏体
4	60	20	500	1.20	3.0	0.48	690	针状马氏体 4~5 级
5	60	25	500	1.50	3.6	0.80	642	针状马氏体 4 级
6	60	30	500	1.80	5.0	1.55	606	针状马氏体 2 级

　　电子束淬火曾用于汽轮机末级叶片表面淬火，叶片移动速度为 5mm/s，这样可以保证硬化层深度在 0.5mm 以上，大多在 1mm 左右。由于强化部位在叶片进气边的边缘，采用一次处理，叶片侧面不易硬化，可以采用两次处理的方法，首先处理侧面，然后再处理背弧面。叶片处理工艺见表 4-45。

　　电子束淬火畸变很小，汽轮机叶片电子束淬火前后的畸变量列于表 4-46。由表 4-46 可以看出，只有 1303 号叶片的第 5 点变化量在 0.15mm，其余各点的变化量均在 0.10mm 以下，与其他表面淬火工艺相比，畸变小得多。

表 4-45　叶片处理工艺

处理部位	加速电压 /kV	束流 /mA	束斑尺寸 /mm	叶片移动速度 / (mm/s)	后道工序
侧面	50	36~46	15×8	5	235℃ ×3h 回火
背弧面	50	40~54	25×8	5	回火

表 4-46　汽轮机叶片电子束处理前后的畸变量　　　　　（单位：mm）

汽轮机叶片			测试点						
		1	2	3	4	5	6	7	8
1301	处理前	0	−0.25	−0.45	−0.62	−0.52	−0.81	−1.57	−0.44
	处理后	0	−0.21	−0.39	−0.55	−0.46	−0.77	−1.53	−0.45
	畸变量	0	+0.04	+0.06	+0.07	+0.06	+0.04	+0.04	−0.01
1302	处理前	0	−0.35	−0.75	−0.99	−1.02	−1.47	−2.30	−1.50
	处理后	0	−0.34	−0.73	−0.95	−1.02	−1.44	−2.26	−1.49
	畸变量	0	+0.01	+0.02	+0.04	0	+0.03	+0.04	+0.01
1303	处理前	0	−0.34	−0.69	−0.95	−0.75	−1.38	−2.17	−1.34
	处理后	0	−0.31	−0.66	−0.91	−0.90	−1.34	−2.19	−1.35
	畸变量	0	+0.03	+0.03	+0.04	−0.15	+0.04	−0.02	−0.01
1304	处理前	0	−0.37	−0.77	−1.05	−1.15	−1.54	−2.41	−1.18
	处理后	0	−0.43	−0.80	−1.10	−1.23	−1.64	−2.50	−1.22
	畸变量	0	−0.06	−0.03	−0.05	−0.08	−0.10	−0.09	−0.04

第5章

化学热处理工艺设计

5.1 钢的渗碳

渗碳是当今世界上应用最广泛的一种化学热处理工艺方法。所谓渗碳就是把渗件置于850 ~ 950℃富碳的活性介质中，一定的时间后，使渗碳介质在工件表面产生活性碳原子，经过表面吸收和扩散而渗入工件表层，从而使表面的 $w(C)$ 达到0.9%（质量分数）左右的热处理工艺。渗碳后再通过淬火或淬火 + 低温回火，借以提高工件表面的硬度、耐磨性和疲劳强度，同时又使心部保持一定的强度和良好的韧性，真可谓一举两得。

通过渗碳及随后的热处理，可使工件获得优良的综合力学性能。采用此工艺主要的优点是：即可以大幅度提高工件的使用寿命，又能节约贵重的钢材。目前在机械行业，对于要求表面耐磨、疲劳强度高，而心部又要求较高强度和韧性的结构件，如齿轮、曲轴、活塞销、轴套、防滑链、摩擦片以及量块塞规等，大多采用低碳钢或低碳合金结构钢加工成形后，进行渗碳、淬火和低温回火的工艺方法制造，特殊情况下，模具钢和高速钢也可以进行渗碳处理，满足特定情况下服役的工模具需求。

钢的渗碳和其他任何化学热处理一样，由分解、吸收、扩散3个基本过程组成，这3个基本过程是同时发生且密切相关的。

（1）分解　在一定的工艺条件下，渗剂经过化学反应形成一定的内部气氛，提供活性物质或原子。如煤油或甲醇 + 丙酮进行渗碳处理，滴入的渗剂在900℃左右的渗碳温度下，发生裂解产生 CO、N_2、CO_2、CH_4、H_2O 等组成的气氛。钢表面会自动把周围气氛中的分子、离子或活性原子吸附到自己的表面，在吸附时，铁原子或分解产生的活性原子有催化作用。气氛中的其他原子相互碰撞时，或由于钢本身的热振动，在一定能量条件下就会发生化学反应，同时析出所需要的活性原子。渗剂分解反应的速度主要取决于反应的本身，也与温度、浓度、压力及催渗剂等因素有关。

（2）吸收　分解反应析出的活性原子，在符合一定的热力学及动力学条件下，就可以通过溶解或化合成化合物形式进入金属表面，即被吸收。

活性原子生存的时间极为短暂，如果其能量不足，或金属表面有氧化物等杂质的阻碍作用，或其他原因造成吸收过程的迟滞，将会使这部分活性原子发生其他反应而失去活性，不会进入金属的表面，故不是全部的活性原子都能被吸收。吸收过程的强弱，与活性介质的分解速度、渗入元素的性质、扩散的速度、钢的成分及表面状态等因素有关。

（3）扩散　渗入元素的活性原子被工件的表面吸收和溶解后，提高了渗入元素在表面层的浓度，形成了心部与表面的浓度梯度，在浓度梯度和温度的共同作用下，原子会自发地沿着浓度梯度下降的方向做定向移动，形成一定厚度的扩散层（渗层）。对渗碳层的要求见表5-1。

表 5-1　对渗碳层的要求

项目	说　明
表面碳浓度	一般情况下，应将表面碳浓度 $w(C)$ 控制在 0.85% ～ 1.05%，控制轴线为 0.90%；汽车防滑链构件渗碳浓度略低于这个指标
碳浓度梯度	碳浓度梯度的下降应平缓，以利于渗碳层与心部的结合，否则会在使用中产生剥落现象
渗层组织	表面层的碳浓度最高，为过共析层（组织为珠光体 + 碳化物），次层为共析层（组织为珠光体）；再次层为亚共析层，即为过渡层（组织为珠光体 + 铁素体）；心部为原始组织

渗碳层深度	渗碳层深度一般为工件半径或齿厚的10% ～ 20%；汽车防滑链工件渗碳层深度为工件直径的5% ～ 10%，但心部要求硬度高；齿轮渗碳层深度与模数的关系如下					
	模数 /mm	1.6 ～ 2.25	2.5 ～ 3.5	4 ～ 5.5	6 ～ 10	11 ～ 12	14 ～ 18
	渗碳层深度 /mm	0.3 ± 0.1	0.5 ± 0.2	0.8 ± 0.3	1.2 ± 0.3	1.5 ± 0.4	1.8 ± 0.3

渗碳层硬度	渗碳淬火后，表面硬度一般为 58 ～ 63HRC，受力较大的工件，心部硬度为 29 ～ 43HRC，含 B 钢渗碳淬火回火后，心部要求 40 ～ 49HRC

5.1.1　气体渗碳

气体渗碳是目前国内外应用最多的渗碳工艺方法。它是采用液体或气体碳氢化合物作为渗碳剂，其中以滴注式气体渗碳为应用最广泛的渗碳方法。该方法是将工件置于密封的加热炉内，滴入煤油、甲醇等有机液体。常用有机液体的渗碳特性见表 5-2。

表 5-2　常用有机液体的渗碳特性

名称	分子式	相对分子质量	碳当量 /(g/mol)	碳氧比	产气量 /(L/mL)	渗碳反应式	作用
甲醇	CH_3OH	32	—	1	1.66	$CH_3OH \rightarrow CO + 2H_2$	稀释剂
乙醇	C_2H_5OH	46	46	2	1.55	$C_2H_5OH \rightarrow [C] + CO + 3H_2$	渗碳剂
异丙醇	C_3H_7OH	60	30	3	1.46	$C_3H_7OH \rightarrow 2[C] + CO + 4H_2$	强渗碳剂
乙酸乙酯	$CH_3COOC_2H_5$	88	44	2	1.37	$CH_3COOC_2H_5 \rightarrow 2[C] + 2CO + 4H_2$	渗碳剂
甲烷	CH_4	16	16	—	—	$CH_4 \rightarrow [C] + 2H_2$	强渗碳剂
丙烷	C_3H_8	44	14.7	—	—	$C_3H_8 \rightarrow 3[C] + 4H_2$	强渗碳剂
丙酮	CH_3COCH_3	58	29	3	1.23	$CH_3COCH_3 \rightarrow 2[C] + CO + 3H_2$	强渗碳剂
乙醚	$C_2H_5OC_2H_5$	74	24.7	4	—	$C_2H_5OC_2H_5 \rightarrow 3[C] + CO + 5H_2$	强渗碳剂
煤油	$C_9 \sim C_{14}$ 和 $C_{11} \sim C_{17}$ 的烷烃	—	—	—	0.73	于 900 ～ 950℃下理论分解式： $\eta_1(C_{11}H_{24} \sim C_{17}H_{36}) \rightarrow \eta_2 CH_4 + \eta_2[C] + \eta_3 H_2$	强渗碳剂

1. 以煤油为渗剂的气体渗碳

图 5-1 所示为 RJJ 型井式炉以煤油为渗剂的气体渗碳工艺，表 5-3 所列为不同型号的气体渗碳炉渗碳不同阶段煤油的滴量。

2. 煤油 + 甲醇滴注式气体渗碳

煤油 + 甲醇滴注式气体渗碳是将煤油和甲醇两种有机液体直接滴入 900℃左右的炉罐内，煤油或渗碳剂裂解后形成强渗

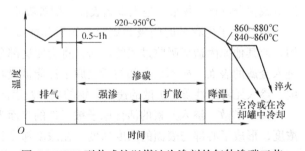

图 5-1　RJJ 型井式炉以煤油为渗剂的气体渗碳工艺

表 5-3　不同型号的气体渗碳炉渗碳不同阶段煤油的滴量　　　（单位：滴 /min）

设备型号	排气		强渗	扩渗	降温
	850 ~ 900℃	900 ~ 930℃			
RJJ-25-9T	50 ~ 60	100 ~ 120	50 ~ 60	20 ~ 30	10 ~ 20
RJJ-35-9T	60 ~ 70	130 ~ 150	60 ~ 70	30 ~ 40	20 ~ 30
RJJ-60-9T	70 ~ 80	150 ~ 170	70 ~ 80	35 ~ 45	25 ~ 35
RJJ-75-9T	90 ~ 100	170 ~ 190	85 ~ 100	40 ~ 50	30 ~ 40
RJJ-90-9T	100 ~ 110	200 ~ 220	100 ~ 110	50 ~ 60	35 ~ 45
RJJ-105-9T	120 ~ 130	240 ~ 260	120 ~ 130	60 ~ 70	40 ~ 50

注：1. 滴量中的每 100 滴约 4mL。

　　2. 表中数据适用于合金钢，碳素钢应增加 10% ~ 20%，装入炉中工件的总面积过大或过小，滴量应做适当修正。

　　3. 渗碳温度为 920 ~ 930℃。

碳气氛；甲醇为稀释剂，裂解形成的稀释气体，起着保护和冲淡的作用。煤油 + 甲醇滴注式气体渗碳通用工艺如图 5-2 所示。

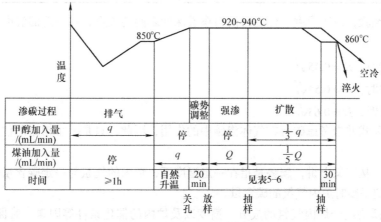

图 5-2　煤油 + 甲醇滴注式气体渗碳通用工艺

3. 渗碳工艺参数

（1）温度　　温度是最重要的工艺参数，热处理过程中发生的组织、性能的变化都与温度有关。在渗剂、时间均相同的情况下，渗碳温度越高，碳原子扩散速度越快，渗速越大，而且渗层碳的浓度梯度比较平缓。如果渗碳温度太低，则效果相反。随着渗碳温度的提高，铁原子的自扩散加剧，使钢表面脱位原子和空穴数增加，更有利于表面吸收和溶解碳原子。温度的升高也提高了奥氏体中碳的溶解度。此外，提高渗碳温度还会降低合金碳化物的稳定性，使部分碳化物溶入奥氏体中，有利于扩散和提高奥氏体的碳浓度。由此可以得出结论：提高渗碳温度，不仅能提高渗速、增加渗层深度、减缓碳浓度梯度，还可以提高渗层的碳浓度。

然而渗碳温度提高导致的问题也很明显：目前市售的和正在使用的气体渗碳炉最高使用温度均为 950℃，温度越高电炉的寿命越短。其次，不是所有的渗碳钢都适宜高温渗碳，有的钢经长时间高温渗碳，晶粒会粗化，导致钢的力学性能恶化。因此，应该根据钢种和自家产品的特点，对具体产品，确定一个最佳的渗碳温度，如某公司用 20MnB 钢制作的防滑链，最佳的气体渗碳温度为 890℃，而 Q195 钢最佳的气体渗碳温度为 920℃。

（2）渗碳时间　渗碳的保温时间（强渗＋扩散）主要取决于要求的渗层深度，延长保温时间会增加渗层深度，但是，当达到一定的渗层深度后，再延长保温时间收效甚微，不仅影响生产进度，而且也不符合节能减排的要求。渗碳温度、保温时间与渗层深度之间有下列关系：

$$D = \frac{802.6\sqrt{t}}{10^{(3720/T)}} \tag{5-1}$$

式中　D——渗层深度，单位为 mm；

　　　t——保温时间，单位为 h；

　　　T——渗碳温度，单位为 K。

这个方程是哈里斯在 1943 年提出的，其导致了行业内对渗碳工艺理解的改变。

20CrMnTi 钢在 930℃渗碳时，渗碳保温时间与渗层深度之间的关系见表 5-4。

表 5-4　20CrMnTi 钢在 930℃渗碳时渗碳保温时间与渗层深度之间的关系

渗层保温时间 /h	1	2	3	4	5
渗层深度 /mm	0.40	0.60	0.90	1.15	1.30

根据实践经验，渗碳温度、保温时间与渗层深度之间的关系，在一定的温度下，方程式可以简化为：

875℃渗碳时，$D = 0.45\sqrt{t}$

900℃渗碳时，$D = 0.54\sqrt{t}$

925℃渗碳时，$D = 0.63\sqrt{t}$

上述简化公式并未考虑碳势在气体渗碳中的作用，因此，只是一个粗略地估算，但也有一定的参考价值。

（3）碳势　从广义上讲，碳势是指在一定温度下，炉内的气氛与一定碳含量的钢件相界面上化学反应达到平衡时炉内气氛的碳含量。

碳势的高低决定于炉内气氛的成分、温度以及炉内的催化条件等因素。对保护气氛而言，碳势应与钢件的碳含量相当或更高，这样才能保证钢件在加热过程中保持不增碳也不脱碳。对于钢的气体渗碳，炉气的碳势应高于渗层所要求的碳浓度。正是由于炉气碳势比工件的碳含量高得多，因此，炉气中的活性碳原子才会被工件表面吸收、扩散，直至工件表面的碳含量与炉气碳势达到动平衡，以维持渗碳过程持续进行，不断向工件表面提供活性原子。

在气体渗碳过程中，炉气碳势越高，渗速越快，渗层也越深；渗层碳浓度越高，碳浓度梯度也大。但炉气的碳势过高，将导致渗层碳浓度过高而使脆性增大，力学性能恶化。

在整个渗碳过程中，应适时调整炉气碳势，即强渗初期应高一些，在强渗后期应稍低一些，在扩散期应更低一些。在实际生产中，为便于程序控制，往往只设两个碳势；即强渗和扩散各设一个（比如 1.20%～0.80%）。

（4）炉气压力　气体渗碳时，炉气压力对炉内渗碳介质化学反应速度有较大的影响，并直接影响分解、吸收、扩散三个基本过程的进行。

炉气压力低，有利于渗剂的分解，产生的活性碳原子多，炉气碳势高，能促进渗碳进行。但当活性碳原子多到不能被工件表面吸收和扩散渗入时，将在工件表面聚集形成炭黑，对渗碳起阻碍作用，因此炉气压力也不能过低。压力过低，会使化学反应向着不利的方向发展，同时炉内废气难以排出，空气会进入，使炉气成分发生变化，空气中的 O_2、H_2O、CO_2 等气体都会对渗碳产生负面影响。

根据以上分析和实际生产经验，炉的压力不能过高，也不能过低。过高了不利于渗剂的分解，使 [C] 不足、碳势低、渗速慢、渗碳时间长。因此，通常将炉气压力控制在 200～500Pa 比较合适。

（5）淬火冷却　在制造业，普遍存在着"重冷轻热"（即重视冷加工轻视热加工）的现象，而在热处理行业，又存在着"重热轻冷"（即重视加热轻视冷却）的问题。事实证明，很多热处理质量问题均与冷却有关，气体渗碳淬火也是如此。

为了节约资源，保护环境，工件渗碳结束后，大多数单位采用降温后直接淬火，淬火冷却介质常用水、水基溶剂、合成淬火冷却介质，极少数单位还有用油淬的。浙江多个单位生产的低碳硼钢渗件直接淬水，将水温控制在 15～35℃，收到了良好的热处理效果。

气体渗碳、淬火回火全过程，影响产品质量的因素很多，但温度、时间、压力、碳势和冷却这五大要素尤为重要，在制订热处理工艺时，一定要认真对待。某单位进行某工件热处理的强渗时间、扩渗时间与渗层深度的关系见表 5-5，使用时应根据具体情况进行修正。不同气体渗碳温度下，渗层深度与保温时间的关系见表 5-6。

表 5-5 强渗时间、扩渗时间与渗层深度的关系

渗层深度 /mm	强渗时间 /min			强渗后渗层 深度 /mm	扩渗时间 /h	扩渗后渗层 深度 /mm
	920℃	930℃	940℃			
0.40～0.7	40	30	20	0.20～0.25	≈1	0.5～0.6
0.60～0.9	90	60	30	0.35～0.40	≈1.5	0.7～0.8
0.8～1.2	120	90	60	0.45～0.55	≈2	0.9～1.0
1.1～1.6	150	120	90	0.60～0.70	≈3	1.2～1.3

注：若渗碳后直接降温淬火，则扩散时间应包括降温时间及降温后的保温时间。

表 5-6 不同气体渗碳温度下渗层深度与保温时间的关系

保温时间 /h	渗碳温度 /℃		
	875	900	925
	渗层深度 /mm		
2	0.64	0.77	0.89
4	0.84	1.06	1.27
8	1.27	1.52	1.80
12	1.56	1.85	2.21
16	1.80	2.13	2.54
20	2.0	2.39	2.84
24	2.18	2.62	3.10
30	2.46	2.95	3.48
36	2.74	3.20	3.81

回火温度对 8620H 渗碳钢（相当于我国牌号 20CrMnMoNi 钢）疲劳极限的影响见表 5-7。

表 5-7　回火温度对 8620H 渗碳钢疲劳极限的影响

热处理状态	疲劳强度		表面平均硬度 HV
	tonf/in^2	MPa	
渗碳淬火状态	±38	±570	860
60℃回火处理	±38	±570	866
100℃回火处理	±34	±510	858
125℃回火处理	—		847
150℃回火处理	±35	±525	823
185℃回火处理	±495	—	767

注：试样厚度 × 宽度 = 2.38mm × 12.7mm；渗层深度为 0.375 ~ 0.45mm。

综上所述，渗碳淬火后的低温回火，不一定有好的效果，但在大多情况下又是必不可少的，如从弯曲疲劳和提高硬度来考虑，这种回火是有害的，所以应取消回火。但由于缺乏有力的数据支撑，大部位单位 B 钢渗碳淬火后，还是进行回火的。

4. 滴注式可控气氛渗碳

滴注式可控气氛渗碳已广泛应用了，它是将稀释剂和渗碳剂直接滴入高温炉罐，并对碳势及渗层进行自动控制的气体渗碳工艺。用 CO_2 红外仪控制，进行可控气氛渗碳时，渗碳剂由红外仪控制滴入。

使用 CO_2 红外仪进行可控气氛渗碳，应注意以下几点：

1）工件表面不得有油污、锈蚀及其他污垢。

2）炉盖上的取气管应配置水冷套，炉气要先经粗过滤、除水，再经精过滤进入红外仪。

3）红外仪应定期校对零点，以免引起测量误差。

4）每炉都应用钢箔校对碳势，特别是在用煤油作渗碳剂时。

5）严禁在 750℃ 以下向炉内滴入任何有机溶剂。每次渗碳结束后，应检查滴注器是否关紧，以防有机液体在低温下滴入炉内引起爆炸。

滴注式可控气氛渗碳可以获得高质量的渗碳层，既可以在多用炉上实施，也可以在改装后的井式气体渗碳炉上使用，此时只要配一套气体测量控制装置就可以了。

为了保证煤油 + 甲醇的充分裂解，对渗碳炉有 3 点要求：

1）炉罐全系统密封性要好，炉气静压大于 1500Pa。

2）滴注剂必须直接滴入炉内，炉内加溅油板。

3）滴注剂通过 400 ~ 700℃ 温度区间的时间不大于 0.07s。

甲醇 - 煤油滴控渗碳实例：渗件为解放牌汽车变速器五档齿轮，材料为 20CrMnTi，要求渗层深度 0.9 ~ 1.3mm，表面硬度 58 ~ 62HRC。渗碳设备为 RJJ-75-9T 型井式气体渗炉，其渗碳工艺如图 5-3 所示。

5. 吸热式可控气氛气体渗碳

（1）吸热式渗碳气氛及渗碳反应　吸热式渗碳气氛由吸热式气体加富化气组成。常用吸热式气体的成分见表 5-8。一般采用甲烷或丙烷做富化气。

吸热式气氛中 CO_2、H_2O、CO 和 H_2 发生水煤气反应：

$$CO + H_2O \rightleftharpoons CO_2 + H_2$$

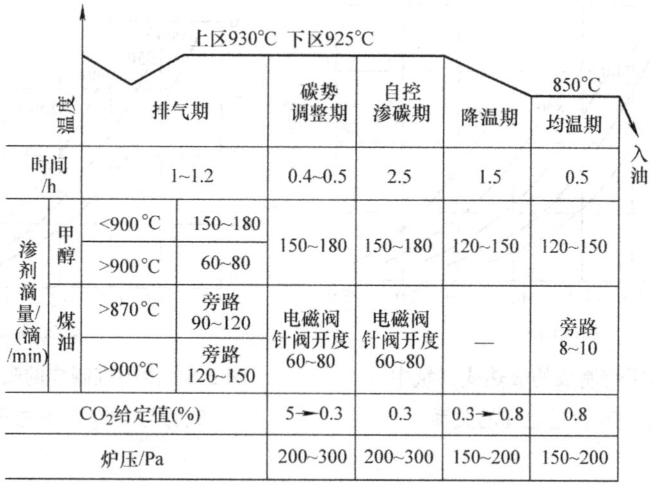

温度	排气期		碳势调整期	自控渗碳期	降温期	均温期
时间/h	1~1.2		0.4~0.5	2.5	1.5	0.5
渗剂滴量/(滴/min) 甲醇 <900°C	150~180		150~180	150~180	120~150	120~150
甲醇 >900°C	60~80					
煤油 >870°C	旁路 90~120		电磁阀针阀开度 60~80	电磁阀针阀开度 60~80	—	旁路 8~10
煤油 >900°C	旁路 120~150					
CO₂给定值(%)			5→0.3	0.3	0.3→0.8	0.8
炉压/Pa			200~300	200~300	150~200	150~200

上区930°C 下区925°C　　850°C　入油

图 5-3　甲醇-煤油 CO₂ 红外仪控制滴注式渗碳工艺

渗碳时，消耗 CO 和 H_2，生成 CO_2 和 H_2O，化学反应式如下：

$$CO + H_2 \rightleftharpoons [C] + H_2O \ ; \ 2CO \rightleftharpoons [C] + CO_2$$

表 5-8　常用吸热式气体成分　　　　　　　（体积分数，%）

原料气	混合体积比（空气/原料气）	CO_2	H_2O	CH_4	CO	H_2	N_2
天然气	2.5	0.3	0.6	0.4	20.9	40.7	余量
城市煤气	0.4~0.6	0.2	0.12	0~1.5	25~27	41~48	余量
丙烷	7.2	0.3	0.6	0.4	24.0	33.4	余量
丁烷	9.6	0.3	0.6	0.4	24.2	30.3	余量

加入 CH_4 富化气，会反过来消耗 CO_2 和 H_2O，补充 CO 和 H_2，促进渗碳反应进行，其反应式为：

$$CH_4 + CO_2 \rightleftharpoons 2CO + 2H_2$$

$$CH_4 + H_2O \rightleftharpoons CO + 3H_2$$

上述四个反应式相加后可得出：$2CH_4 \rightleftharpoons 2[C] + 4H_2$

富化气为丙烷时，丙烷在高温下最终形成甲烷，再参加渗碳反应：

$$C_3H_8 \rightleftharpoons 2[C] + 2H_2 + CH_4$$

$$C_3H_8 \rightleftharpoons [C] + 2CH_4$$

（2）吸热式渗碳气氛碳势的测量与控制　调整吸热式气体与富化气的比例即可控制气氛的碳势。由于 CO 和 H_2 的含量基本保持稳定，只测定单一的 CO_2 或 O_2 的含量，即可确定碳势。不同类型的原料气制成的吸热式气体，其中 CO 含量相差较大，炉气中碳势与 CO_2 含量露点，氧探头的输出电动势的关系均随原材料变化。图 5-4 ~ 图 5-9 分别为由甲烷和丙烷制成的吸热式气氛中碳势与 CO_2 含量、露点及氧探头输出电动势之间的关系曲线。

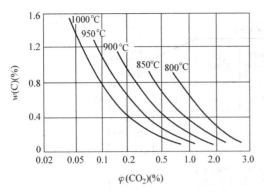

图 5-4　由甲烷制成的吸热式气氛中
碳势与 CO_2 含量之间的关系

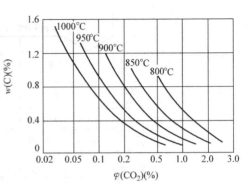

图 5-5　由丙烷制成的吸热式气氛中
碳势与 CO_2 含量之间的关系

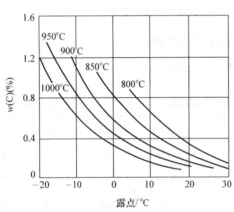

图 5-6　由甲烷制成的吸热式气氛中
碳势与露点之间的关系

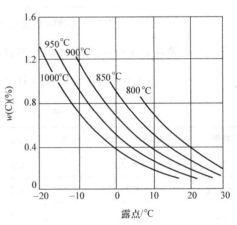

图 5-7　由丙烷制成的吸热式气氛中
碳势与露点之间的关系

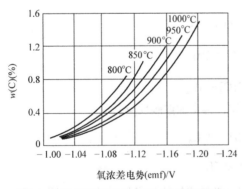

图 5-8　由甲烷制成的吸热式气氛中碳势
与氧探头输出电动势之间的关系

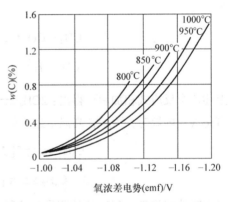

图 5-9　由丙烷制成的吸热式气氛中碳势
与氧探头输出电动势之间的关系

（3）吸热式气体渗碳工艺实例　国内外吸热式气体多用于连续式炉的批量渗碳处理。连续
式渗碳炉（单排）吸热式气氛和丙烷流量的分配比例见表 5-9。

表 5-9　连续式渗碳炉（单排）吸热式气氛和丙烷流量的分配比例

气体种类	区段				
	加热区		强渗区（Ⅲ段）	扩渗区（Ⅳ段）	预冷区（Ⅴ段）
	Ⅰ 段	Ⅱ 段			
吸热式气体量 /（m³/h）	7	6	4	5	6
丙烷气量 /（m³/h）	0	0.1 ~ 0.2	0.15 ~ 0.25	—	0
体积比	—	（0.1 ~ 0.2）/6	（0.15 ~ 0.25）/4	—	—
温度 /℃	800 ~ 840	920 ~ 940	950 ~ 960	900	830 ~ 860

注：1. 吸热式气氛的露点为 −5 ~ 0℃，渗碳时的露点在 −15 ~ −5℃。
　　2. 通气量应根据炉膛大小而定。

6. 氮基气氛渗碳

氮基气氛渗碳是以氮气为载体气，添加富化气或其他供渗碳剂的气体的渗碳方法。该方法具有能耗低、安全、无毒等优点。

（1）氮基渗碳气体的组成　几种典型的氮基渗碳气氛的成分见表 5-10。

表 5-10　几种典型氮基渗碳气氛的成分

序号	原料气组成	气氛成分（体积分数，%）					碳势（%）	备　注
		CO_2	CO	CH_4	H_2	N_2		
1	甲醇 + N_2 + 富化气	0.4	15 ~ 20	0.3	35 ~ 40	余量	—	Endomix 法、Carbmaag Ⅱ
2	$N_2 + \left(\dfrac{CH_4}{空气}\right) = 0.7$	—	11.6	6.4	32.1	49.9	0.83	CAP 法
3	$N_2 + \left(\dfrac{CH_4}{CO_2}\right) = 6.0$	—	4.3	2.0	18.3	75.4	1.0	NCC 法
4	$N_2 + C_3H_8$ 或（CH_4）	0.024 0.01	0.4 0.1	15	—	—		强渗扩渗

表 5-10 所列的氮基渗碳气氛中，甲醇 -N_2- 富化气最具代表性。其中氮气与甲醇的比以 40%N_2 + 60% 甲醇裂解气为最佳。可以采用甲烷或丙烷为富化气，即 Endomix 法，也可以用丙酮或乙酸乙酯，即 Carbmaag Ⅱ 法。前一种方法多用于连续式炉或多用炉，后一种方法使用滴注式多用于周期式炉。

（2）氮基渗碳法的特点

1）不需要气体发生装置。

2）气体成分与吸热式气氛基本相同，气氛的重现性与渗碳层深度的均匀性和重现性不低于吸热式气氛渗碳。

3）具有与吸热式气氛相同的点燃极限。由于 N_2 能自动安全吹扫，故采用氮基气氛的工艺具有更可靠的安全性。

4）适宜用反应灵敏的氧探头做碳势控制。

5）渗入速度不低于吸热式气氛渗碳，见表 5-11。

（3）氮基气氛渗碳应用实例　被渗碳工件为泥浆泵阀体、阀座；材料：20CrMnTi、20CrMnMo、20CrMo；设备为 105kW 井式气体渗碳炉；炉内气体成分（体积比）：N_2∶H_2∶CO = 4∶4∶2；渗碳层深度 δ ≥ 1.6mm，碳化物 3 ~ 5 级，过共析层 + 共析层 ≥ 1mm，过渡层 ≤ 0.6mm，淬火表面硬度 62～65HRC，表面氧化脱碳层≤ 0.03mm。采用图 5-10 所示的工艺渗碳，完全达到上述工艺技术要求。

表 5-11　氮基气氛、吸热式气氛和滴注式气体渗碳渗速比较

气氛类型及成分	吸热式气氛渗碳（体积分数）：20%CO + 20%H₂ + 40%N₂	N₂ + 甲醇 + 富化气（体积分数）：20%CO + 20%H₂ + 40%N₂	滴注式（体积分数）：33%CO + 66%H₂
碳传递系数 β /（10^{-5}cm/s）	1.3	0.35	2.8
渗碳工艺	927℃ ×4h	927℃ ×4h	950℃ ×2.5h
材料	8620 钢	8620 钢	碳素钢
渗碳速度 /（mm/h）	0.44	0.56	0.30

注：8620 钢相当于我国的 20CrNiMo 钢。

7. 直生式气体渗碳

直生式气体渗碳，即超级渗碳，它是将原料气体（或液体渗碳剂）与空气或 CO_2 气体直接通入渗碳炉内，直接生成渗碳气氛的一种渗碳工艺。燃料气体或液体是定值，炉内碳势通过调节空气输入量来控制。图 5-11 所示为现代化计算机控制的直生式气氛渗碳工艺控制原理图。

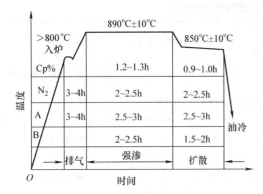

图 5-10　阀体、阀座氮基气氛渗碳工艺

注：N₂ 流量单位为 m³/h，A（甲醇）、B（碳氢化合物）流量单位为 L/min。

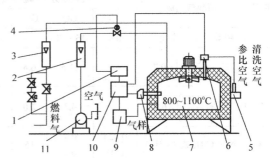

图 5-11　直生式气氛渗碳工艺控制原理

1—Carb-O-prof 渗碳专家系统　2—空气流量计
3—燃料气流量计　4—空气电磁阀　5—辅助单元
6—氧探头　7—炉膛　8—热电偶　9—CO 分析仪
10—微型计算机　11—空气泵

（1）直生式渗碳气氛　它是由富化气 + 氧化性气体组成。常用的富化气有：甲烷、天然气、丙烷、丙酮、异丙醇、乙烷、乙醇、煤油等。氧化性气体可采用空气或 CO_2。

富化气（以甲烷为例）和氧化性气体直接通入渗碳炉时，会发生以下反应，形成渗碳气氛。

$$CH_4 + \frac{1}{2}O_2 + N_2 \longleftrightarrow CO + 2H_2 + N_2$$

氧化性气体为 CO_2 时：$CH_4 + CO_2 + N_2 \longleftrightarrow 2CO + 2H_2 + N_2$

温度不同，富化气和氧化性气体不同，渗碳气氛中 CO、CH_4 含量亦不同。

（2）直生式渗碳气氛的碳势及控制　直生式渗碳气氛是非平衡气氛，CO 含量不稳定。所以应同时测量 O_2 和 CO 的含量，再通过上式计算出炉内的碳势。

　　调整富化气与氧化性气体的比例可以调整炉气碳势。通常是固定富化气的流量（或液体渗碳剂的滴量），调整空气（或 CO_2）的流量。

　　（3）直生式渗碳气氛的优点

　　1）碳传递系数较高，见表 5-12。

表 5-12　不同气氛中的碳传递系数（β）比较

渗碳气氛类型	吸热式（天然气）	吸热式（丙烷）	甲醇+40%N₂	甲醇+20%N₂	天然气+空气（直生式）	丙烷+空气（直生式）	丙酮+空气（直生式）	异丙酮+空气（直生式）	天然气+CO₂（直生式）	丙烷+CO₂（直生式）
$\phi(CO)(\%)$	20	23.7	20	27	17.5	24	32	29	40	54.5
$\phi(H_2)(\%)$	40	31	40	54	47.5	35.5	34.5	41.5	48.7	39.5
$\beta/(10^{-5} cm/s)$	1.25	1.15	1.62	2.12	1.30	1.34	1.67	1.78	2.62	2.78

　　注：渗碳温度为 950℃，碳势 $C_p = 1.15\%$。

　　2）设备投资较少。

　　3）碳势调整速度快于吸热式和氮基渗碳气氛。

　　4）渗碳层均匀，重复性好。

　　（4）对原料气的要求　气体消耗量低于吸热式气氛渗碳，见表 5-13。

表 5-13　直生式与吸热式气体渗碳的耗气量对比

炉型	生产能力/(kg/h)	排气量/(m³/h)	
		吸热式气氛（吸热式气体+富化气）	直生式气氛（天然气+空气）
箱式炉	350	7	1
滚筒式炉	170	15	1.5
网带式炉	淬火：800 渗碳（渗碳层 0.1mm）：560	25	1.7
转底式炉	1500	48	3.5

8. 真空渗碳

　　真空渗碳也称低压渗碳，是指在一定分压的碳氢气氛、低真空的奥氏体化条件下进行渗碳和扩散，在达到技术条件要求后于油中或高压气淬的条件下冷却的一个过程，是一种非平衡的强渗 - 扩渗型渗碳过程。真空渗碳与常规的气体渗碳过程相同，也是由分解、吸收、扩散三个基本过程组成。

　　（1）真空渗碳原理

　　1）渗碳气体的分解。目前的真空渗碳以丙烷、乙炔等作为渗碳气源直接通入炉内进行渗碳。乙炔、丙烷在渗碳温度和低真空（<2kPa）条件下，有着完全不同的分解特性。

　　丙烷为饱和烃结构，在 <2kPa 条件下，丙烷无须借助于钢表面的催化，自 600℃按下列反应进行分解：

$$C_3H_8 \longrightarrow C_3H_6 + H_2$$
$$C_3H_8 \longrightarrow C_2H_4 + 2H_2$$
$$C_3H_8 \longrightarrow C_2H_2 + H_2 + CH_4$$

随后丙烯（C_3H_6）、乙烯（C_2H_4）又进一步分解：

$$C_3H_6 \longrightarrow C_2H_4 + H_2 + [C]$$

$$C_2H_4 \longrightarrow 2H_2 + 2[C]$$

$$C_2H_4 \longrightarrow C_2H_2 + H_2$$

$$C_2H_4 \longrightarrow CH_4 + [C]$$

有人对丙烷裂解过程进行质谱分析后得知，在渗碳温度下，其裂解产物 80% 左右为氢和甲烷，其余 20% 左右为乙烯、丙烯和乙炔，在真空条件下，甲烷在 1050℃ 仍不分解，可视为惰性气体。

乙炔是不饱和烃，在金属催化的作用下，其分解反应如下：

$$C_2H_2 \longrightarrow 2[C] + H_2$$

由于丙烷的分解温度低，且不需要钢的催化，因而丙烷一进入炉内还未接触工件表面就开始分解，产生大量炭黑飘浮在炉内，而且在炉的内壁、真空管道等温度低的地方，还会聚合成焦油黏附于炉体。而乙炔的反应则不同，一是其反应温度较高，二是需钢表面的催化分解速度才加快，虽不能杜绝产生炭黑，但只要控制好气体通入流量，使炉压降低到 10 ~ 1000Pa，就能使炭黑降到微不足道的程度，所以选择乙炔作为原料气好。

2）吸附阶段。吸收是随炉内高浓度的活性碳原子被工件表面所吸附，并有部分碳原子进入工件表面的过程。真空渗碳的吸附过程明显高于普通的渗碳。关于真空渗碳过程中钢表面对碳原子的吸附过程和机理有几种观点。一种观点是：在渗碳时，钢表面与渗碳气氛之间产生了化学反应，在钢表面形成一层很薄的渗碳体，其反应为 $3Fe + CH_4 \rightarrow Fe_3C + 2H_2$，然后薄层渗碳体分解出碳原子向内部扩散。另一种观点为：渗碳气分解产生的活性碳原子吸附在钢的表面并溶入奥氏体内，其反应式 $CH_4 \rightarrow [C] + 2H_2$，活性碳原子所以能吸附在钢表面是由于其表面的原子与内部的原子所处的力场不同的缘故。

从实际看，上述两种观点都不能完满地解释各种渗碳工艺的现实。

3）扩散阶段。扩散是指工件表面高浓度的碳向工件内部迁移的过程。表面与心部的碳浓度梯度越大，扩渗的速度也越快，扩散系数与温度呈指数关系，渗碳温度从 930℃ 提高到 1030℃，碳的扩散速度增大近 1 倍。

（2）真空渗碳工艺　影响工件的渗层硬度、渗层深度及畸变大小等渗碳质量的工艺参数有渗碳温度、渗碳时间和扩渗比、炉压及气体流量。真空渗碳淬火工艺曲线如图 5-12 所示。

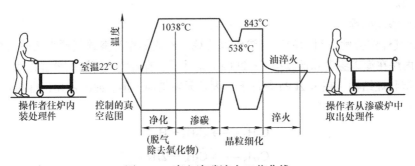

图 5-12　真空渗碳淬火工艺曲线

1）渗碳温度。由于真空渗碳无须考虑工件被氧化，因而可以在比气体渗碳更高的温度下进行，较高的渗碳温度可以获得较快的渗碳速度，缩短渗碳时间，提高劳动生产率。生产上依据钢的成分不同，渗碳的温度有上限的限制。Mn、Cr、Ni、W、Mo、V、B 等元素有助于提高晶粒长大的速度，所以含上述元素的合金钢可以在较高的温度下进行真空渗碳。如果有细长孔，渗碳温度会降到 890 ~ 900℃。所以在选取渗碳温度时，除了考虑渗碳时间的长短之外，更要考虑渗层深度、渗层的均匀性、变形要求以及力学性能的要求。当工件的外形较简单、要求渗层深、含抑制晶粒长大的元素及畸变要求不严者可采取高温渗碳。当渗件形状较复杂、变形要求严格、渗碳层要求均匀时则宜采用较低的渗碳温度，见表 5-14。

表 5-14 渗碳温度的使用范围

温度范围	零件形状特点	渗碳层深度	零件类别	渗碳气体
1040℃（高温）	较简单，变形要求不严格、晶粒不粗化	深	凸轮、轴齿轮	C_2H_2，$C_3H_8+N_2$
980℃（中温）	一般	一般	—	C_2H_2，$C_3H_8+N_2$
980℃以下（低温）	形状复杂、变形要求严，渗层要求均匀	较浅	柴油机喷嘴等	C_2H_2，$C_3H_8+N_2$

2）渗碳时间和扩渗比。由图 5-13 可知，在一定的温度下，渗碳时间越长，渗层越深；渗碳时间过长，将导致晶粒粗化，使渗件硬度降低。

3）渗碳层深度、渗碳温度和渗碳时间的对应数值如图 5-14 所示或见表 5-15。

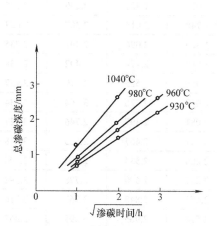

图 5-13 渗碳温度、渗碳时间与
总渗碳深度的关系曲线

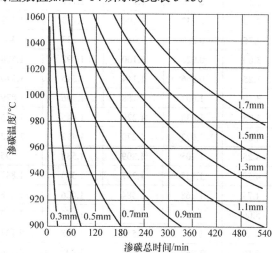

图 5-14 渗碳温度、渗层深度及渗碳时间之间的
关系（曲线上数据为渗层深度）

（3）真空渗碳举例——柴油机针阀体的乙炔真空渗碳

1）技术要求。针阀体材料为 27SiMnMoV 钢，要求表面硬度 58 ~ 63HRC，渗碳层深度 0.6 ~ 1.0mm。针阀体孔直径与孔深的细长比很大，而喷孔直径又很小（0.55mm），近似于盲孔，其结构如图 5-15 所示，这种结构使用常规的气体渗碳无法达到设计要求。

2）真空热处理工艺。真空热处理设备为 VUTK 型真空渗碳高压气淬炉，渗碳气体为乙炔，在渗碳和扩渗过程中，用机械泵和罗茨泵调节并保持压力为 1Pa。渗碳完毕后，分别用 $6 \times 10^6 Pa$ 和 $1.5 \times 10^6 Pa$ 的纯氮气进行分段冷却（整个渗碳 + 淬火共耗时 183min），工艺过程如图 5-16 所示。淬火结束后先进行 $-80℃ \times 90min$ 冷处理，再进行 $170℃ \times 2h$ 的回火。

表 5-15　渗碳温度、渗碳时间和总渗碳深度的关系

渗碳时间 /h	渗碳温度 /℃							
	899	927	954	982	1010	1038	1066	1093
	渗层深度 /mm							
0.10	0.169	0.201	0.230	0.275	0.319	0.368	0.421	0.480
0.20	0.240	0.284	0.234	0.389	0.451	0.520	0.596	0.678
0.30	0.294	0.348	0.409	0.477	0.553	0.637	0.729	0.831
0.40	0.339	0.402	0.472	0.551	0.638	0.735	0.842	0.959
0.50	0.379	0.449	0.528	0.616	0.714	0.822	0.942	1.073
0.60	0.415	0.492	0.578	0.675	0.782	0.901	1.032	1.175
0.70	0.448	0.531	0.624	0.729	0.845	0.973	1.114	1.269
0.90	0.508	0.602	0.703	0.826	0.958	1.103	1.263	1.439
1.00	0.556	0.655	0.740	0.071	1.009	1.163	1.332	1.517
1.25	0.599	0.710	0.834	0.974	1.129	1.300	1.489	1.696
1.50	0.656	0.778	0.914	1.067	1.236	1.424	1.631	1.858
1.75	0.709	0.840	0.987	1.152	1.335	1.538	1.762	2.007
2.00	0.758	0.898	1.055	1.231	1.428	1.645	1.883	2.145
2.25	0.804	0.952	1.119	1.306	1.514	1.744	1.998	2.275
2.50	0.847	1.004	1.180	1.377	1.596	1.839	2.106	2.398
2.75	0.889	1.053	1.237	1.444	1.674	1.928	2.209	2.515
3.00	0.928	1.100	1.292	1.508	1.748	2.014	2.307	2.627
3.25	0.966	1.144	1.345	1.570	1.820	2.096	2.401	2.735
3.50	1.003	1.188	1.396	1.829	1.889	2.170	2.492	2.838
3.75	1.038	1.229	1.445	1.686	1.955	2.525	2.579	2.937
4.00	1.072	1.270	1.492	1.742	2.019	2.326	3.664	3.034
4.25	1.105	1.309	1.538	1.795	2.081	2.397	2.746	3.127
4.50	1.137	1.347	1.583	1.847	2.141	2.467	2.825	3.218
4.75	1.168	1.384	1.626	1.898	2.200	2.534	2.903	3.306
5.00	1.199	1.420	1.669	1.947	2.257	2.600	2.798	3.392
6.00	1.131	1.555	1.828	2.133	2.473	2.848	3.262	3.716
6.50	1.367	1619	1.902	2.220	2.574	2.965	3.395	3.867
7.00	1.418	1.680	1.974	2.304	2.671	3.077	3.524	4.013
7.50	1.468	1.739	2.044	2.385	2.766	3.185	3.647	4.154
8.00	1.516	1.796	2.111	2.463	2.855	3.289	3.767	4.290

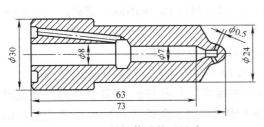

图 5-15　针阀体形状及尺寸

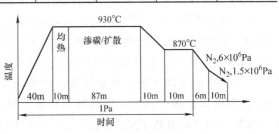

图 5-16　针阀体乙炔真空渗碳淬火工艺曲线

3）质量检验。整个阀体清洁美观光亮，表面硬度 63HRC，外圆的有效淬硬层深度（从表面至硬度为 550HV 的垂直距离）为 0.95mm，座面有效淬硬层深度 0.87mm，喷孔有效淬硬层深度为 0.95mm，金相组织符合要求，各部位未发现网状的碳化物。

9. 离子渗碳

在低于一个大气压的渗碳气氛中，利用工件（阴极）和阳极之间产生的辉光放电进行渗碳的工艺叫离子渗碳，又称辉光离子渗碳。

离子渗碳的原理与渗氮相似，工件渗碳时所需的活性碳原子或离子，不仅像常规气体渗碳一样，利用热分解反应获得，而且还利用辉光放电时在阴极（工件）位降区中工作气体的电离而获得。以渗碳介质丙烷为例，它在等离子渗碳中的反应过程如下：

$$C_3H_8 \xrightarrow[900\sim1000℃]{\text{辉光放电}} C + C_2H_6 + H_2$$

$$C_2H_6 \xrightarrow[900\sim1000℃]{\text{辉光放电}} C + CH_4 + H_2$$

$$CH_4 \xrightarrow[900\sim1000℃]{\text{辉光放电}} C + 2H_2$$

式中　C——活性碳原子或离子（C^+）。

离子渗碳，具有一系列的优点，比常规的气体渗碳乃至真空渗碳都优越，对于承受重载荷的高精度的重要零件或要求高浓度渗碳、深层渗碳、烧结件的渗碳尤为适用。离子渗碳与真空渗碳、普通气体渗碳的比较见表 5-16。

表 5-16　离子渗碳与真空渗碳、普通气体渗碳的比较

项　目		离子渗碳	真空渗碳	普通气体渗碳
炉型		真空辉光放电电阻炉	真空电阻炉	电阻炉 /（燃料炉）
适用范围		多种功能	除渗氮外有较多功能	渗碳、渗氮专用
渗碳温度 /℃		950 ~ 1050	900 ~ 950	900 ~ 950
炉内压力 /Pa		266 ~ 532	26.6 ~ 133.3	200 ~ 500
渗碳速度		很快，比气体法快 1/2 ~ 2/3	快，比气体法快 1/3 ~ 1/2	一般
渗层质量		好，晶界无氧化	好，晶界无氧化	通常表层有 10μm 晶界氧化
渗碳效率[①]（%）		> 53	> 20	10 ~ 20
污染		无	基本无	有点
操作环境		优	优	可以
能耗	电能	高	一般	一般
	气	极少	较多	较多
设备		一次性投资大、复杂	投资较高、复杂	一般
生产量		批量生产	批量生产	大批量生产

① 渗碳效率表征：$n =$（扩散到钢中的碳量 / 供碳气中碳的含量）× 100%。

离子渗碳所用的供渗剂，主要是碳氢化合物气体，如甲烷、丙烷、石油液化气，并通入氢或氨气稀释，也可采用丙酮、乙醇或丙酮＋甲醇等有机液体，用负压方式导入炉内，但这种供碳方式往往不太稳定，最好将其先经炉外气化并经储气罐稳压后再通入炉内。离子渗碳工艺见表 5-17。

表 5-17　离子渗碳工艺

渗碳温度 /℃		一般渗碳温度 900~950，高温 1000~1050			
真空度 /Pa		0.13~2.6			
渗剂		甲烷			
渗碳温度、时间与渗层深度	渗碳温度 /℃	渗碳时间 /h	20 钢	30CrMo	20CrMnTi
			渗层深度 /mm		
	900	0.5	0.40	0.55	0.69
		1	0.60	0.85	0.99
		2	0.91	1.11	1.26
		4	1.11	1.76	—
	1000	0.5	0.55	0.84	0.95
		1	0.69	0.98	1.08
		2	1.01	1.37	1.56
		4	1.61	1.99	2.15
	1050	0.5	0.75	0.94	1.04
		1	0.91	1.24	1.37
		2	1.43	1.82	2.08
		4	—	2.73	2.86

　　离子渗碳的工艺操作程序如图 5-17 所示。工件经简单的去油处理后放入料筐入炉，关炉门抽真空至 6.65~13.3Pa，起动电阻加热至 900℃以上，使工件表面脱气净化，再通少量 H$_2$ 气溅射清洗均温，然后按工艺选定的流量通入渗碳气体，并使炉压保持在一定范围内（665~1330Pa 之间的某一值），接通辉光电源产生辉光放电（也可在均温以前就加辉光放电），开始进行离子渗碳，当达到预定的保温时间后，停止通渗碳气体并熄灭辉光，进行真空扩散，炉内降温预冷直接淬火。

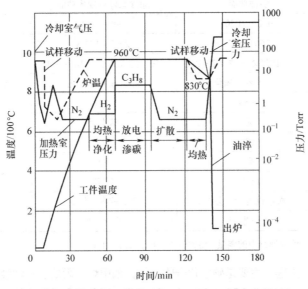

图 5-17　离子渗碳工艺曲线（FIC 系炉标准处理曲线）

注：1Torr = 133.322Pa。

10. 气体渗碳操作要点

如上所述，气体渗碳可以在多种炉型中进行，尽管操作程序略有不同，但操作要点基本雷同，现综合如下供参考。

1）按照各自炉型的操作规程检查设备，确保设备运转正常。

2）清除工件表面的毛刺、锈斑、油污及水锈等，渗件不得有碰伤及裂纹等有碍渗碳的缺陷存在。

3）对非渗碳部位进行防渗处理。

4）试样准备。试样的材质要与渗件一致，最好为同炉号。试样有两种：一种是 $\phi 10mm \times 100mm$ 的炉前试样，用于确定出炉时间；另一种是与工件形状、尺寸相近的试样，与工件一起处理，用于检查渗层深度及金相组织。

5）检查渗剂的数量是否充足。

6）滴注管道不得倾斜，应保持垂直状态，以保证渗剂能直接滴入炉膛内。

7）工件装入专用料筐或挂在吊具上，要利于淬火均匀、减少变形。

8）渗件之间的间隙应大于 5mm，层与层之间用丝网隔开，以利于气流循环，使碳层均匀。

9）装炉总质量（包括吊具、夹具）及装料总高度应小于设备规定的最大装载量和炉膛的尺寸。

10）在每一筐有代表性的位置放一试样。

11）排气至 CO_2 体积分数 $\leqslant 0.50\%$ 时，可视排气结束。

12）渗碳罐应保持正压、不得漏气，常用火焰检查炉盖和风扇处有无泄漏。

13）井式气体渗碳炉渗碳阶段，控制炉压为 $200 \sim 500Pa$。

14）排气管排出的废气应点燃，火焰应稳定，呈浅黄色，长度在 $100 \sim 130mm$，无黑烟和火星。根据火焰燃烧的状况可以判断炉内的运行情况，若火焰中出现火星，说明炉内炭黑过多；火焰过长，尖端外缘呈白亮色，则表明炉内渗碳剂供给量太大；火焰太短，外缘为透明的浅蓝色，表明渗碳剂供应不足或炉子漏气。

15）在扩渗前 $30 \sim 60min$，检查炉前试样的渗层深度，确定降温的开始时间。

16）降至规定温度，按工艺要求将渗件冷却或直接淬火。

17）对于连续的渗碳炉，开炉前必须用中性气体将空气赶走，停炉时必须把炉内气体排净。

18）渗碳淬火后，可进行 $150 \sim 180℃$ 的低温回火，也可以不回火。如从弯曲疲劳强度和提高硬度考虑，回火是有害的。然而多数渗件，特别是齿轮类零件，对硬度、疲劳、擦伤、点蚀和冲击抗力均有要求，这就需要综合考虑其利弊。以弯曲疲劳或擦伤、磨损损坏形式为主的渗碳件，这种回火可以不进行。而以滚动接触疲劳（点蚀）损坏为主，或者当表面产生残余拉伸应力不能得到消除，或者是要磨削加工的，或者尺寸要求稳定的，渗碳后必须回火，低碳硼钢渗碳淬火后可以不回火，对提高综合性能有益。

5.1.2　液体渗碳

所谓液体渗碳就是将工件放入能分解出活性碳原子的盐浴中进行渗碳的一种工艺方法。液体渗碳的方法有：含有氰盐的盐浴渗碳、原料无毒的盐浴渗碳、电解盐浴渗碳、液体放电渗碳、超声波盐浴渗碳和通入气体的盐浴渗碳等多种形式。常用液体渗碳盐浴的配方及使用效果见表 5-18。

表 5-18   常用液体渗碳盐浴的配方及使用效果

序号	盐浴组成（质量分数，%）			使用效果
	组成物	新盐成分	控制成分	
1	NaCN	4～6	0.9～1.5	盐浴成分容易控制，渗件表面碳含量稳定，20Cr、20CrMnTi钢经920℃×（3.5～4.5）h渗碳后，表面碳的质量分数为0.83%～0.87%
	BaCl₂	80	68～74	
	NaCl	14～16	—	
2	NaCl	35～40	35～40	盐浴原料无毒，但加热后产生0.5%～0.9%NaCN 20钢试样在920℃渗碳温度渗碳效果

保温时间/h	1	2	3
渗层深度/mm	>0.5	>0.7	>0.9

序号	盐浴组成	新盐成分	控制成分	
2	KCl	40～45	40～45	
	603渗碳剂①	10	2～8（碳）	
	Na₂CO₃	10	2～8	
3	渗碳剂②	10	5～8（碳）	920～940℃三种钢的渗碳速度见下表
	NaCl	40	40～50	
	KCl	40	33～43	
	Na₂CO₃	10	5～10	

渗碳时间/h	渗层深度/mm		
	20钢	20Cr	20CrMnTi
1	0.30～0.40	0.55～0.65	0.55～0.65
2	0.7～0.75	0.9～1.0	1.0～1.10
3	1.0～1.10	1.4～1.5	1.42～1.52
4	1.28～1.34	1.56～1.62	1.56～1.64

序号	盐浴组成	新盐成分	控制成分	使用效果
4	Na₂CO₃	78～85	78～85	经880～900℃×30min渗碳，渗碳层总深度为0.15～0.20mm，共析层为0.07～0.10mm，硬度为72～78HRA
	NaCl	10～15	10～15	
	SiC（粒度0.70～0.335mm）	6～8	6～8	

① 603渗碳剂的成分（质量分数）：5%NaCl + 10%KCl + 15Na₂CO₃ + 20%（NH₂）₂CO + 50% 木炭粉（0.154mm）。
② 渗碳剂成分（质量分数）：70% 木炭粉（0.154～0.280mm）+ 30%NaCl。

液体渗碳操作要点如下：

1）液体渗碳所用的设备为盐浴炉，其操作程序及注意事项与盐浴炉相同。渗件表面不得有氧化皮和油污等，应干燥入炉，防止带入水分引起爆炸。

2）新配制的盐或使用中添加的盐应先烘干，新配制或添加的供碳剂应加以搅拌，使成分均匀。

3）按工艺要求，定期放入渗碳试样，随工件渗碳淬火回火，并按规定对试样进行检测、记录在案。

4）定期分析、调整盐浴成分，以保证盐浴正常运行。

5）渗碳或淬火后的工件应及时清洗，去除表面黏附的残盐，以免引起表面锈蚀。

6）含 NaCN 的渗碳盐有剧毒，在原材料的保管、存放及操作时要格外的认真。残盐、废渣、废水必须经过三废处理，以免造成环境污染。

7）定期捞渣：应每出炉一次，捞渣一次。

8）盐浴渗碳适宜直接淬火或预冷淬火，预冷可随炉冷或转入等温槽冷。

5.1.3   固体渗碳

固体渗碳是最古老的渗碳技艺，至今仍有它的用武之地，它不需要专门的渗碳设备，但渗碳时间较长，渗层不易控制，不能直接淬火，劳动条件不佳，对环境也不友好，但可以防止某些合金钢在渗碳过程中的内氧化。

1. 渗碳剂

固体渗碳剂主要由供渗剂、催化剂组成。供渗剂一般有木炭、焦炭、锯木屑，催化剂一般是碳酸盐，如 $BaCO_3$、Na_2CO_3 等，也可选用醋酸钠、醋酸钡等作为催化剂。

固体渗碳剂加黏结剂可制成颗状渗碳剂，这种渗碳剂松散，渗碳时透气性好，有利于渗碳反应顺利进行。常用的固体渗碳剂见表 5-19。

表 5-19　几种常用的固体渗碳剂

渗碳剂组分（质量分数，%）	使 用 说 明
$BaCO_3$ 5、$CaCO_3$ 5、其余为木炭	920℃渗层深 1.0 ~ 1.5mm，平均渗速为 0.11mm/h，表面碳质量分数为 1.0%，新旧渗剂配比为 3∶7
$BaCO_3$ 3 ~ 4，其余为木炭	① 20CrMnTi 钢 930℃ ×7h 渗碳，渗碳层深 1.33mm，表面碳质量分数为 1.07%；②用于低合金渗碳钢时，新旧渗剂之比为 1∶3，用于低碳钢时，$BaCO_3$ 应增加至 15%
$BaCO_3$ 3 ~ 4，Na_2CO_3 0.3 ~ 1，其余为木炭	用于 18Cr2Ni4WA 及 20Cr2Ni4A，渗碳层深 1.3 ~ 1.9mm 时，表面碳质量分数为 1.2% ~ 1.5%；用于 12CrNi3 的渗碳时，$BaCO_3$ 须增加至 5% ~ 8%
醋酸钠 10，焦炭 30 ~ 35，木炭 55 ~ 60，重柴油 2 ~ 3	由于含醋酸钠（或醋酸钡），渗碳活性较高，渗速较快，但容易使表面碳含量过高。因含焦炭，渗剂热强度高，抗烧损性能好

2. 渗碳工艺

图 5-18 所示为两种典型的固体渗碳工艺。固体渗碳速度很慢，透烧的目的是使渗碳箱温度尽量均匀，减少工件渗层深度的差别。透烧的时间与渗碳箱大小及装炉量多少有关，推荐表 5-20 中的透烧时间。图 5-18b 中扩散的目的是适当降低表面的碳浓度，使渗层适当加厚。

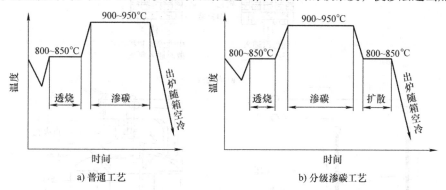

a) 普通工艺　　　　　　　　　　b) 分级渗碳工艺

图 5-18　固体渗碳工艺

表 5-20　固体渗碳透烧时间

渗碳箱尺寸：（直径 /mm）×（高 /mm）	250×450	350×450	350×600	450×450
透烧时间 /h	2.5 ~ 3	3.5 ~ 4	4 ~ 4.5	4.5 ~ 5

固体渗碳的时间应根据渗层要求、渗剂成分、工件及装箱等具体情况而定，往往需要摸索才能找到最佳工艺。

渗碳剂的选择也应根据具体情况而定，若要求表面碳含量高、渗层深，则选用活性高的渗剂，含 Cr、Mo 等碳化物元素的低合金钢则应选择活性低的渗剂。

作者在实践中应用木屑加微量的 Na_2CO_3 作为固体渗碳剂，效果也不错，变废为宝，渗速快，对环境污染小，不过，渗碳箱密封性一定要好。

3. 固体渗碳操作要点

1）工件渗前要清洁干净，不得有氧化皮、油污、锈蚀等。

2）渗碳箱一般用 Q235 或耐热钢板焊制，容积一般为渗件体积的 5~7 倍。

3）工件装箱前，先在箱底铺一层 30~40mm 渗剂，再将渗件整齐地放入箱内，工件与箱壁、工件与工件之间应间隔 15~25mm，空隙处塞紧渗剂。工件应放置稳固，放置完毕后再用渗剂将箱子空隙处填满捣实，直至盖过工件高端 30~50mm。装箱完毕后盖上盖子，并用耐火泥密封。

4）多次使用渗碳剂时，应该新旧搭配，新旧渗剂之比为 3：7。

5.1.4 其他渗碳工艺

1. 流动粒子炉渗碳（又称流态床渗碳）

20 世纪 60 年代初日本已开始利用流动粒子炉进行化学热处理，并获得了较理想的效果。根据流动粒子炉所用的热源和粒子的不同，流动粒子炉渗碳有三种方法，如图 5-19 所示。

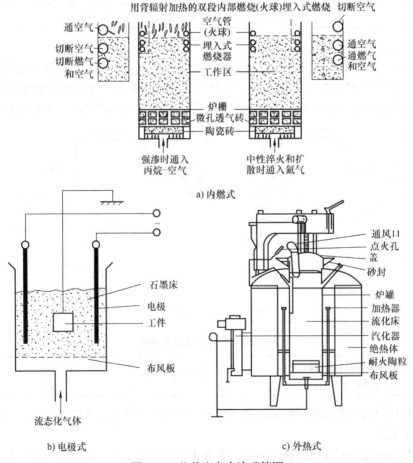

图 5-19　几种流态床渗碳简图

　　第一种方法是，当使用石美砂、刚玉砂或锆砂作流动粒子，并以丙烷、丁烷或天然气为燃料时，可通过调节燃料气与空气之比（如空气 : 丙烷 = 4 : 1），使之产生不完全燃烧，让燃气中保留大量的 CO 气体，形成强烈的渗碳气氛进行渗碳。实施这种渗碳工艺时，先将工件装入炉床下部的流动粒子炉中，然后从炉床底部进气室的透风板进入炉床的燃料气和空气发生不完全燃烧，所产生的燃气既能使流动粒子浮动形成流态化，又能起到加热渗碳的作用。高温下，燃气中的 CO 可分解出大量的活性碳原子，渗入工件的表面形成渗碳层。气体的碳势主要通过调节燃料气与混合气的比来控制，给定的空气系数应比完全燃烧的小，这样才能维持不完全燃烧状态，并使燃料气中的 CO 含量 > 23%，以保证能分解出渗碳所需的活性碳原子。这种对工件渗碳的不完全燃烧气体流动到炉床上部就可以与吹入的二次空气混合，进一步完全燃烧，对流动粒子进行充分的加热，以维持渗碳所需的高温。废气最后从炉床口上的烟道排出。

　　燃气直接加热流动粒子炉渗碳的主要特点是由于加热速度快（250～400℃/min），工件表面被流动粒子撞击而得到活化，所以渗碳速度很快，约为一般渗碳速度 3～5 倍，例如在 950℃×1h 渗碳，渗层深度可达 0.8～0.9mm。

　　第二种方法是直接电热式石墨（或碳粉）流动粒子炉渗碳。炉床的两对应壁上安装板状电极，以石墨粉或碳粉作导电粒子，并从炉床底部进气室的透气板通入空气，使粒子浮动形成液态化。电极通电后，粒子之间撞击和分离，产生电火花使工件加热，同时空气中的氧与石墨或炭粉中的碳形成一氧化碳，随后又分解出大量的活性碳原子，对工件进行渗碳。炉温越高，碳势也越高，适当地调整电参数、炉温以及粒子的种类和粒度，便可满足工艺设计渗碳要求。

　　第三种为外热式液态床渗碳。该法采用氮气加富化气作为流化气，如氮气—丙烷，氮气—甲醇，氮气—丙烷—空气等。流化气进入流态床，Al_2O_3 流态化的同时富化气在高温下裂解，在炉内形成渗碳气氛，通过调整氮气与富化气的比例来调整碳势，气氛的碳势可以用氧探头直接测量。图 5-20 所示为采用氮气—丙烷—空气作为流化气渗碳淬火后渗层的硬度。

　　工件在流态床中渗碳表面不会沉积炭黑，可采用高碳势渗碳。708A25 钢在流态床经高温渗碳后，表面含碳可达 2.5%（质量分数），淬火后硬度分布如图 5-21 所示。

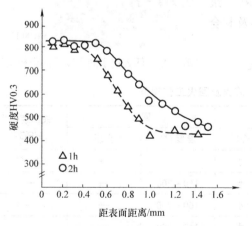

图 5-20　708A25 钢流态床渗碳淬火后的硬度分布
注：流化气为氮气 - 丙烷 - 空气，渗碳温度为970℃，淬火温度为850℃，油冷。

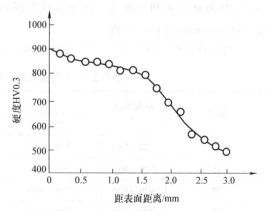

图 5-21　708A25 钢高碳势渗碳淬火后硬度分布
注：970℃×8h 渗碳，850℃，水淬。

　　石墨流动粒子炉渗碳温度常用980～1030℃，渗碳速度为气体渗碳的 4～6 倍，如在（980～

1030）℃×20min 渗碳层深度可达 0.50～0.60mm。由于渗碳温度高，晶粒易粗化，所以渗碳后往往要做细化晶粒的正火处理。

2. CD 渗碳

该工艺是将含有大量强碳化物形成元素（如 Cr、W、Mo、V、Ti）的模具钢，在渗碳气氛中加热，在碳原子自表面向内扩散的同时，渗层中沉积出大量的弥散的合金碳化物，其含量高达 50% 以上，呈细小均匀分布，经淬火回火处理后可获得很高的硬度和耐磨性。

经过 CD 渗碳的模具心部没有像 Cr12 模具钢和高速钢制造的模具中出现的粗大共晶碳化物和严重的碳化物偏析，故心部的强韧性比 Cr12MoV 钢制造的模具提高 3～5 倍。该渗碳工艺用于模具的表面强化，适用于低碳、中碳合金钢的渗碳。由于模具型腔比较复杂，表面粗糙度要求高，宜选用碳含量低、冷塑性变形好的塑料模具钢，如 20Cr、12CrNi3A、20CrMnTi 等，退火后采用冷挤压的方法制造出模具的型腔，最后实施 CD 渗碳。

低碳合金钢渗碳后表面 $w(C)$ 以 0.85%～1.05% 为佳，如图 5-22 所示，从图中可以看出，随着碳含量的增加，铁素体（图中白色部分）逐渐减少，$w(C)$ 高于 1%，则网状碳化物增多（图中左上角）。预硬型塑料模具钢进行 CD 渗碳处理，将碳含量控制在此范围内淬火后，不仅提高了表面硬度，还可以对模具抛光从而达到镜面级的表面粗糙度。该工艺在部分热作模具上推广亦获得了成功，从而提高了 4Cr5MoSiVI、3Cr2W8V 等热模具的寿命。例如：3Cr2W8V 钢热挤压模，1140～1150℃盐浴加热，（550～560）℃×2h×2 次回火后，表面硬度为 58～61HRC，最后经 CD 渗碳淬火回火处理，挤压非铁金属材料及其合金，使用寿命提高 1.8～3 倍。

常用结构钢的渗碳、淬火及回火工艺规范见表 5-21。

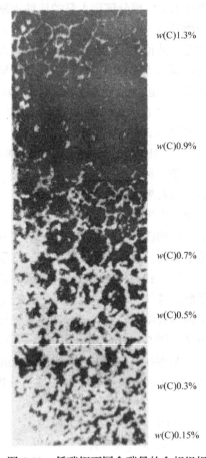

$w(C)1.3\%$

$w(C)0.9\%$

$w(C)0.7\%$

$w(C)0.5\%$

$w(C)0.3\%$

$w(C)0.15\%$

图 5-22　低碳钢不同含碳量的金相组织

表 5-21　常用结构钢渗碳、淬火及回火工艺规范

牌号	渗碳温度 /℃	淬火		回火		表面硬度 HRC
		温度 /℃	介质	温度 /℃	介质	
10	920～940	890～780	水	—	—	62～65
15	920～940	760～800	水	160～200	—	—
20	920～940	770～800	水	160～200	—	—
25	920～940	770～800	水	160～200	—	—
20Mn	910～930	770～880	水	160～200	空气	58～64
20Mn2	910～930	810～890	油	150～180	空气	≥55
15MnV	900～940	降至 820～840	油	180～220	空气	≥55

（续）

牌号	渗碳温度 /℃	淬火		回火		表面硬度 HRC
		温度 /℃	介质	温度 /℃	介质	
15MnB	890～900	降至 860～870	水	180～200	空气	≥60
20MnB	890～900	降至 860～870	水	180～200	空气	≥60
20MnTiB	890～900	降至 860～870	水	180～200	空气	≥60
20CrMnB	890～900	降至 860～870	水	180～200	空气	≥60
20Mn2B	910～930	860～830	油	150～200	空气	≥56
25CrTiB	920～940	降至 830～860	油	150～200	空气	≥58
25Mn2TiB	930～950	降至 830～860	油	180～200	空气	56～62
20SiMnVB	920～940	860～880	油	180～200	空气	56～61
23SiMn2Mo	920～940	850～880	油	160～180	空气	≥58
24SiMnMoVA	900～940	840～860	油	160～200	空气	≥58
15SiMn3MoA	920～940	780～800	油	150～200	空气	≥58
12SiMn2WVA	920～940	780～800	油	160～180	空气	≥58
15Cr	900～930	降至 870	油	170～190	空气	≥56
20Cr	920～940	780～820	油或水	160～200	油或空气	58～64
20CrV	920～940	780～820	油或水	160～200	空气	58～62
20CrMo	920～940	820～840	油或水	160～200	空气	58～62
25CrMo	920～940	780～820	油	160～200	空气	≥58
15CrMn	920～940	780～820	油	160～200	空气	≥58
20CrMn	910～930	810～830	油	160～200	空气	—
15CrMnMo	900～920	780～800	油	180～200	空气	≥53
20CrMnMo	900～930	810～830	油	180～200	空气	58～63
20Cr2Mn2Mo	920～940	820～840	油	160～180	—	—
20CrMnTi	920～940	降至 840～860	油	160～180	空气	58～63
20CrNi	900～930	800～820	油	160～180	空气	58～63
12CrNi2	900～940	820～840	油	150～200	油或空气	≥56
12CrNi3	900～920	820～840	油	150～200	空气	54～58
12Cr2Ni4	900～930	860～880	油	160～200	空气	≥60
20Cr2Ni4	900～930	810～830	油	150～180	空气	≥58
18Cr2Ni4WA	910～940	840～860	油	150～200	空气	≥56
20CrNiMo	920～940	790～820	油	180～200	油	58～63
20Ni4Mo	920～940	810～840	油	150～180	油	≥56
20Cr2Mn2SiMoA	920～950	降至 890	油	150～180	油	56～60
20CrNi3	900～940	降至 880	油	150～200	油	≥58

模具渗碳的应用实例见表 5-22。

表 5-22   模具渗碳的应用实例

模具材料及名称	原工艺	模具寿命/件	渗碳淬火热处理工艺	模具寿命/件
Cr12MoV 钢制八角模	常规工艺	2000	加工对象 20Cr 钢。920℃×4h 固体渗碳，预冷至 860℃油淬，180℃×1.5h 回火	30000
M2 钢螺母冲模	常规工艺	20000	820℃预热，1100℃×2h 固体渗碳，1160~1180℃盐浴加热，短时保温后分级淬火，560℃×1h×3 次回火	40000~60000
3Cr2W8V 钢热挤压凸模	常规工艺	1000~2000	820℃预热，1100℃×（2~3）h 固体渗碳后取出直接淬火，560℃×2h×2 次回火	8000~10000

5.2   钢的碳氮共渗

在一定的温度下，将 C 和 N 同时（以渗碳为主）渗入处于奥氏体状态的钢件表面的化学热处理工艺称为碳氮共渗。最早的碳氮共渗是在含有氰根的盐浴中进行的，因此又被称为氰化。

碳氮共渗与渗碳不同，由于氮的渗入使它具有以下特点：

1）N 降低了钢的 A_1 点温度，故可以在较低的温度下进行碳氮共渗，工件不会过热，通常共渗后可直接淬火，热处理变形比渗碳小。

2）N 使等温转变图向右移，提高了淬透性，允许在较缓慢冷却介质中淬火。

3）N 降低了钢的 Ms 点，因此渗层中的残留奥氏体较多。

4）碳氮共渗层深度较渗碳层浅，承载能力不及渗碳。

5）C、N 同时渗入加大了碳的扩散系数，在相同的温度和时间的条件下，碳氮共渗层的深度要大于单独渗碳层的深度，即碳氮共渗的渗速较快，可以缩短工艺周期。

气体碳氮共渗应用比较广，按照处理温度的不同，可分为低温碳氮共渗（＜780℃）、中温碳氮共渗（780~880℃）和高温碳氮共渗（＞880℃），可由钢种与工件的技术要求选择。

气体碳氮共渗是向炉内通入吸热式气氛，即通入吸热式载气、渗碳富化气和氨气或向炉内滴入含 C、N 的有机液体或滴入渗碳有机液体和通入氨气等，在一定的温度下发生化学反应，形成活性 C、N 原子，通过界面反应，向内扩散，渗入钢件表层。氨气与炉中的甲烷、CO 发生如下反应：

$$NH_3 + CO \Longleftrightarrow HCN + H_2O$$

$$NH_3 + CH_4 \Longleftrightarrow HCN + 3H_2$$

$$2HCN \longrightarrow 2[C] + 2[N] + H_2$$

1. 碳氮共渗剂及炉气成分

常用的气体碳氮共渗剂见表 5-23。

以吸热式气氛为载体，添加少量的渗碳气体（甲烷或丙烷）和氨气组成的供渗剂，适合大规模批量生产，这种炉气中含有较高的 CO%，并能保持炉气相对稳定，碳势的控制特点与吸热式气体渗碳相似。

经证实，甲酰胺是一种良好的碳氮共渗剂，气氛可控性好，操作方便，比较适用的几种共渗剂炉气成分见表 5-24。

表 5-23　常用的气体碳氮共渗剂

渗剂	组分	使用方法
气体渗碳剂 + 氨气	吸热式气氛 + 富化气（甲烷或丙烷）+ 氨	吸热式气氛露点控制在 0℃ 左右，通入 5% ~ 10%（体积分数）甲烷或 1% ~ 3%（体积分数）丙烷、氨 1.5% ~ 5%（体积分数）。吸热式载气流量为炉膛的 6 ~ 10 倍，换气数为 6 ~ 10 次 /h
液体渗碳剂 + 氨气	1. 煤油 + 氨 2. 甲醇 + 丙酮 + 氨	有机液体分别装入容器中，通过针阀滴入炉中，氨气减压和干燥通入炉内，煤油产气量为 0.75%m³/L，换气次数为 2 ~ 8 次 /h
含碳氮有机化合物	1. 三乙醇胺 2. 三乙醇胺 + 尿素 3. 甲醇 + 三乙醇胺 4. 甲醇 + 三乙醇胺 + 尿素 5. 甲醇 + 甲酰胺	三乙醇胺、甲醇、甲酰胺有机液体直接滴入炉内；尿素 20%（质量分数）左右溶入三乙醇胺，滴入尿素可用螺旋送料机构送入炉中

表 5-24　碳氮共渗共渗炉气成分

共渗剂与共渗温度	气体成分（质量分数，%）						
	CO	H_2	CO_2	CH_4	O_2	CnH_{2n}	N_2
吸热式气氛 + 丙烷 + 4%NH_3，870℃	21.5	34.2	0.15	少量	未测	未测	43
煤油 + 氨；860℃	1 ~ 10	60 ~ 70	< 0.1	5 ~ 20	≤ 0.02	≤ 0.5	15 ~ 30
甲醇 + 丙酮 + 氨，820 ~ 850℃	28	~ 6.5	0.4	1.36	0.036	未测	4.15
三乙醇胺 + 乙醇 + 煤油，880℃	23.5	54	0.35	13.5	未测	未测	7.5

2. 气体碳氮共渗工艺参数

通常气体碳氮共渗主要工艺参数有：共渗介质的组分与炉气特性、共渗温度和时间三个。根据钢种和使用性能的要求，共渗温度常选择在 820 ~ 860℃。共渗时间根据渗层深度要求而定。实验证明，渗层深度与共渗时间的关系符合抛物线规律：

$$\delta = K\sqrt{t} \ (mm) \tag{5-2}$$

式中　t——共渗时间；

　　　K——常数，见表 5-25。

表 5-25　860℃气体碳氮共渗时不同钢种的 K 值

牌　号	20	20Cr	40Cr	18CrMnTi
K	0.28	0.30	0.37	0.32

图 5-23 所示为 20 钢气体碳氮共渗时温度和时间对共渗层深度的影响，图 5-24、图 5-25 所示分别为用煤、氨、三乙醇胺碳氮共渗渗层中 C、N 含量的分布。

碳氮共渗的炉气露点和添加的氨量对 20 钢共渗层中 C、N 含量的影响如图 5-26 所示。

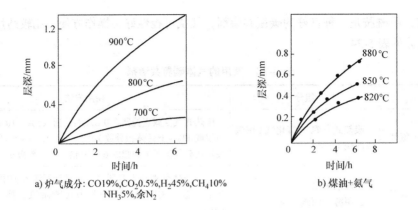

a) 炉气成分: CO19%,CO₂0.5%,H₂45%,CH₄10%
NH₃5%,余N₂

b) 煤油+氨气

图 5-23   20 钢气体碳氮共渗温度和时间对共渗层深度的影响

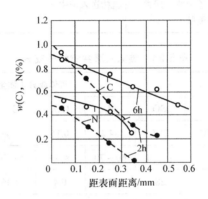

图 5-24   20 钢碳氮共渗渗层中碳、氮的含量分布（用煤油 +NH₃，850℃）

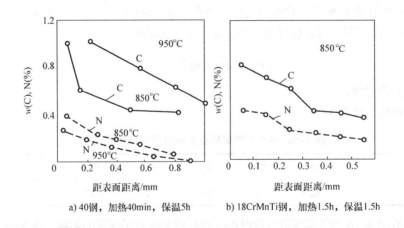

a) 40钢，加热40min，保温5h

b) 18CrMnTi钢，加热1.5h，保温1.5h

图 5-25   用三乙醇胺碳氮共渗渗层中碳、氮的含量分布

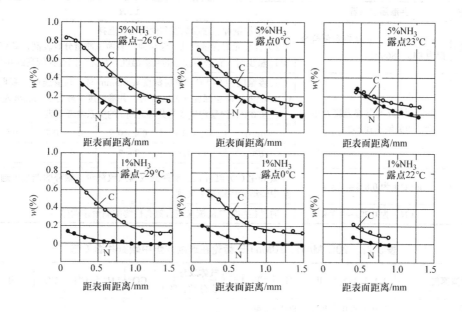

图 5-26　20 钢碳氮共渗时的氨浓度和富化气露点对碳氮梯度的影响
（840℃ ×4h；富化气含 5%CH₄，其余为载体气）

由上述诸图可以看出，影响气体碳氮共渗层深度、表面 C、N 含量的因素较多，除共渗温度、保温时间外，共渗的气氛组成影响较大，其中氨的加入量直接影响着渗层中 C、N 浓度和共渗速度，因此氨要控制合适，如发生式炉的供氨量应为载气的 25%～40%（体积分数）为宜。供氨过量将产生不良后果，如产生大量的碳氮化合物而阻碍 C、N 原子扩散，甚至使渗层出现黑色组织等缺陷，残留奥氏体过多，并使表层硬度下降。

气体碳氮共渗的碳势控制与氮势控制的基本原理分别和气体渗碳和渗氮相同，但由于共渗过程中渗碳组分和渗氮组分的相互作用以及固溶体内碳与氮对活度系数的相互影响，增加了碳势与氮势控制的复杂性。

若吸热式气氛加富化气及氨气所形成的气氛中，CO%（CO 在气氛中所占的体积分数）仍保持在 20% 以上，且 CO% 和 H₂% 又比较稳定，这种气氛碳势控制与吸热式气氛渗碳相近。而用煤油加氨气进行碳氮共渗时，因炉气中的 CH₄ 含量高，CO 含量低，且 CO₂ 含量甚微，其碳势控制尚不理想。

炉气的碳势测量方法，可以用露点仪、CO₂ 红外仪和氧探头测量，而炉气中的氮势测量，至今尚未找到好方法，不少单位在稳定炉气氮势的基础上控制炉气中的 CO₂ 及 CH₄ 量，再控制碳势。

气体碳氮共渗工艺见表 5-26。

3. 气体碳氮共渗应用举例

气体碳氮共渗设备与气体渗碳相似。几种钢制齿轮进行气体碳氮共渗工艺见表 5-27，几种气体碳氮共渗工艺参考数据见表 5-28。

表 5-26　气体碳氮共渗工艺

工艺参数	共渗温度推荐值	说明				
共渗温度	820～880℃，低碳钢和低合金钢为 840～860℃	1）根据钢种、渗层深度和使用性能选择 2）合金元素含量较低、渗层薄、表面氮质量分数较高，畸变较小的和 r_R 量少时，宜选用较低的共渗温度；反之，则选择较高的共渗温度				
共渗时间	共渗时间 t 与共渗温度及渗层深度 δ 的关系见式 5-2	共渗温度为 840℃，渗层深度 ≤ 0.5mm 时，共渗速度一般取 0.15～0.20mm/h；渗层深度 > 0.5mm 时，共渗速度一般为 0.1mm/h 左右 在 850℃，渗层深度 δ 与共渗时间 t 的关系参考下表				
		δ/mm	0.2～0.3	0.4～0.5	0.6～0.7	0.8～1.0
		t/h	1～1.5	2～3	4～5	7～9
碳势	$w(C)$ 为 0.8%～1.2%	碳势用 CO_2 红外仪、氧探头或露点仪测量，碳势的调整可通过共渗剂中碳组元的滴量来实现				
氮势	$w(N)$ 为 0.2%～0.3%	通过控制氨气的流量或含氮有机物的滴量来调整				

表 5-27　20CrMnTi、20MnTiB 齿轮在连续式炉中碳氮共渗工艺

共渗区域	1-1	1-2	Ⅱ	Ⅲ	Ⅳ	气体成分 （体积分数，%）	CO	H_2	CH_4	CO_2	C_nH_{2n}	N_2
温度 /℃	780	860	880	860	840	吸热式气	23	34	1.5	0.2	0.4	余量
吸热气氛 /（m³/h）	7	6	4	5	6							
丙烷 /（m³/h）	0	0.1	0.2	0.1	0	炉气氛	20	39	1.6	0.2	0.4	余量
氨气 /（m³/h）	0	0.3	0.3	0.2	0							

表 5-28　几种气体碳氮共渗工艺参考数据

炉型	渗碳剂用量	氨气用量 /（m³/h）	氨气占炉气总体积比例（%）	使用说明
RJJ-25-9T	煤油 60 滴 /min	0.06	36	—
RJJ-35-9T	煤油 80 滴 /min	0.08	40	—
RJJ-45-9T	液化气 0.1m³/h 煤油 50mL/min	0.05 0.15	8 40	—
RJJ-60-9T	煤油 100 滴 /min	0.12	40	—
RJJ-75-9T	煤油 120 滴 /min 甲苯 + 二甲苯（0.38m³/h）	0.16 0.12	43 24	—
RJJ-90-9T	煤油 130 滴 /min	0.18	43	—
RJJ-105-9T	煤油 140 滴 /min	0.20	44	—
密封箱式炉炉膛尺寸： 915mm × 610mm × 460mm （长 × 宽 × 高）	丙烷制备吸热气氛 12m³/h，丙烷 0.4～0.5m³/h，炉气露点 -12～-8℃	0.1～1.5	7.5～10.7	20CrMnTi、20Cr，850℃层深 0.58～0.59mm，硬度 ≥ 58HRC，总时间 160min
	煤气制备吸热式气氛（露点 0℃）15m³/h 液化石油气 0.2m³/h，炉气 CO_2 0.1%（体积分数），CH_4 3.5%（体积分数）	0.40	2.6	35 钢，860℃层深 0.15～0.25mm，硬度 50～60HRC，总时间 65～70min

（续）

炉 型	渗碳剂用量	氨气用量/(m³/h)	氨气占炉气总体积比例(%)	使 用 说 明
连续推杆炉	丙烷制备吸热式气氛 28m³/h，丙烷 0.4m³/h	0.5	1.7	共渗区 860℃，20CrMnTi、20MnTiB，层深 0.7～1.1mm，硬度 56～63HRC，总时间 10h
连续式推杆炉 [炉膛尺寸：5400mm×1000mm×941mm（长×宽×高）]	煤气制备吸热式气氛 22m³/h（露点 0～7℃），丙烷 0.35%～0.5m³/h	0.5～0.7	2.2～3.2	材料 Q195，900℃，层深 0.3～0.4mm，硬度 ≥ 58HRC，总时间 5h
密封振底炉 [炉膛尺寸：4000mm×600mm×240mm（长×宽×高）]	煤气制备吸热式气氛 15m³/h	2.25～3	15～20	材料 Q235，820～840℃，层深 0.15～0.30mm，硬度 56～63HRC，总时间 40～45min

应用实例 1——井式炉碳氮共渗

表 5-29 为在 JT-60 井式炉中实施的气体碳氮共渗工艺参数。

表 5-29　JT-60 井式炉气体碳氮共渗工艺参数

渗件材料	氨气流量/(m³/h)	液化气流量/(m³/h)	吸热式气体流量/(m³/h)		炉温/℃	淬火介质
			装炉 20min	20min 以后		
15Cr、20Cr、40Cr、16Mn、18CrMnTi	0.05	0.1	5.0	5.0	上区 870	油
Y2、10、20、35	0.05	0.15	5.0	0.5	下区 860	碱水

注：吸热式气体成分（体积分数:%）:$CO_2 \leq 1.0$、O_2:0.6、C_nH_{2n}:0.6、CO:26、CH_4:4～8、H_2:16～18、N_2余量。

应用实例 2——密封箱式炉碳氮共渗

低碳 Cr-Ni-Mo 钢制齿轮，在密封式箱式炉中进行碳氮共渗，每炉装工件 341.5kg，毛重 458.5kg。全过程以 21.2m³/h 流量，通入露点为 -15～-14℃的吸热式气体的载体，在 815℃×33min 通入丙烷和氨气，进行碳氮共渗，共渗 30min 后直接淬火。碳氮共渗末期炉气成分分析结果见表 5-30。

表 5-30　碳氮共渗末期炉气成分分析结果

取样位置	气体含量（体积分数，%）				
	CO_2	CO	CH_4	H_2	N_2
工作室	0.4	20.4	1.2	34.2	余量
前室	0.8	22.4	1.2	34.2	余量

应用实例 3——20 齿自行车飞轮碳氮共渗、淬火回火工艺参数见表 5-31。

4. 液体碳氮共渗

液体碳氮共渗是在能分解出活性 [C]、[N] 的盐浴中进行的碳氮共渗处理。与气体渗碳相比，液体碳氮共渗所用的渗剂中氰化盐含量较高，因而共渗温度也较低，一般为 780～870℃，这样可以降低碳的扩散速度和渗入深度，同时却可以增加 N 在共渗层中的浓度，使共渗层 C、N 的含量和浓度梯度有适当的配合。

表 5-31   20 齿自行车飞轮碳氮共渗、淬火回火工艺参数

工 作 区 间	1 区	2 区	3 区	4 区
工作温度 /℃	860	870	870	850
甲醇流量 /(L/h)	2.5	2.5	2.5	2.5
氨气流量 /(m³/h)	2	2	2	2
丙烷流量 /(m³/h)	—	0.06 ~ 0.6	0.06 ~ 0.6	—
氮气流量 /(m³/h)	—	0.3	0.3	—
氧控头输出值 /mV	—	1143	1137	—
碳势控制值（%）	—	1.1	1.05	—
淬火油温 /℃	90 ~ 110			
回火工艺	油中 160℃ × 1.5h × 1 次 出炉空冷			

注：推杆式炉膛容积 8.6m³，生产中用氧探头控制炉内碳势。

实际生产中的盐浴配方（质量分数）：25%Na$_2$CO$_3$ + 30%NaCN + 45%NaCl，熔点为 605℃。加热时 NaCN 与空气和盐浴中的氧作用，生成氰酸钠。

$$2NaCN + O_2 \longrightarrow 2NaCNO$$

氰盐不稳定，继续被氧化和自身分解，产生活性 [C]、[N] 原子

$$2NaCNO + O_2 \longrightarrow Na_2CO_3 + CO + 2[N]$$

$$4NaCNO \longrightarrow Na_2CO_3 + CO + 2[N] + 2NaCN$$

$$2CO \longrightarrow CO_2 + [C]$$

由以上反应可以看出，盐浴的活性受制于 NaCNO 的含量。添加适当的 Na$_2$CO$_3$ 在盐浴中与氰化钠发生下列反应，起催化作用。

$$2NaCN + Na_2CO_3 \longrightarrow 2Na_2O + 2[C] + 2[N] + CO$$

当 Na$_2$CO$_3$ 超过一定限度后，会发生不良反应，生成大量 CO$_2$，阻碍渗碳，使共渗力降低。$2NaCN + 6Na_2CO_3 \longrightarrow 7Na_2O + 2[N] + 5CO + 2CO_2$，所以炉内 Na$_2CO_3$ 不宜过多，一般控制在 25% 以下。

液体碳氮共渗工艺及效果见表 5-32，保温时间与渗层深度的关系见表 5-33。

表 5-32   液体碳氮共渗工艺及效果

盐浴成分（质量分数，%）	共渗工艺			备 注
	温度 /℃	时间 /h	渗层厚度 /mm	
50NaCN + 50NaCl（20 ~ 25NaCN + 25 ~ 50 NaCl + 25 ~ 50Na$_2$CO$_3$[①]）	840	0.5	0.15 ~ 0.2	工件碳氮共渗后从盐浴中取出直接淬火，然后在 180 ~ 200℃ 回火
	840	1	0.3 ~ 0.25	
	870	0.5	0.2 ~ 0.25	
	870	1	0.25 ~ 0.35	

（续）

盐浴成分 （质量分数，%）	共渗工艺			备　注
	温度 /℃	时间 /h	渗层厚度 /mm	
10NaCN + 40NaCl + 50BaCl₂ （8 ~ 12NaCN + 30 ~ 55） NaCl + ≤ 50BaCl₂ ②）	840	1 ~ 1.5	0.25 ~ 0.30	工件共渗后空冷，然后再加热淬火，并在 180 ~ 200℃ 回火，渗层中 N 的质量分数为 0.2% ~ 0.3%，碳的质量分数为 0.8% ~ 1.20%，表面硬度 58 ~ 64HRC
	900	1.0	0.30 ~ 0.50	
	900	2.0	0.70 ~ 0.80	
	900	4.0	1.0 ~ 1.2	
8NaCN + 10NaCl + 82BaCl₂	900	0.5	0.2 ~ 0.25	盐浴面用石墨覆盖，以减少热量损失和碳的损耗
	900	1.5	0.5 ~ 0.8	
	950	2.0	0.8 ~ 1.1	
	950	3.0	1.0 ~ 1.2	
	950	5.5	1.4 ~ 1.6	
37.5（NH₂）₂CO + 37.5KCl + 25Na₂CO₃	原材料无毒，可代替氰盐组成的盐浴；但尿素与碳酸盐在生产过程中反应生成的产物为有剧毒的氰酸盐			

① 括号内为盐浴的工作成分。

② 使用中盐浴中的活性会下降，应及时添加 NaCN、使其恢复，通常用 NaCN：BaCl₂ = 1：4（质量比）。

表 5-33　液体碳氮共渗保温时间与渗层深度的关系（共渗温度 820 ~ 840℃）

牌号	保温时间 /h					
	1	2	3	4	5	6
	渗层深度 /mm					
20	0.34 ~ 0.36	0.43 ~ 0.45	0.53 ~ 0.55	0.62 ~ 0.64	0.63 ~ 0.64	0.73 ~ 0.75
45	0.32 ~ 0.34	0.35 ~ 0.37	0.40 ~ 0.42	0.52 ~ 0.54	0.55 ~ 0.57	0.68 ~ 0.70
20Cr	0.38 ~ 0.40	0.53 ~ 0.55	0.62 ~ 0.64	0.73 ~ 0.75	0.80 ~ 0.82	0.82 ~ 0.84
40Cr	0.28 ~ 0.30	0.35 ~ 0.37	0.48 ~ 0.50	0.58 ~ 0.60	0.65 ~ 0.67	0.68 ~ 0.70
12CrNi3A	0.34 ~ 0.36	0.46 ~ 0.48	0.52 ~ 0.54	0.58 ~ 0.60	0.65 ~ 0.67	0.73 ~ 0.75

注：渗层中碳的质量分数为 0.70% ~ 0.80%，氮的质量分数 0.25% ~ 0.50%。

盐浴碳氮共渗后，工装、夹具、辅具等都应进行中和处理，方法如下：

1）在质量分数为 5% ~ 10% 的 Na_2CO_3 水溶液中煮沸 10min 左右。

2）于质量分数为 2% 沸腾的磷酸溶液或质量分数为 10% 的 $CuSO_4$ 或硫酸亚铁溶液中洗涤。

3）在开水中冲洗。

4）盐浴中的盐渣及废水，要经中和处理方可排放。

5. 流态床碳氮共渗

与渗碳一样，碳氮共渗也可以采用流态床处理。流态床碳氮共渗的速度及表面硬度不同于普通的气体碳氮共渗，氨气的加入量对渗层深度的影响如图 5-27 和图 5-28 所示。

6. 真空碳氮共渗

真空碳氮共渗比常规的碳氮共渗渗速要快，渗层的质量要好，通常在 1.33×10^4 ~ 3.33×10^4Pa 的低压下进行。以甲烷 + 氨气或丙烷 + 氨气做共渗气体，供气的方式可采用脉冲法或恒压法。恒压法供气时共渗也可以由渗入和扩散两个阶段组成。渗入工件表面的 N 原子，在扩散阶段会同时向基体内和工件表面两个方向扩散，所以扩散阶段时间不宜过长，以免过渡退氮。AISI 标准中的 1080 钢 900℃真空碳氮共渗后的 C、N 含量及硬度分布图如图 5-29 所示。

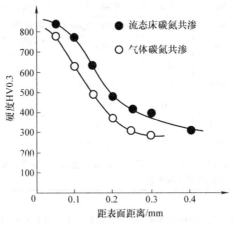

图 5-27　流态床碳氮共渗与普通气体碳氮共渗的比较

注：气氛为 N_2-C_3H_8- 空气 -NH_3，材料为中碳钢，共渗温度为 870℃。

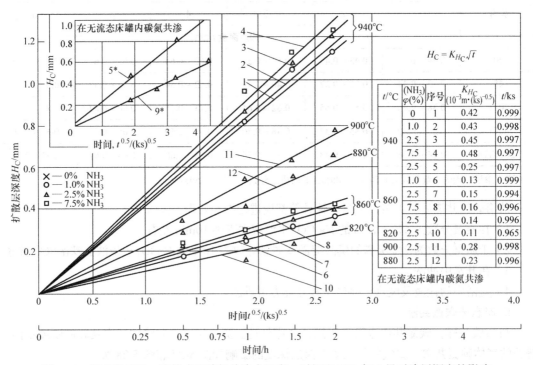

图 5-28　流动粒子炉、滚筒式炉碳氮共渗中温度、时间和 NH_3 加入量对渗层深度的影响

注：材料为 20 钢，H_C 为共渗层深度（mm），K_{H_C} 为常数，t 为时间（ks），气氛为 C_3H_8- 空气 -NH_3。

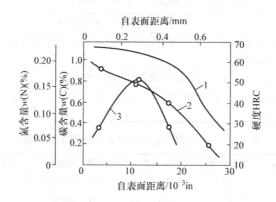

图 5-29 AISI1080 钢 900℃真空碳氮共渗后表面的碳，氮含量及硬度分布
1—硬度 2—碳含量 3—氮含量

7. 碳氮共渗后的热处理

国内外生产单位在钢件碳氮共渗后大多直接淬火，不仅畸变小，而且可保护共渗层表面良好的组织状态。

碳氮共渗层淬透性较高，可采用冷却能力较低的冷却介质。值得注意的是，碳氮共渗介质中有氨，氨溶于水形成 NH_4OH，对铜基材料有强烈的腐蚀作用。故连续式作业炉或密封式箱式炉气体碳氮共渗时忌用水淬，否则将腐蚀水槽中的铜制换热器。

大多数碳氮共渗淬火后的齿轮在 180～200℃回火，以降低表面脆性，同时确保表面硬度 ≥ 58HRC。合金钢制工件，为了减少磨削裂纹，也应回火处理。碳素钢渗件在 135～175℃回火，合金钢制渗件在 150～200℃回火，以提高尺寸的稳定性。定位销、支承件及垫圈等只需表面硬化的零件，可以不回火。

5.3 钢的渗氮

渗氮又称氮化，它是把钢铁制件放在含有活性氮原子的介质中，使 N 原子渗入到工件的表面的热处理工艺。

渗氮和其他化学热处理过程一样，包括渗剂中的反应、扩散、界面的反应、被渗元素在钢中的扩散及扩散过程中氮化物的形成。

渗剂中的反应主要指渗剂分解出含有活性氮原子的物质的过程，该物质通过渗剂的扩散输送到钢表面，参与界面反应，在界面反应中产生的活性氮被钢表面吸收，继而向内扩散形成渗氮层。

5.3.1 工件渗氮前的预备热处理

为了保证渗氮件心部具有必要的力学性能，消除内应力，为渗氮过程提供较好的原始组织和减少尺寸变化需进行预备热处理，钢铁渗氮前的预备热处理种类见表 5-34。常用钢渗氮前的预备热处理工艺规范见表 5-35。模具、量具、刃具渗氮前的热处理规范见表 5-36。合金铸铁渗氮前的退火或调质处理见表 5-37。耐热钢、不锈钢渗氮前的热处理规范见表 5-38。渗氮件非渗氮部位的保护见表 5-39。

表 5-34　钢铁渗氮前的预备热处理种类

预备热处理	工艺要求与适用范围
调质	最常用的预备热处理工艺，选择适当的淬火冷却介质，保证不出现游离铁素体，调质回火的温度应比渗氮的温度稍高
正火	一般不太重要的工件，允许用正火处理作为预处理
退火	容易变形的工件，经调质和粗加工后，应进行消除应力的退火处理，其温度应比调质回火低，比渗氮温度略高

表 5-35　常用钢渗氮前的预备热处理工艺规范

牌号	淬火温度 /℃	冷却介质	回火温度 /℃	调质后硬度	稳定化处理 /℃	备注
38CrMoAlA	920 ~ 940	油或水	620 ~ 650	340 ~ 380HBW	300 ~ 350	大件水冷
38CrV	850 ~ 870	油或水	520 ~ 550	31 ~ 38HRC	250 ~ 300	
40CrNiMoA	840 ~ 860	油或水	540 ~ 590	320 ~ 345HB	250 ~ 300	
40CrNiMoVA	850 ~ 870	油	650 ~ 670	365 ~ 370HB	250 ~ 300	
30CrMnSiA	890 ~ 900	油	500 ~ 540	37 ~ 41HRC	250	
30Cr3WA	870 ~ 890	油	550 ~ 575	33 ~ 38HRC	200 ~ 250	
40CrA	840 ~ 860	油或水	560 ~ 600	400 ~ 430HBW	250 ~ 300	大件水冷
35CrNiMo	850 ~ 870	油	520 ~ 550	340 ~ 360HBW	250 ~ 300	
50CrVA	850 ~ 870	油	480 ~ 520	38 ~ 43HRC	200 ~ 250	
25CrNi4WA	870 ~ 890	油	540 ~ 580	340 ~ 360HBW	250 ~ 300	
18CrNiA	870 ~ 890	油或水	520 ~ 560	320 ~ 340HBW	250 ~ 300	
12Cr2W4WA	870 ~ 890	油	520 ~ 580	340 ~ 390HBW	250 ~ 300	
18CrMnTi	880 ~ 900	油	540 ~ 580	28 ~ 32HRC	200 ~ 250	大件水冷
65Mn	840 ~ 860	油	550 ~ 600	28 ~ 32HRC	250 ~ 300	大件水冷
20CrNiMo	880 ~ 900	油	540 ~ 580	30 ~ 33HRC	250 ~ 300	
30CrNi3	860 ~ 880	油	550 ~ 600	29 ~ 33HRC	250 ~ 300	

表 5-36　模具、量具、刃具渗氮前的热处理规范

牌号	正火或退火			淬火回火或调质处理		
	加热温度 /℃	加热时间 /h	冷却方式	加热温度 /℃	加热温度 /℃	硬度 HRC
CrWMn	760 ~ 780	3 ~ 6	炉冷至 500℃出炉冷	820 ~ 840 油冷	580 ~ 650 空冷	27 ~ 32
GCr9	780 ~ 800 （球化退火）	2 ~ 3	炉冷至 690 ~ 700℃ × 4 ~ 5h，炉冷至 500℃空冷	840 ~ 850	580 ~ 650	29 ~ 35
Cr12MoV	840 ~ 860	2 ~ 4	炉冷至 500℃出炉；730℃ × (5 ~ 6)h 炉冷至 550℃出炉空冷	980 ~ 1000 油冷	680 ~ 700 空冷	31 ~ 35
3Cr2W8V	840 ~ 860	2 ~ 4	炉冷至 730℃ × (3 ~ 4)h，炉冷至 550℃出炉空冷	1050 ~ 1080 1050 ~ 1080 980 ~ 1000	710 ~ 750 600 ~ 630 700 ~ 740	29 ~ 33 40 ~ 48 28 ~ 33
4Cr5MoSiVl	860 ~ 890	3 ~ 4	球化退火	1020 ~ 1040 油冷	620 ~ 640 空冷	42 ~ 47
各类高速钢	840 ~ 860	3 ~ 4	炉冷至 730℃ × (3 ~ 4)h 炉冷至 550℃出炉空冷	按各类钢的正常淬火温度加热	刀具量具按 550 ~ 570℃回火，模具视情况定	≥ 63

表 5-37　合金铸铁渗氮前的退火或调质处理

工序	热处理工艺			
	加热温度 /℃	加热时间 /h	冷却	回火或其他
退火	950 ~ 1000	5 ~ 10	30 ~ 50℃ /h	冷至 550 ~ 500℃，出炉空冷
调质	840 ~ 880	视工件大小而定	油冷	（550 ~ 600）℃ ×（1 ~ 3）h 回火后空冷

表 5-38　耐热钢、不锈钢渗氮前的热处理规范

牌号	淬火或退火			回火			硬度 HBW
	温度 /℃	时间 /h	冷却方式	温度 /℃	时间 /h	冷却方式	
1Cr18Ni9Ti	1050 ~ 1100	以工件尺寸定	水、油、空	—	—	—	—
1Cr13	1000 ~ 1050	以工件尺寸定	油	680 ~ 780	1 ~ 2	油	180 ~ 241
4Cr10Ni2Mo	980 ~ 1040	以工件尺寸定	油	740	1 ~ 2	空	285 ~ 341
2Cr13	1000 ~ 1060	以工件尺寸定	油	600 ~ 700	1 ~ 2	油、水	285 ~ 241
4Cr14Ni14W2Mo	1040 ~ 1060	以工件尺寸定	水	780 ~ 820	1 ~ 2	空	200 ~ 269
	1040 ~ 1060	以工件尺寸定	二次淬火	790 ~ 810	1 ~ 2	空	—
	810 ~ 830 退火	以工件尺寸定	空	—	—	—	170 ~ 269
4Cr9Si2	980 ~ 1040	以工件尺寸定	油	820	1 ~ 2	空	—
15CrMo	880 ~ 920	以工件尺寸定	空	630 ~ 670	1 ~ 2	空	—
15Cr11MoV	1030 ~ 1050	以工件尺寸定	油或	670 ~ 740	1 ~ 2	空	206 ~ 256
说明	表中各钢的热处理后硬度不做具体规定，可根据零件强度和其他要求确定。						

表 5-39　渗氮件非渗氮部位的保护

渗氮材料	渗氮规范	保护措施	涂层厚度 /mm
38CrMoAlA	（550 ~ 560）℃ ×4h	镀铜	0.035 ~ 0.06
38CrMoAlA	（1）（520 ~ 530）℃ ×25h，氨分解率为 25% ~ 35% （2）（535 ~ 545）℃ ×（30 ~ 35）h，氨分解率为 35% ~ 50%	镀锡或镀铅锡合金：80%Pb + 20%（质量分数）Sn	0.003 ~ 0.008
38CrMoAlA	（1）（515 ~ 525）℃ ×20h，氨分解率为 18% ~ 25% （2）（545 ~ 555）℃ ×40h，氨分解率为 35% ~ 55%	中型水玻璃	—
38CrMoAlA	（525 ~ 535）℃ ×40h，氨分解率为 18% ~ 35%	中型水玻璃 +10% 黑石墨	—

5.3.2　气体渗氮

1. 气体渗氮工艺的确定原则见表 5-40。

表 5-40　气体渗氮工艺的确定原则

工艺参数	控制值	说　明
渗氮温度	480 ~ 570℃， 常用 500 ~ 530℃	渗氮温度越高，扩散速度越快，渗层越深。但渗氮温度超过 550℃，合金氮化物将发生聚集、长大，使硬度下降无法实施去应力处理时，最高渗氮温度低于调质回火温度 20 ~ 30℃ 当需要去应力处理时，最高去应力处理温度应低于调质回火温度 20 ~ 30℃，最高渗氮温度应低于去应力处理温度 20 ~ 30℃

（续）

工艺参数	控制值	说　明				
渗氮时间	根据渗氮层深与渗氮时间的关系，控制好时间	38CrMoAlA 钢 510℃ 渗氮的平均渗氮速度				
		渗氮层深度 /mm		< 0.4		0.4 ~ 0.7
		平均渗氮速度 /（mm/h）		0.01 ~ 0.02		0.005 ~ 0.01
氨分解率	15% ~ 40%（第一阶段） 40% ~ 65%（第二阶段）	渗氮温度一定时，氨流量增大，分解率减小；氨流量减小，分解率增大。不同温度下氨分解率的合理范围见下表				
		渗氮温度 /℃	500	510	525	540	600
		氨气分解率（%）	15 ~ 25	20 ~ 30	25 ~ 35	35 ~ 50	45 ~ 60
罐内压力	294 ~ 490Pa （30 ~ 50mm 水柱）	用 U 形液压计测量，通过针形阀进行调节				

2. 气体渗氮工艺

（1）影响气体渗氮的因素　温度、时间、渗剂及钢材合金元素等都直接影响渗氮层深度及氮浓度分布。

（2）气体渗氮常用的工艺　根据工件的性能要求，按渗氮工艺参数不同，分为等温一段渗氮、二段渗氮、三段渗氮，此外还有循环两段渗氮、短时渗氮、可控渗氮等工艺。

1）气体一段渗氮（又称等温渗氮）工艺　该工艺也称单程渗氮。它是在温度 480 ~ 510℃ 和氨分解率 20% ~ 40% 均不变的情况下进行渗氮工艺。图 5-30 所示为 38CrMoAlA 钢气体一段渗氮的工艺曲线。该工艺的优点是渗氮温度低，硬度高而变形小；缺点是生产周期长，退 N 不当时脆性较大。它适用于表面硬度要求高，变形极小的精密件。

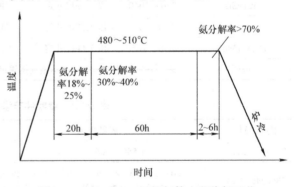

图 5-30　38CrMoAlA 钢气体一段渗氮工艺

2）二段渗氮　又称双程渗氮，它是目前应用最广泛的一种渗氮工艺。它首先将工件置于较低的温度下渗氮一段时间，以达到表面足够高的含 N 量和硬度，然后再升高渗氮温度，以达到足够深的氮化层。采用这种工艺可比上述一段渗氮工艺缩短 1/4 ~ 1/3 时间，有效地提高生产率，图 5-31 所示为二段渗氮的工艺曲线。

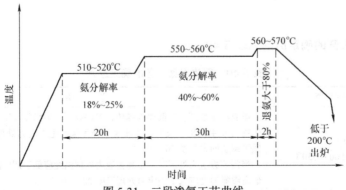

图 5-31　二段渗氮工艺曲线

3）三段渗氮　三段渗氮是在二段渗氮的工艺上发展起来的，它是将第二段渗氮的温度升高到 600 ~ 620℃，或者与第二段温度相同，并在第二段结束后，将温度重新降到比第一段稍高或者相同的温度进行渗氮。图 5-32 所示为三段渗氮的工艺曲线。三段渗氮能显著缩短生产周期，较一段渗氮省时 50%，从而降低生产成本，但工艺较烦琐，而且渗后硬度不如二段渗氮工艺高。

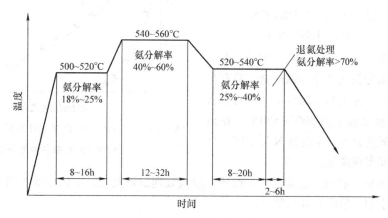

图 5-32　三段渗氮工艺

4）循环的二段渗氮　用微型计算机控制三段渗氮各段温度、时间和流量，并进行 2 ~ 4 个周期的二段渗氮循环。实践证明，此工艺比二段渗氮法缩短时间 30% 以上。

5）短时渗氮　用高于传统的渗氮温度进行渗氮，节能增效，但不是所有的钢种都可实施，应有针对性。工艺曲线如图 5-33 所示。

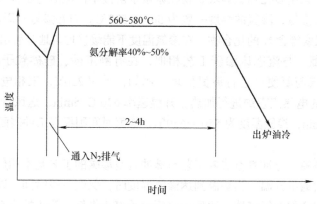

图 5-33　短时渗氮工艺

合金渗氮钢、各种合金钢、铸铁和少部分碳素钢都可以试行短时快速渗氮工艺，表面化合层厚度为 0.006 ~ 0.015mm。由于化合层很薄，故脆性不太大，但很耐磨。

6）可控渗氮　为了改善渗氮层的脆性，获得无白亮层的 r′ 单相渗氮层，上海交通大学潘健生院士等成功地研制出了微型计算机氮势可控渗氮工艺。它将渗氮工艺过程分成 4 个阶段：在第一阶段，尽可能提高气相氮势，使渗氮层内建立起尽可能高的浓度梯度；一旦表面的 N 浓度达到设定值，立即转入第二阶段，令氮势按一定的规律连续下降，使表面的 N 浓度不再升高也不下降。这样操作即可以达到控制表面 N 浓度目的，又能保持最大的浓度梯度，造成 N 原子向内扩散的最有利条件。图 5-34 所示为 38CrMoAlA 钢微型计算机动态可控渗氮（510℃）的渗层浓度分布曲线。

3.其他渗氮方法

（1）氰化盐浴渗氮   有两种盐浴配方（质量分数：%）可供选择

$96NaCN + 2.5Na_2CO_3 + 1.5NaCON$

$96KCN + 2.6K_2CO_3 + 1.4KCNO$

新盐配方先进行（500 ~ 600）℃ × 12h 的时效氧化，使部分氰盐转化为氰酸盐，只有当氰酸盐的质量分数为 15% ~ 30% 时，方可投入使用。盐浴的渗氮温度为 500 ~ 570℃，在该温度区间，氰酸盐分解产生活性 N 原子向工件表面扩散，从而实现渗氮。

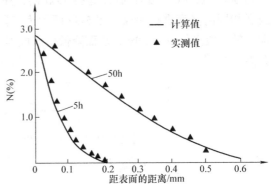

图 5-34   38CrMoAlA 钢微型计算机动态可控渗氮（510℃）的渗层浓度分布

氰化盐渗氮成本较高，且毒性大，废渣、废气处理也较复杂，应该尽量不用或淘汰。此工艺一般适用于小型、精密刀具和量具。

（2）无氰盐浴渗氮   在中性盐浴中 [50%CaCl₂ + 30%BaCl₂ + 20%NaCl] 导入氨气后渗氮，其特点是盐浴无毒，设备简单，生产周期较气体渗氮缩短 30% ~ 50%。

另一种无毒盐浴渗氮的配方 [46% 尿素 + 40%Na₂CO₃ + 8%KCl + 6%NaCl]，尽管原材料无毒，但是中间产物有微量的氰根，这一点必须引起高度警惕。

无毒盐浴渗氮适用于汽车紧固件、支承件的防蚀渗氮。

（3）固体渗氮   采用多孔陶瓷等块状物在尿素水溶液中浸泡后与工件按一定比例装箱，然后置于炉中加热进行渗氮，渗氮的温度一般为 500 ~ 520℃。固态渗氮与固体渗碳的工艺相似。关键在于供渗剂（尿素等含 N 的化合物）在渗氮温度下能缓慢均匀地分解出多少活性 N 原子。

（4）流态炉渗氮   与流态床渗碳工艺相似，在有刚玉砂、硅砂粒子的流态炉中，同时通入一定比例的空气与氨便可进行渗氮处理。例如，采用 220V、三相电源、10W 的电源对 φ400mm × 600mm 的电热流态炉进行加热，升温速率 620℃ /5min，送风量为 100 ~ 120L/min，送氨量为 20 ~ 35L/min，渗氮温度为 550 ~ 620℃，渗氮时间则根据工件表面含 N 量和渗氮层深度而定。

（5）脉冲真空渗氮   脉冲真空渗氮工艺与脉冲真空渗碳的工艺基本相似，工件装入真空炉后抽真空至设定值后通电升温。当炉温到达渗氮温度时，保温一段时间，以便工件均温和净化其表面。然后向炉内通往渗氮气体，达到一定压力后停止供气，停止抽真空，保持一段时间向工件表面渗氮；之后再抽真空并保持一段时间，让 N 向工件内部扩散，再通入渗氮气体。如此渗氮、扩散反复进行几次，直至渗氮层达到要求为止。在整个过程中，炉温保持不变。经测试脉冲真空渗氮层均匀性较好，表面质量高，并且可以缩短工艺周期。

（6）离子渗氮   先将离子渗氮炉抽真空后，充入纯氨或 N-NH₃ 二者的混合气，并以工件为阴极，容器为阳极，通入 400 ~ 1100V 的直流电压，让气体电离产生辉光放电。此时，氮离子在电场加速下轰击工件表面，将工件加热并在表面富集 FeN，分解后渗入，通过改变气氛的组成（N₂:H₂）和渗氮温度，可严格控制白亮层的出现。

离子渗氮比普通渗氮渗速要快得多。这是由于工件表面受 N⁺ 离子轰击，表面晶格严重畸变，位错密度大大增加，促使 N 的扩散；而且工件表面被溅射而获得净化和活化，工件表面温度也因此升高，加速渗氮进程。离子渗氮特别适合形状复杂和细长的工件。

常用钢铁材料离子渗氮工艺参数见表 5-41。

表 5-41　常用钢铁材料离子渗氮工艺参数

材　料	工艺参数			表面硬度 HV0.1	化合层深度 /μm	总渗层深度 /mm
	温度 /℃	时间 /h	压力 /Pa			
38CrMoAlA	520~550	8~15	266~532	888~1164	3~8	0.30~0.45
40Cr	520~540	6~9	266~532	650~841	5~8	0.35~0.45
42CrMo	520~540	6~8	266~532	750~900	5~8	0.35~0.40
25CrMoV	520~560	6~10	266~532	710~840	5~10	0.30~0.40
35CrMo	510~540	6~8	266~532	700~800	5~10	0.30~0.45
30CrMnMoV	520~550	6~8	266~532	780~900	5~8	0.30~0.45
3Cr2W8V	540~550	6~8	133~400	900~1000	5~8	0.20~0.40
4Cr5MoSiVI	540~550	6~8	133~400	900~1000	5~8	0.20~0.30
Cr12MoV	530~550	6~8	133~400	841~1015	5~7	0.20~0.40
45Cr14Ni14W2Mo	570~600	5~8	133~266	800~1000	—	0.06~0.12
W18Cr4V	530~550	0.5~1.0	106~200	1000~1200	—	0.01~0.05
2Cr13	520~560	6~8	266~400	857~946	—	0.10~0.15
1Cr18Ni9Ti	600~650	27	266~400	874		0.16
Cr25MoV	550~650	12	133~400	1200~1250	—	0.15
10Cr17	550~650	5	666~800	1000~1370		0.10~0.18
HT250~HT450	520~550	5	266~400	500		0.05~0.10
QT60-2	570	8	266~400	750~900		0.30
合金铸铁	560	2	266~400	321~417		0.10
20CrMnTi	520~550	4~9	266~532	672~900	6~10	0.20~0.50
纯铁	850	4	532	1200		0.30~0.40
TC4 合金	940	2	1200~1333	1385~1670		0.15~0.17
TA2	850	4	532	1230		0.35

（7）氨气预处理离子渗氮　通入离子渗氮炉的氨气，若先经硅胶脱水处理或者是脱过水的氨气，再经氨热分解装置分解后使用，则可以显著地提高渗速。表 5-42 为 40Cr 钢制齿轮调质后渗氮工艺试验数据，可供参考。

表 5-42　氨气预处理对离子渗氮速度的影响

氨气预处理方法	渗氮层深度 /mm	渗氮时间 /h	硬度 HV0.2
未处理	0.30	18.0	715
用硅胶过滤一次	0.30	14.0	691
有硅胶过滤二次	0.30	12.5	681
用硅胶过滤二次 + 加热分解	0.30	6	693

（8）低温离子渗氮　通过离子渗氮温度对不同钢表面硬度影响的研究发现，对于低合金钢，从获得高的表面硬度出发，在 450~500℃ 进行低温离子渗氮更佳，而且由于降低了离子渗

氮温度，渗件畸变小，有利于降低渗氮前工件的高温回火温度，使工件心部保持较高的强度和硬度。

（9）稀土催化渗氮 气体时向渗氮介质中加入稀土元素，可强化渗氮过程，缩短工艺周期。国内有些单位对 38CrMoAlA 钢进行了稀土催渗，其结果见表 5-43。

表 5-43 稀土催渗对 38CrMoAlA 钢渗速的影响

渗氮工艺	渗层厚度 /mm	渗氮时间 /h	渗层硬度 HV0.1	脆性 / 级
常规二段式气体渗氮	0.40 ~ 0.42	40	900 ~ 1030	1
稀土催渗	0.32 ~ 0.34	12	920 ~ 1040	0 ~ 1
稀土催渗	0.37 ~ 0.38	15	920 ~ 1040	0 ~ 1
稀土催渗	0.42 ~ 0.45	18	920 ~ 1040	0 ~ 1

（10）抗蚀渗氮 此工艺是为了使工件表层获得 15 ~ 60μm 比较致密的 ε 相层，以提高工件对自来水、盐水、潮湿空气、弱碱等介质的抗蚀能力。

抗蚀渗氮通常在 550 ~ 650℃时于纯氨（氨分解率20% ~ 70%）中进行。表 5-44 为纯铁和部分结构钢抗蚀渗氮工艺规范。

表 5-44 纯铁和部分结构钢抗蚀渗氮工艺规范

材料	渗氮工艺				ε 相厚度 /μm
	温度 /℃	时间 /h	氨分解率（%）	冷却方法	
DT（电工纯铁）	540 ~ 560	6	30 ~ 50	炉冷至 200℃以下出炉空冷，以提高导磁力	20 ~ 40
	590 ~ 610	3 ~ 4	30 ~ 60		20 ~ 40
10	590 ~ 610	6	45 ~ 70	根据要求的性能、工件的精度，分别冷至 200℃出炉空冷，直接出炉空冷、油冷或水冷	40 ~ 80
	590 ~ 610	4	40 ~ 70		15 ~ 40
20	590 ~ 610	3	50 ~ 70		17 ~ 20
30	620 ~ 650	3	40 ~ 70		20 ~ 60
40、45、50	590 ~ 610	2 ~ 3	35 ~ 55	尽可能用水冷或油冷，以抑制 r′ 相析出，减少渗层脆性	15 ~ 20
	640 ~ 660	0.75 ~ 1.5	35 ~ 55		
40Cr	690 ~ 710	0.25 ~ 0.5	55 ~ 75		
T8 GCr15	770 ~ 790	同淬火加热时间	70 ~ 75	耐蚀渗氮常与淬火工艺结合在一起进行	—
	810 ~ 840		70 ~ 80		

（11）洁净渗氮 就是利用某些化学物质如 NH_4Cl、CCl_4、$NaCl$ 等在渗氮炉中分解产生强烈的活性气体，破坏工件表面的钝化膜，除去工件表面氧化膜和油污层，以获得洁净的表面，从而加速渗氮过程的进行。其中 NH_4Cl 应用最多，它按炉罐容积加 0.4 ~ 0.5kg/m³，再加 80 倍的硅砂、氧化铝或滑石粉，放入炉罐底部。若将渗氮温度提高至 600℃，一般可使渗氮周期缩短一半，单位时间内氨消耗量可减少 50%。

洁净渗氮是不锈钢、耐热钢常用的一种渗氮方法。

（12）高频加热气体渗氮 用高频电流加热在渗氮气氛中的工件表面，可有效地缩短气体渗氮的工艺周期。因为一是与普通的加热方法相比，高频加热至 520 ~ 560℃所需的时间极少；二是高频加热的趋肤效应，致使工件周围温度较高，氨气分解主要在工件表面附近进行，使有效活性 N 原子数量大大提高。此外，高频交流电产生的磁致伸缩引起的应力，能促使氮在钢中的扩散, 加速渗氮过程。

表 5-45 为几种材料的高频感应渗氮工艺及效果。

表 5-45　几种材料的高频感应渗氮工艺及效果

材料	工艺参数		效果		
	渗氮温度 /℃	渗氮时间 /h	渗层深度 /mm	表面硬度 HV	脆性等级 / 级
38CrMoAlA	520 ~ 540	3	0.29 ~ 0.30	1070 ~ 1100	1
2Cr13	520 ~ 540	2.5	0.14 ~ 0.16	710 ~ 900	1
1Cr18Ni9Ti	520 ~ 540	2	0.04 ~ 0.05	667	1
Ni36CrTiAl	520 ~ 540	2	0.02 ~ 0.03	623	1
40Cr	520 ~ 540	3	0.18 ~ 0.20	582 ~ 621	1
PH15-7Mo	520 ~ 560	2	0.07 ~ 0.09	986 ~ 1027	1 ~ 2

（13）磁场渗氮　在磁场中进行气体渗氮的工艺称为磁场渗氮。磁场强化了渗氮过程, 可提高渗氮速度 2 ~ 3 倍。40Cr、38CrMoAlA 磁场渗氮, 磁场强度 2000 ~ 2400A/m, 温度一般可达 520 ~ 570℃, 介质为氨, 分解率 40% ~ 50%, 保温 6h, 渗氮结果见表 5-46。

表 5-46　不同温度 6h 磁场渗氮结果

渗氮规范	氮化物区深度 / μm	扩散层深度 /mm		最大表面硬度 $HV_{0.05}$
		至 500 $HV_{0.05}$ 处	至心部硬度处	
500℃ × 6h	7 ~ 14/7 ~ 14	0.09/0.13	0.3/0.3	1100/1150
550℃ × 6h	—	0.13/0.23	0.35/0.35	980/1250
570℃ × 6h	35/20	0.08/0.27	0.45/0.40	980/1200
620℃ × 6h	77/35	0.10/0.28	0.60/0.60	759/1050
550℃ × 36h	—	0.09/0.33	0.50/0.60	850[1][2]/1100[1][3]

① 无磁场气体渗碳。
② 氮化 6 小时后的深度值。
③ 分母系 38CrMoAlA 钢的值。

4. 渗氮工艺及应用

部分结构钢和工具钢气体渗氮工艺规范见表 5-47, 部分机械零件的渗氮工艺规范见表 5-48。

表 5-47　部分结构钢和工具钢气体渗氮工艺规范

材料	渗氮工艺参数				渗层深度 / mm	表面硬度	典型工件
	阶段	温度 /℃	时间 /h	氨分解率（%）			
38CrMoAlA	—	500 ~ 520	17 ~ 20	15 ~ 35	0.2 ~ 0.3	≥ 550HV	卡块
	—	520 ~ 540	60	20 ~ 50	≥ 0.45	65 ~ 70HRC	套筒
	—	530 ~ 550	10 ~ 14	30 ~ 50	0.15 ~ 0.30	≥ 88HR15N	大齿圈
	—	500 ~ 520	35	20 ~ 40	0.30 ~ 0.35	1000 ~ 1100HV	镗杆
	—	500 ~ 520	80	30 ~ 50	0.50 ~ 0.60	≥ 1000HV	活塞杆
	—	525 ~ 545	35	30 ~ 50	0.45 ~ 0.55	950 ~ 1100HV	—
	—	500 ~ 520	35 ~ 55	20 ~ 40	0.30 ~ 0.55	850 ~ 950HV	曲轴

（续）

材料	渗氮工艺参数				渗层深度 / mm	表面硬度	典型工件
	阶段	温度 /℃	时间 /h	氨分解率（%）			
38CrMoAlA	1	505 ~ 525	25	18 ~ 25	0.40 ~ 0.60	850 ~ 1000HV	十字销 卡块
	2	520 ~ 540	45	50 ~ 60			
	1	500 ~ 520	10 ~ 12	15 ~ 30	0.50 ~ 0.80	≥ 80HR30N	大齿轮螺杆
	2	540 ~ 560	48 ~ 58	35 ~ 65			
38CrMoAlA	1	500 ~ 520	10 ~ 12	15 ~ 35	0.50 ~ 0.8	≥ 80HR30N	气缸筒
	2	540 ~ 560	48 ~ 58	35 ~ 65			
	1	520 ~ 520	20	15 ~ 35	0.50 ~ 0.75	≥ 750HV	气缸筒
	2	550 ~ 570	34	35 ~ 65			
	3	550 ~ 570	3	100	0.35 ~ 0.55	≥ 90HR15N	
	1	520 ~ 530	20	25 ~ 35	—	—	—
	2	535 ~ 545	10 ~ 15	35 ~ 50	—	—	
	1	515 ~ 525	19	25 ~ 45	0.35 ~ 0.55	83 ~ 93HR15N	齿轮
	2	600	3	100			
	1	500 ~ 520	8 ~ 10	15 ~ 35	0.30 ~ 0.40	> 700HV	
	2	540 ~ 560	12 ~ 14	35 ~ 65			
	3	540 ~ 560	3	100			
40CrNiMoA	—	570 ~ 530	25	25 ~ 35	0.35 ~ 0.55	> 68HR30N	曲轴
	1	510 ~ 530	20	25 ~ 35	0.40 ~ 0.70	> 83HR15N	
	2	535 ~ 545	10 ~ 15	35 ~ 40	0.35 ~ 0.55	> 68HR30N	
12Cr2Ni3A	1	490 ~ 510	53	18 ~ 40	0.59 ~ 0.72	503 ~ 599HV	齿轮
	2	530 ~ 550	10	100			
25CrNi4WA	1	510 ~ 530	10	25 ~ 35	0.25 ~ 0.40	≥ 73HRA	受冲击或重载零件
	2	540 ~ 560	10	45 ~ 65			
	3	510 ~ 530	12	50 ~ 70	0.25 ~ 0.40	≥ 73HRA	
25Cr2MoVA	—	490 ~ 510	55	15 ~ 30	0.45 ~ 0.50	650 ~ 750HV	
	—	490 ~ 510	25 ~ 30	20 ~ 30	0.20 ~ 0.30	≥ 58HRC	
30Cr2Ni2WA	—	490 ~ 510	55	15 ~ 30	0.45 ~ 0.50	650 ~ 750HV	
30CrMnSiA	—	490 ~ 510	20 ~ 30	20 ~ 30	0.20 ~ 0.30	≥ 58HRC	
30Cr3WA	1	490 ~ 510	40	15 ~ 25	0.40 ~ 0.60	60 ~ 70HRC	曲轴等
	2	510 ~ 530	40	25 ~ 40			
35CrNi3WA	1	495 ~ 515	40	15	≥ 0.70	> 45HRC	
	2	515 ~ 535	50	40 ~ 60			
35CrMo	1	495 ~ 515	25	18 ~ 30	0.50 ~ 0.60	650 ~ 700HV	
	2	515 ~ 535	25	30 ~ 50			
50CrVA	—	450 ~ 470	15 ~ 20	10 ~ 20	0.15 ~ 0.25	—	弹簧
	—	450 ~ 470	7 ~ 9	15 ~ 35	0.15 ~ 0.25		

（续）

材料	渗氮工艺参数				渗层深度 / mm	表面硬度	典型工件
	阶段	温度 /℃	时间 /h	氨分解率（%）			
40Cr	—	480~500	24	15~35	0.20~0.30	≥550HV	齿轮
	1	510~530	10~15	25~35	—	—	
	2	530~550	52	35~50			
18CrNiWA	—	480~500	30	25~30	0.20~0.30	≥600HV	轴
18Cr2Ni4A	—	490~510	35	15~30	0.25~0.30	650~750HV	
3Cr2W8V	—	525~545	12~16	25~40	0.15~0.20	1000~1100HV	模具
Cr12、Cr12Mo、Cr12MoV、Cr12W	1	470~490	18	15~30	≥0.20	700~800HV	
	2	520~540	22	30~60			
Cr18Si2Mo	—	560~580	35	30~60	0.20~0.25	≥800HV	要求耐磨抗氧化件
W18Cr4V 等高速钢	—	515~525	0.5~1	20~40	0.01~0.025	1100~1300HV	刀具

表 5-48　部分机械零件的渗氮工艺规范

材料	渗氮温度 /℃	保温时间 /h	渗氮层深度 /mm	渗氮层硬度 HV	备注
柴油机气缸套					
38CrMoAlA	第一阶段 510	12	0.50~0.80	950~1000	在可移动的加热式和双罐的箱式炉中渗氮。衬套垂直装夹、凸肩朝下
	第二阶段 540	42			
柴油机曲轴					
18Cr2Ni4WA	490~500	40~48	0.50~0.80	≥600	轴装有 6~8 个垫板的专用工装上，中部的垫板稍高于曲轴，在旋转的情况下渗氮
机床结构的轴、夹具、管件					
40Cr	—	—	—	500~610	滑动摩擦副的通用螺杆、滚动轴泵的心轴
40CrVA	510	18~24	≥0.25	610~700	
18CrMnTi	—	—	—	630~720	
38CrMoAlA	第1段 510	15~20	≥0.25	850~950	滑动轴承的心轴、衬套、衬管、顶针套、长摩擦副的螺杆
	第2段 540	25~40			
30Cr3WA	第1段 510	15~20	≥0.25	770~800	滑动和滚动摩擦副的通用螺杆，导向盖板和其他零件
	第2段 540	25~40			
机床齿轮					
40CrVA	510	0.10~0.13，不得深于 0.60		610~700	转换和不经常转换的齿轮采用渗氮（在转换的一瞬间保证齿轮副同步）

（续）

材料	渗氮温度 /℃	保温时间 /h	渗氮层深度 /mm		渗氮层硬度 HV	备 注
汽轮机零件						
12Cr13	510	55 ~ 60	0.15 ~ 0.25		950 ~ 1100	在浸蚀磨损条件下使用的零件（导向叶片），在腐蚀性介质、磨损条件下工作的零件
20Cr13	550	55 ~ 60	0.25 ~ 0.35		850 ~ 950	
30Cr13[①]	第 1 段 530	20	0.25 ~ 0.30		850 ~ 900	
	第 2 段 530	20				
15Cr11MoV	第 1 段 530	10	0.30 ~ 0.40		850 ~ 900	喷射器导板、杆、螺杆、座、阀门
15Cr12WNiMoV[①]	第 2 段 580	18				
内燃机结构的曲轴和衬套						
高强度铸铁	第 1 段 550	30	0.70	≥ 40[②]，当层深 ≥ 0.3mm 时，曲轴的轴颈 43 ~ 45[②]；当层深为 0.4 ~ 0.5mm 时，（气缸套）		在工作 500h 以后渗氮的柴油机螺杆的最大磨损量在直径上是 0.03 ~ 0.06mm，由合金铸铁制造而不渗氮的螺杆最大磨损量是 0.2 ~ 0.3mm，渗氮的比不渗氮的耐磨性提高 4 ~ 7 倍
	第 2 段 580	60				
高强度镍钼铸铁	第 1 段 550	30				
	第 2 段 560	30				
	第 3 段 580[③]	60				
柴油机阀门						
45Cr14Ni14W-2Mo[①]	510	55 ~ 60	0.10 ~ 0.12		900 ~ 1000	粗晶粒钢渗氮时，经常发现渗氮层脱壳，建议此类钢在 1050℃预先淬火
	第 1 段 575	25	0.10 ~ 0.20		850 ~ 900	
	第 2 段 630	35				

① 渗氮前为了消除氧化膜进行工件表面腐蚀或在渗氮时用氯化铵（四氯化碳）。
② 最终机械加工后的硬度（HRC）。为了矫正弯曲渗氮以后精密轴颈磨光沟槽。
③ 在 550 ~ 560℃时氨的分解率为 25% ~ 40%；在 560 ~ 580℃时氨的分解率为 40% ~ 65%。

3000hp（1hp = 746W）机车内燃机曲轴渗氮工艺如图 5-35 所示。曲轴材料为 35CrMo，曲轴总长 2785mm，质量 983.19kg。技术要求：渗氮前变形度 ≤ 0.03mm，渗氮后变形量 ≤ 0.21mm，渗氮层深 0.52 ~ 0.64mm，表面硬度 ≥ 550HV。

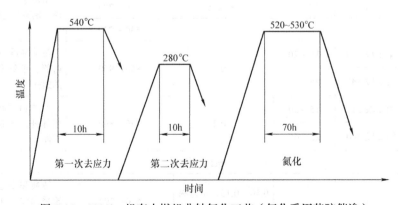

图 5-35　3000hp 机车内燃机曲轴氮化工艺（氮化采用苯胺催渗）

5.4　钢的氮碳共渗

在钢的表面同时渗入 N 和 C，并以渗氮为主的化学热处理工艺称为氮碳共渗，因处理温度在 500 ~ 600℃，又称低温氮碳共渗。根据渗剂的不同，氮碳共渗可分为气体氮碳共渗、液体氮碳共渗和固态氮碳共渗等。

氮碳共渗工艺是在渗氮的基础上发展起来的，即在渗氮的同时，还有少量的 C 原子渗入工件表面，N 在 α-Fe 中的溶解度比 C 在 α-Fe 中的溶解度大 10 倍，故该工艺是以渗氮为主以渗碳为辅的氮碳共渗过程。活性 N、C 原子同时渗入到工件表面，形成氮碳化合物。

氮碳共渗不仅赋予渗件耐磨、耐腐蚀、抗疲劳、抗咬合及抗擦伤的性能，而且该工艺具有时间短、温度低、变形小、化合层脆性小等特点，故适合于要求硬化层薄，负荷小的工件，渗件不易在重载荷下服役。但对一些不承受大的载荷而又需要有良好的综合性能的工件采用氮碳共渗效果甚好。而对变形要求严格的耐磨件，如量具、模具、刀具等器具，经生产验证效果也十分明显。如 38CrMoAl 钢制模，经氮碳共渗后，表面硬度达 710 ~ 750HV，渗层深 0.30mm，使用寿命是气体渗氮模的 2 ~ 3 倍。一般碳素钢氮碳共渗后的表面硬度 550 ~ 600HV、合金结构钢氮碳共渗后的表面硬度 600 ~ 700HV、工具钢氮碳共渗后的表面硬度 800 ~ 1000HV、高速钢氮碳共渗后的表面硬度可达 1000 ~ 1200HV。高速钢和 Cr12 等高铬工具钢的氮碳共渗温度应比它们的回火温度低 10℃，以防共渗后水冷出现含 N 马氏体。

5.4.1　气体氮碳共渗

气体氮碳共渗的技术要求见表 5-49。球墨铸铁曲轴气体氮碳共渗工艺如图 5-36 所示。

气体氮碳共渗工艺见表 5-50、保温时间对氮碳共渗层深度和表面硬度的影响见表 5-51、70% 甲酰胺 + 30% 尿素（体积分数）氮碳共渗效果见表 5-52。几种热模钢的气体氮碳共渗效果见表 5-53。

表 5-49　气体氮碳共渗的技术要求

材料	渗氮前的状况	表面硬度 HV0.1	化合物层深度 /mm	扩散层深度 /mm
08	—	≥ 500	10 ~ 15	0.10 ~ 0.80
45	调质	≥ 550	10 ~ 20	0.30 ~ 0.50
40Cr	调质	≥ 650	7 ~ 15	0.15 ~ 0.20
50Mn	调质	≥ 550	10 ~ 15	0.30 ~ 0.50
38CrMoAlA	调质 26 ~ 32HRC	≥ 900	10 ~ 15	0.10 ~ 0.20
25Cr2MoV	二次硬化 58 ~ 62HRC	≥ 850	6 ~ 10	0.05 ~ 0.15
W18Cr4V	62 ~ 64HRC	≥ 900	3 ~ 10	0.03 ~ 0.05
Q600-3	—	≥ 650	5 ~ 12	0.10 ~ 0.20
3Cr2W8V	调质 28 ~ 32HRC 淬火回火至 42 ~ 46HRC	≥ 750	5 ~ 12	0.05 ~ 0.20

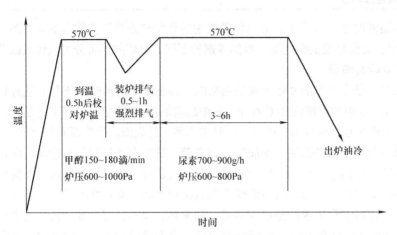

图 5-36　球墨铸铁曲轴气体氮碳共渗工艺

表 5-50　气体氮碳共渗工艺

共渗类型	渗剂（体积分数）	工艺说明			
氨气＋吸热式气氛（Rx 气氛）	50%NH₃＋50%Rx	吸热式气氛由乙醇、丙酮裂解产生 碳势由露点仪测定。NH₃∶Rx＝1∶1，露点控制 0℃ 废气中 HCN 很高 吸热式气氛见下表（体积分数）			
		H₂	CO	CO₂	N₂
		32%～40%	20%～24%	≤1%	38%～43%
氨气＋放热式气氛（Nx 气氛）	（50%～60%）NH₃＋（40%～50%）Nx	废气中 HCN 很少，制备成本较低 放热式气氛的成分见下表（体积分数）			
		H₂	CO	CO₂	N₂
		≤1%	≤5%	≤10%	余量
尿素热解	100%（NH₂）₂CO	（NH₂）₂CO→CO＋2H₂＋2[N] 2CO→CO₂＋[C] 尿素要预先经 80℃烘干，用甲醇排气，尿素加入方法有几种 1）通过螺杆式送料机将尿素颗粒送入炉内进行热分解 2）用弹力机构将球状尿素弹入炉内 3）尿素在裂解炉中分解成气体再导入炉内 4）将尿素溶入有机溶剂中，再滴入炉内			
甲酰胺	100%HCONH₂	4HCONH₂→4H₂＋2CO＋2H₂O＋4[N]＋2[C] 用甲醇排气			
甲酰胺＋尿素	70%HCONH₂＋30%（NH₂）₂CO	几种钢的共渗温度见下表			
		材料	共渗温度/℃	材料	共渗温度/℃
		45、T10A	570	3Cr2W8V	580～620
		40Cr、20CrMo	570	4Cr5MoVlSi	590～610
		Cr12MoV	540	高速钢	570
三乙醇胺＋乙醇	50% 三乙醇胺＋乙醇	高速钢的共渗温度为 555～565℃			

表 5-51　保温时间对氮碳共渗层深度和表面硬度的影响

材料	(565~575)℃×2h			(565~575)℃×4h		
	硬度 HV	化合物层深度 / μm	扩散层深度 /mm	硬度 HV	化合物层深度 / μm	扩散层深度 /mm
20	480	10	0.55	500	18	0.80
45	550	13	0.40	600	20	0.45
15CrMo	600	8	0.30	650	12	0.45
40CrMo	750	8	0.35	860	12	0.45
T10A	620	11	0.35	680	15	0.35

表 5-52　70% 甲酰胺 + 30% 尿素（体积分数）氮碳共渗效果

材料	温度 /℃	共渗层深度 /mm		渗层硬度 HV$_{0.05}$	
		化合物层	扩散层	化合物层	扩散层
45	560~580	0.010~0.025	0.244~0.379	4540~650	412~580
40Cr	560~580	0.004~0.010	0.120	500~600	532~644
HT	560~580	0.003~0.005	0.10	530~750	508~795
Cr12MoV	530~550	0.003~0.005	0.165	927	752~795
3Cr2W8V	580	0.003~0.011	0.066~0.120	846~1100	657~1114
	600	0.008~0.012	0.099~0.117	840	761~1200
	620	—	0.100~0.150	—	762~891
高速钢	550~570	—	0.090	—	1200
T10A	560~580	0.006~0.008	0.129	677~946	429~466
20CrMo	560~580	0.004~0.006	0.079	672~713	500~700

表 5-53　几种热模钢的气体氮碳共渗效果

牌号	扩散层		牌号	扩散层	
	深度 /mm	显微硬度 HV		深度 /mm	显微硬度 HV
4Cr5MoSiVI	0.25~0.30	835~860	5Cr2MoNiV	0.25	700~825
4Cr5MoSiV	0.25~0.30	830~860	4Cr4Mo2WVSi	0.18~0.20	780~980
4Cr5W2VSi	0.25	660~765	4Cr2W2MoVSi	0.18~0.25	880~1350

5.4.2　液态氮碳共渗（盐浴氮碳共渗）

1. 盐浴成分及主要特点

　　盐浴氮碳共渗是最早应用的氮碳共渗方法，按盐浴中 CN⁻ 含量可将氮碳共渗盐浴分为低氰、中氰及高氰型。由于国家环保力度的加大，中、高氰盐浴日趋淘汰，低氰盐浴与氧化配合，排放的废水、废气、废渣中 CN⁻ 量应符合国家排放标准。液体氮碳共渗工艺见表 5-54，几种典型的氮碳共渗盐浴成分及特点见表 5-55。

　　盐浴氮碳共渗的关键是碱金属氰酸盐 MCNO（M 代表 K、Na、Li 等元素），常用氰酸根（CNO⁻）浓度来度量盐浴活性。CNO⁻ 分解产生活性 N、C 原子渗入工件表面，但同时也产生了有毒的 CN⁻，为此，加入氧化剂可使 CN⁻ 氧化转化为 CNO⁻。

表 5-54 液体氮碳共渗工艺

工艺参数	具体说明		
共渗温度	1）多种钢的共渗温度为 540~580℃，最佳为 560~570℃ 2）共渗温度一般不超过 590℃，否则 CNO^- 浓度下降过大，使盐浴活性降低 3）奥氏体氮碳共渗温度高于 590℃		
共渗时间	共渗时间一般为 0.5~4h		
共渗后冷却	1）可以在空气、油、水或 AB-1 盐浴中冷却 2）各种冷却方式的特点及影响见下表		
	冷却方式	主要特点	对共渗层性能的影响
	空气冷却	冷速小，在沸水中清净盐渍需 10~30min	工件畸变小，疲劳强度略高
	油冷	冷速大于空冷，在沸水中清净残盐需 30~60min	工件畸变小，疲劳强度略高
	水冷	冷速大，在沸水中洗净盐渍需 3~10min	工件畸变大些，疲劳强度大，工件表面光洁
	AB-1 盐浴中冷却	冷速较大，在沸水中洗净盐渍需 5~15min，使 CN^-、CNO^- 很快分解，无污染排放废水	工件畸变小，疲劳强度提高低于水冷，耐蚀性大大提高
	3）AB-1 盐浴冷却后经抛光再次在 AB-1 中氧化的工艺称 QPQ 工艺		

表 5-55 几种典型的氮碳共渗盐浴成分及特点

类型	盐浴配方（质量分数）及商品名称	获得 CNO^- 的方法	主要特点
氰化盐	47%KCN + 53%NaCN	$2NaCN + O_2 = 2NaCNO$ $2KCN + O_2 = 2KCNO$	盐浴稳定，流动性好，配制后需几十小时氧化成足量的氰酸盐后才能使用。毒性极大，目前已很少应用
氰盐-氰酸盐型	85%NS-1 盐（NS-1 盐：40%KCNO + 60%NaCl）+ 15%Na_2CO_3 为基盐用 NS-2（75%NaCN + 25%KCN）为再生盐	通过氧化，使 $2CN^- + O_2 \rightarrow 2CNO^-$，工作时成分为（KCN + NaCN）约 50%，CO_3^- 约 2%~8%	不断通入空气，CN^- 含量最高可达 20%~25%，成分和处理效果较稳定。但必须有废盐、废渣、废水处理设备方可使用
尿素型	40%$(NH_2)_2CO$ + 30%Na_2CO_3 + 20%K_2CO_3 + 10%KOH	通过尿素与碳酸盐反应生成氰酸盐： $2(NH_2)_2CO + Na_2CO_3 = 2NaCNO + 2NH_3 + H_2O + CO_2$	原料无毒，但氰酸盐分解和氧化都生成氰化物。在使用过程中，CN^- 不断增多，成为 $CN^- > 10\%$ 的中氰盐。国内用户使用时，CNO^- 在 18%~45% 范围内，波动较大，效果不稳定，盐浴中 CN^- 无法降低，不符合环保要求
	37.5%$(NH_2)_2CO$ + 37.5%KCl + 25%Na_2CO_3		
尿素-氰酸盐型	34%$(NH_2)_2CO$ + 23%K_2CO_3 + 43%NaCN	通过氧化钠氧化及尿素与碳酸钾反应生成氰酸盐	高氰盐浴，成分稳定，但必须有配套完善的消毒设施
尿素-有机物型	Degussa 产品： TF-1 基盐（氮碳共渗用盐）REG-1 再生盐（调整成分，恢复活性）	用碳酸盐、尿素等合成 TF-1，其中 CNO^- 含量为 40%~44%；REG-1 是有机合成物，可用 $(C_6N_9H_5)_x$ 表示主要成分，它将 CO_3^- 转化为 CNO^-	低氰盐，使用过程中 CNO^- 分解而产生 CN^-，其含量 ≤ 4%，工件氮碳共渗后在氧化盐浴中冷却，可将微量 CN^- 氧化成 CO_3^{2-}，实现无污染排放。强化效果稳定
	国产盐品： J-2 基盐（氮碳共渗盐）Z-1 再生盐（调整盐浴成分，恢复活性）	J-2 含 CNO^-35% + 39% Z-1 的主要成分为有机缩化物，它可将 CO_3^{2-} 转为 CNO^-	低氰盐，在使用过程中 $CN^- < 3\%$。工件氮碳共渗后在 Y-1 氧化盐中冷却，可将微量的 CN^- 转化为 CO_3^{2-}，实现无污染作业，强化效果稳定

目前应用较广泛的尿素 - 有机物型盐浴氮碳共渗，CNO^- 浓度由被处理工件的材质和技术要求而定，一般控制在 32% ~ 38%，CNO^- 含量低于预定值下限时，添加再生盐可恢复盐浴的活性，其表达式为：

$$aCO_3^{2-} + bZ\text{-}1\,(\text{或 REG-1}) \xlongequal{\quad} xCNO^- + yNH_3 \uparrow + H_2O \uparrow$$

2. 盐浴氮碳共渗工艺

为了避免氰酸根浓度下降过快，共渗温度通常为 ≤ 590℃，温度低于 520℃时，则处理效果会受到盐浴流动性的影响。不同温度保温 1.5h 氮碳共渗层深度见表 5-56，保温时间对表面硬度的影响见图 5-37。

表 5-56　不同温度保温 1.5h 氮碳共渗层深度　　　　（单位：μm）

材料	535 ~ 545℃		555 ~ 565℃		575 ~ 585℃		585 ~ 595℃	
	化合物层	总渗层	化合物层	总渗层	化合物层	总渗层	化合物层	总渗层
20	9	350	12	450	14	500	16	670
40CrNi	6	220	8	300	10	390	11	420

刀具盐浴氮碳共渗时间见表 5-57、工具钢在"Tenifer"（德古沙）盐浴氮碳共渗规范见表 5-58。

表 5-57　刀具盐浴氮碳共渗时间

刀 具 名 称	刀具规格 /mm	氮碳共渗时间 /min
钻头	$\phi 1 \sim 5$	15 ~ 25
	$> \phi 5 \sim 30$	25 ~ 35
立铣刀	$> \phi 30$	35 ~ 45
铰刀	$\phi 5 \sim 10$	25 ~ 30
	$> \phi 10$	30 ~ 35
丝锥	M5 ~ 10	10 ~ 15
	> M10	15 ~ 25
拉刀	$< \phi 20$	25 ~ 30
	$\geq \phi 20$	30 ~ 45
圆柱铣刀、滚刀、插齿刀、剃齿刀	中等规格	30 ~ 45

表 5-58　工具钢在"Tenifer"（德古沙）盐浴中氮碳共渗规范

牌号	处理规范		渗层厚度 /mm	硬度 HV	钢的用途
	温度 /℃	时间 /min			
W18Cr4V	560 ~ 580	5 ~ 15	0.03 ~ 0.06	1250 ~ 1400	切削工具
W6Mo5Cr4V2	560 ~ 580	30 ~ 60	0.06 ~ 0.09	1350 ~ 1400	切削工具
3Cr2W8V	560	120 ~ 180	0.10 ~ 0.15	1185 ~ 1260	压模和锻模
Cr12MoV	540	120 ~ 180	0.08 ~ 0.10	1100 ~ 1150	压模和锻模
	560	60 ~ 120	0.08 ~ 0.10	1075 ~ 1100	压模和锻模
4Cr4Mo2WVSi	580 ~ 600	60 ~ 120	0.10 ~ 0.15	1150 ~ 1310	压模和锻模

5.4.3 QPQ 处理

盐浴氮碳共渗或 S- 氮碳共渗后再进行氧化、抛光、再氧化的复合处理过程称之为 QPQ 处理。该技术在全国得到了广泛的推广应用，其热处理工序为：预热（非精密件可免去）→ 520 ~ 580℃氮碳共渗或 S- 氮碳共渗→在 330 ~ 400℃的氧化浴中氧化 10 ~ 30min →机械抛光→在氧化浴中再次氧化。氧化的目的是消除工件表面残留的 CN^- 及 CNO^-，使得废水可以直接排放，工件表面生成致密的 Fe_3O_4 保护膜。

经 QPQ 处理，工件表面总是凹凸不平的，凸起部位的氧化膜一般呈拉伸应力状态，易剥落，通过抛光处理，可降低表面粗糙度值，除去呈拉伸应力状态的氧化膜，经二次氧化后生成的氧化膜产生拉伸应力的可能性减小，因

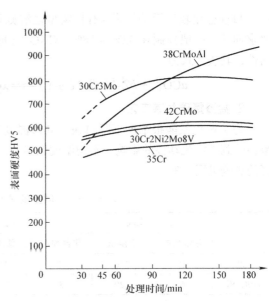

图 5-37　不同材料的试样于 580℃处理后表面硬度与保温时间的关系

此，二次氧化极为重要。QPQ 处理提高了工件的耐蚀性，并保持了盐浴氮碳共渗的耐磨性、抗疲劳性能及抗咬合性，可获得赏心悦目的白亮层、蓝黑色及黑亮色。图 5-38 所示为 QPQ 处理工艺曲线，表 5-59 为常用材料的处理规范及渗层深度和表面硬度。

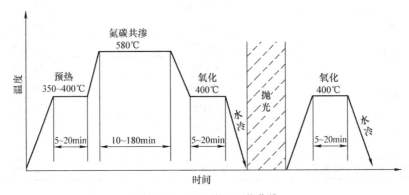

图 5-38　QPQ 处理工艺曲线

表 5-59　常用材料的处理规范及渗层深度和表面硬度

材料	前处理工艺	化合层深度 / μm	扩散层深度 /mm	表面显微硬度
20	正火	12 ~ 18	0.30 ~ 0.45	450 ~ 500HV0.1
45	调质	10 ~ 17	0.30 ~ 0.40	500 ~ 550HV0.1
20Cr	调质	10 ~ 15	0.15 ~ 0.25	600 ~ 650HV0.1
38CrMoAlA	调质	8 ~ 14	0.15 ~ 0.25	950 ~ 1100HV0.2
30Cr13	调质	8 ~ 12	0.08 ~ 0.15	900 ~ 1100HV0.2
12Cr18Ni9	固溶	8 ~ 14	0.06 ~ 0.10	1049HV0.05

（续）

材 料	前处理工艺	化合层深度 /μm	扩散层深度 /mm	表面显微硬度
45Cr14Ni14W2Mo	固溶	10	0.06	770HV1.0
20CrMnTi	调质	8 ~ 12	0.10 ~ 0.20	600 ~ 620HV0.05
3Cr2W8V	调质	6 ~ 10	0.10 ~ 0.15	850 ~ 1000HV0.2
W18Cr4V	淬火 + 两次回火	1 ~ 2	0.025 ~ 0.040	1000 ~ 1150HV0.2
HT250	退火	10 ~ 15	0.18 ~ 0.25	600 ~ 650HV0.2

注：45Cr14Ni14W2Mo 于（555 ~ 565）℃ × 3h、W18Cr4V 钢于（555 ~ 565）℃ × 20 ~ 30min，其余材料共渗工艺
为（570 ~ 580）℃ × 1.5 ~ 2h。

5.4.4　离子氮碳共渗

离子氮碳共渗是在离子渗氮的基础上加入含 C 的介质，同时进行 N、C 共渗的一种工艺，含 C 的介质一般为乙醇、丙酮、二氧化碳和甲烷等。

温度对离子氮碳共渗层深度及硬度的影响见表 5-60，常用材料在一般条件下的离子氮碳共渗的层深及硬度如表 5-61 所示。

表 5-60　温度对离子氮碳共渗层深度及硬度的影响

牌号	温度 /℃	表面硬度 HV0.1	白亮层厚度 /μm	共渗层厚度 /μm	扩散层厚度 /mm
20	540	550 ~ 720	8.52	—	0.38 ~ 0.40
	560	734 ~ 810	12	—	0.40 ~ 0.43
	580	820 ~ 880	15	15 ~ 18	0.43 ~ 0.45
	600	876 ~ 889	19 ~ 20	17 ~ 19	0.45 ~ 0.48
	620	876 ~ 889	13 ~ 15	20	0.48 ~ 0.52
	640	413	5 ~ 7	28.4	0.54 ~ 0.55
	660	373	1.42		—
40	540	550 ~ 575	8.521	—	0.36 ~ 0.38
	560	734 ~ 830	12	—	0.38 ~ 0.40
	580	834 ~ 870	15 ~ 18	17	0.40 ~ 0.42
	600	876 ~ 890	20	15 ~ 20	0.42 ~ 0.45
	620	820 ~ 852	13 ~ 15	20	0.45 ~ 0.50
	640	412	5 ~ 7	25.5	0.50 ~ 0.52
	660	373	2.84	—	—
40Cr	540	738 ~ 814	7.5	—	0.75
	560	850 ~ 923	8 ~ 10	—	0.31
	580	923 ~ 940	12 ~ 13	11 ~ 13	0.35
	600	934 ~ 937	12 ~ 18	15	0.38 ~ 0.40
	620	885 ~ 934	11 ~ 12	15 ~ 16	0.40
	640	440	5 ~ 6	19.88	0.43
	660	429	3.25	—	0.45

注：保温时间为 1.5h。

表 5-61　常用材料在一般条件下的离子氮碳共渗的层深及硬度

材料	心部硬度	化合物层深度 /μm	总渗层深度 /mm	表面硬度 HV
15	≈140HBW	7.5 ~ 10.5	0.4	400 ~ 500
45	≈150HBW	10 ~ 15	0.4	600 ~ 700
60	≈300HBW	8 ~ 12	0.4	600 ~ 700
15CrMn	≈180HBW	8 ~ 11	0.4	600 ~ 700
35CrMo	200 ~ 300HBW	12 ~ 18	0.4 ~ 0.5	650 ~ 750
42CrMo	240 ~ 320HBW	12 ~ 18	0.4 ~ 0.5	700 ~ 800
40Cr	240 ~ 300HBW	10 ~ 13	0.4 ~ 0.5	600 ~ 700
3Cr2W8V	40 ~ 50HRC	6 ~ 8	0.2 ~ 0.3	1000 ~ 1200
4Cr5MoSiVI	40 ~ 51HRC	6 ~ 8	0.2 ~ 0.3	1000 ~ 1200
45Cr14Ni14W2Mo	250 ~ 270HBW	4 ~ 6	0.08 ~ 0.12	800 ~ 1200
QT600-3	240 ~ 350HBW	5 ~ 10	0.1 ~ 0.2	500 ~ 800HV0.1
HT250	≈200HBW	10 ~ 15	0.1 ~ 0.15	500 ~ 700HV0.1

5.4.5　奥氏体氮碳共渗

奥氏体氮碳共渗是一种 N-C 两元共渗的化学热处理新工艺。由于 N、C 能明显地降低铁的同素异构转变温度，因而在 600 ~ 700℃之间（此温度范围处在 Fe-N-C 三元共析点之上，Fe-C 系共析点之下）进行氮碳共渗时，含 N 的表面层已部分地转变为奥氏体，而不含 N 的基体则保持不变，利用此效应发展了在上述温度范围内进行氮碳共渗的工艺，为了区别于 500℃以下的铁素体氮碳共渗，将该工艺起名为奥氏氮碳共渗。

低碳钢经奥氏体氮碳共渗后，不仅表面生成了具有良好抗咬合性能和抗腐蚀性能的化合物层，还将紧接该化合物层形成一层 0.01 ~ 0.10mm 厚的奥氏体转变层。经适当处理后，能获得具有较高强度的组织，并能提高零件的有效硬化层深度，而心部性能不变，仍然保持良好的韧性和塑性。因此该工艺比较适合于某些小型、壁薄或要求心部有良好塑性甚至在装备使用过程中需经受一定程度的塑性变形的碳素钢耐磨零件，以及橡皮模、塑料模等要求热处理变形小的碳素钢零件。

1. 共渗温度

在相同的共渗气氛下，共渗温度对奥氏体转变层的形成影响很大。若在 600℃共渗，奥氏体转变层较薄，只有 3 ~ 4μm，无韧性支撑作用，并且有些部位尚未形成连续层。随着共渗温度的升高，奥氏体转变层的厚度明显增加，但化合物层疏松、破碎，不利于改善耐磨性。经验证，认为奥氏体氮碳共渗温度选择在 620 ~ 650℃比较好。

2. 共渗时间

一般取 2 ~ 4h。若温度提高，要获得同样厚度的渗层，共渗时间应该缩短。如在（620 ~ 630）℃ ×（3 ~ 4）h，可获得 0.03 ~ 0.06mm 厚的共渗层，而在（650 ~ 660）℃ ×（1 ~ 2）h，就可以得到同样厚度的共渗层。时间过长，会使化合物层破碎而影响渗层质量；缩短时间，虽然渗层较薄，但塑性较好。

3. 氨加入量

氨加入量对奥氏体氮碳共渗层的组织和性能有较大的影响。对耐磨性和抗咬合性要求较高的零件，为保证表面形成化合物层，应采取较高的氨加入量；对要求承受塑性变形的零件，可适当降低氨的加入量。

4. 共渗后的回火

回火温度随工件的服役条件而异。对要求高耐磨性的工件，可在 250～300℃ 回火，此时 ε 相化合物层和奥氏体转变层均有较高的硬度。对在装备或使用过程中要经受塑性变形的零件，可在 180℃ 回火，此时，钢中因保留了大量的 r_R，使硬度未达到最高值及马氏体脆性降低，故工件具有最佳的塑性和韧性。

推荐的奥氏体氮碳共渗工艺规范见表 5-62。

表 5-62 推荐的奥氏体氮碳共渗工艺规范

设定共渗层总深度 /mm	共渗温度 /℃	共渗时间 /h	氨分解率（%）
0.012～0.025	600～620	2～4	< 65
0.020～0.050	650	2～4	< 75
0.050～0.010	670～680	1.5～3	< 82
0.100～0.200	700	2～4	< 88

注：共渗层总深度指 ε 层深和 M＋A（马氏体＋奥氏体）深度之和。

5.4.6 固态氮碳共渗

将工件埋入装有固体氮碳共渗剂的箱（罐）中，密封后放入 550～600℃ 的炉中加热和保温，出炉后开箱将工件浸入油中冷却，或随炉冷至室温，重新加热淬火。常用的固体渗剂配方（质量分数）有：

1）（60%～80%）木炭＋（40%～20%）黄血盐 $[K_4F_e(CN)_6]$。

2）（40%～50%）木炭＋（15%～20%）黄血盐＋（20%～30%）骨粉＋（15%～20%）$BaCO_3$。

3）（40%～60%）木炭＋（20%～40%）骨粉＋（20%～25%）黄血盐。

4）（50%～60%）木炭＋（10%～15%）Na_2CO_3＋（3%～7%）NH_4Cl＋（25%～35%）黄血盐。

5）（25%～35%）尿素＋（25%～30%）多孔陶瓷（或蛭石粉片）＋（20%～30%）硅砂＋（1%～2%）稀土＋（3%～7%）氯化铵。

渗剂中的木炭及骨粉供给 C，黄血盐及碳酸钡在加热时分解，供给 C、N 原子，并有催渗作用。

固体氮碳共渗前，将已清洗好的渗件装入密封很好的铁箱中，四周填充固体渗剂，两者的体积比为 3∶17。装箱后用水玻璃和耐火泥浆密封，然后放到炉内加热，工艺为（550～600）℃ ×（3～4）h，可获得 0.02～0.04mm 厚的氮碳共渗层。表 5-63 为 45 钢和 40Cr 钢工件用上述第二种配方处理后的表面硬度和渗层深度。

表 5-63 45 钢和 40Cr 钢固体氮碳共渗后的效果

牌号	预备热处理		固体氮碳处理		
	工艺	硬度 HV	表面硬度 HV0.1	化合物层厚 /mm	扩散层深 /mm
45	退火	140～170	408～437	0.018	0.10
	正火	180～200	427～468		
	调质	240～260	427～458		

（续）

牌号	预备热处理		固体氮碳处理		
	工艺	硬度 HV	表面硬度 HV0.1	化合物层厚 /mm	扩散层深 /mm
40Cr	退火	210～240	487	0.018	0.10
	正火	230～250	622～662	0.018	
	调质	280～300	551～635	0.018	

固体氮碳共渗方法生产效率很低，生产环境不尽人意，劳动条件较差，一般情况下不用。但这种工艺不需要特殊设备，只要有热源的单位都能实施，适合于单件小批量生产，工艺虽古老，但仍有它的应用价值。

5.5　钢的渗硼

将金属材料置于含 B 的介质中，经过加热保温，使 B 原子渗入工件表面的化学热处理工艺称为渗硼。

渗硼能提高钢铁表面的硬度、热硬性、耐磨性、耐蚀性与高温抗氧化性能，目前广泛地应用于工业生产。

5.5.1　渗硼的方法及工艺

渗硼的方法种类多，各有优缺点，见表 5-64，渗硼剂成分与处理工艺见表 5-65。

表 5-64　渗硼方法及其特点

渗硼方法		特点及其应用
固体法	粉末法	工艺简单，渗硼后表面干净，无须清洗，劳动条件差，渗剂易氧化，应用较多
	粒状法	工艺简便，劳动条件比粉末法好一些，渗层质量稳定，应用较多
	膏剂法	在装箱、保护气体或真空中进行，适于小批单件或局部渗硼
熔盐法	熔盐法	操作简便，渗层组织容易控制，但熔盐流动性较差，工件渗硼后难于清洗，应用较多
	电解法	工件做阴极件，石墨或石墨坩埚做阳极。渗硼速度快，可在较低温度下进行，适用于形状简单件。形状复杂件，由于电流密度在工件中不同部位易不均，从而引起渗硼层厚度不均匀
气体法	气体法	渗硼时间短，设备较复杂，渗剂有毒或易爆，应用较少
	流态床法	粉末渗硼剂，石墨或氧化铝放在流态床中加热渗硼，渗硼时间缩短，容易调节控制，已用于工业生产
离子法	离子法	通入渗硼气氛或涂敷膏剂，工件离子加热，渗硼时间短

表 5-65　渗硼剂成分与处理工艺

方法	渗剂成分（质量分数）	基体材料	渗硼工艺		渗层厚度 / mm
			温度 /℃	时间 /h	
粉末法	95%B_4C + 2.5%Al_2O_3 + 2.5%NH_4Cl	45 钢	950	5	0.6
	10%KBF_4 +（50%～80%）SiC + 余量硼铁	45 钢	850	4	0.09～0.1
	5%B_4C + 5%KBF_4 + 90%SiC	45 钢	700～900	3	0.02～0.1
	3%B_4C + 2%Na_2BF_4 + 10% 木炭 + 85%SiC	3Cr2W8V	900～950	4～5	0.07～0.13
	40%BFe + 8%KBF_4 + 4%NH_4Cl + 3%NaF + 余量 SiC	W18Cr4V	560	6	0.001～0.003
		3Cr2W8V	680	6	0.15

（续）

方法	渗剂成分（质量分数）	基体材料	渗硼工艺 温度/℃	渗硼工艺 时间/h	渗硼厚度/mm
涂渗法	50%B₄C + 35%CaF₂ + 15%Na₂SiF₆ + 桃胶水溶液	45SiMnMoV	920 ~ 940	4	0.12
涂渗法	（60% ~ 80%）硼砂粉 +（10% ~ 15%）Na₃AlF₆ +（5% ~ 10%）NaF +（2% ~ 5%）(NH₂)₂CS₂ + 明胶	45 钢	800	4	0.054 ~ 0.12
涂渗法	10%BC₄ + 硼砂 + KBF₄ + NaF + SiC + 金属氧化物 + 纤维素	GCr15	900	4	0.08
涂渗法		3Cr2W8V	900	4	0.04
粒状法	硼铁、硼砂、KBF₄、SiC、黏结剂	45 钢	900	4	0.1
粒状法	硼铁、碳化硼、KBF₄、黏结剂	45 钢	900	4	0.12
熔盐法	80%Na₂B₄O₇ + 10%NaF + 10%Al	45 钢	950	6	0.231
熔盐法	70%Na₂B₄O₇ + 10%NaF + 20%SiC	45 钢	950	4	0.115
熔盐法	60%Na₂B₄O₇ + 15%NaCl + 15%Na₂CO₃ + 10%SiFe	45 钢	900 ~ 950	4	0.1
熔盐法	80%NaCl + 15%Na₂BF₄ + 5%B₄C	45 钢	950	5	0.2
熔盐电解法	90%Na₂B₄O₇ + 10%NaOH	—	600 ~ 800	2 ~ 4	0.025 ~ 0.1
熔盐电解法	85%Na₂B₄O₇ + 15%Na₃PO₄	—	600 ~ 800	2 ~ 6	0.025 ~ 0.1
熔盐电解法	80%Na₂B₄O₇ + 20%BaCO₃，另加 10%NaCl		950	2 ~ 4	0.25 ~ 0.35
气体法	B₂H₆ : H₂ = 1 : 25 ~ 75		850	扩散 2 ~ 4	0.05 ~ 0.25
气体法	BCl₃ : H₂ = 10 : 100		850	—	0.08 ~ 0.16
气体法	BCl₃ : H₂ = 10 : 100	纯铁	750 ~ 900	3 ~ 6	0.1 ~ 0.3

5.5.2 渗硼的工业应用

渗硼在工模具上的应用及其效果见表 5-66。

表 5-66 渗硼在工模具上的应用及其效果

工具名称	被加工零件	工具材料及工艺	使用寿命	效果
冷拔模外模	φ56mm × (2 ~ 4) mm 30CrMnSiA 无缝管	45 钢碳氮共渗	400mm 模	模具寿命提高近 3 倍
冷拔模外模		45 钢渗硼	1500m 模	
冷镦模凹模	M8 六角螺母	Cr12MoV 淬火回火	2 万 ~ 3 万件	提高寿命 6 倍
冷镦模凹模		Cr12MoV 渗硼	14 万 ~ 22 万件	
螺母冲孔顶头	M6 螺栓	65Mn 淬火回火	0.3 万 ~ 0.4 万件	提高寿命 6 倍多
螺母冲孔顶头		65Mn 渗硼	2 万件	
热冲模	六角螺母	3Cr2W8V 碳氮共渗	1 万件	提高寿命 5 倍
热冲模		3Cr2W8V 渗硼	6 万件	
热挤压模	偏心螺杆	Cr12MoV 淬火回火	0.1 万 ~ 0.15 万件	模具寿命提高 1 ~ 2 倍
热挤压模		T10A 渗硼	> 0.32 万件	
热锻模	齿轮坯	5CrNiMo 淬火回火	5000 件	提高近两倍
热锻模		5CrNiMo 渗硼	13000 件	
热成形模	连杆	5CrMnMo 淬火回火	20000 件	提高 2 倍
热成形模		5CrMnMo 渗硼	60000 件	

5.6 钢的渗金属工艺

5.6.1 渗铬

渗铬工艺是在高温下，将活性铬通过表面吸收、渗铬、铁和碳的相互扩散作用，在工件表面上产生一层结合牢固的 Fe-Cr-C 的合金层，这种 C-Cr 化合物层具有良好的耐磨性、抗高温氧化性、热疲劳性，在大气、自来水、蒸汽和油品、氯化钠、硫化氢、硝酸、硫酸和碱水溶液中有较高的耐蚀性。

1. 固体渗铬

固体渗铬剂的组成和作用见表 5-67，固体渗铬工艺见表 5-68。

表 5-67　固体渗铬剂的组成及其作用

组成	组成物	作用	主要化学反应
供铬剂	铬粉、铁铬粉	产生活性铬原子	$CrCl \rightarrow Cl_2 + [Cr]$、$NH_4Cl \rightarrow NH_3 + HCl$
填充剂	氧化铝、黏土	减轻铬粉在高温下黏结	$2NH_3 \rightarrow N_2 + 3H_2$、$2HCl + Cr \rightarrow CrCl_2 + H_2$
催渗剂	铵的卤化物	起催渗和排气的作用，使铬粉中的铬转变成活性铬原子	$CrCl_2 + Fe \rightarrow FeCl_2 + [Cr]$ $CrCl_2 + H_2 \rightarrow 2HCl + [Cr]$

表 5-68　固体渗铬工艺

渗剂组成（质量分数）	材料	工艺参数		渗层深度 /mm
		温度 /℃	时间 /h	
50% 铬粉 + 49%Al_2O_3 + （1%～2%）NH_4Cl	低碳钢	980～1100	6～10	0.05～0.15
	高碳钢	980～1100	6～10	0.02～0.04
60%Cr-Fe + 0.2%NH_4Cl + 39.8% 陶土	碳素钢	850～1100	15	0.04～0.06
（48%～50%）Cr-Fe + （48%～50%）Al_2O_3 + 2%NH_4Cl	铬钨钢	1100	14～20	0.015～0.020

供铬剂和填充剂的粒度应控制在 100～200 目，填充剂要经过 1000～1100℃ 的高温焙烧脱水，在装箱前应经 150～200℃ 的烘烤。

对粉末冶金零件，为了防止卤化物沿空隙渗入表层，不便清洗，造成腐蚀，可以选用不含卤化物的渗剂。其工艺方法是：在粉末件压制成形后，将零件埋入渗铬剂中进行烧结处理，同时完成表面渗铬。例如，用 7×10^8Pa 的压力将铁粉压制成品，然后埋入 55% 铬粉和 45%Al_2O_3 的渗剂中，在氢气的保护下于 1200℃ ×2h 渗铬，可获得 110μm 厚的渗层。

2. 液体渗铬

液体渗铬的盐浴组成及工艺见表 5-69。

表 5-69　液体渗铬的盐浴组成及工艺

盐浴组成（质量分数）	工艺参数		渗层深度 /mm	备注
	温度 /℃	时间 /h		
（10%～12%）Cr_2O_3 粉 + （3%～5%）Al 粉 + （85%～95%）$Na_2B_4O_7$	950～1050	4～6	0.015～0.020	盐浴流动性较好
（5%～15%）Cr 粉 + （85%～95%）$Na_2B_4O_7$	1000	6	0.014～0.018	盐浴成分有重力偏析
90%Ca 粉 + 10%Cr 粉	1000	1	0.050	用氩气或在盐浴面覆盖保护剂

3. 气体渗铬

气体渗铬工艺见表 5-70。

表 5-70　气体渗铬工艺

渗剂组成	工艺参数		渗层深度 /mm	备注
	温度 /℃	时间 /h		
Cr-Fe + 陶瓷碎片 + HCl	1050	—	—	Cr-Fe[65%Cr、0.1%C]
CrCl₃ + N₂（或 N₂ + H₂）	1000	4	0.040	材料 42CrMo　日本产

气体渗铬速度快，工艺规范为（950~1100）℃×（4~8）h，劳动强度小，渗铬表面光洁，但有些气体易爆、有毒、有腐蚀性，应采取适当的措施。

4. 双层辉光离子渗铬

国内曾有人搞成双层辉光离子渗铬，设备与辉光离子渗氮炉一样，在阴极与阳极之间，中间极（源极）与阳极之间分别起辉放电的现象就称为双层辉光放电。基本原理可以归纳为：当辉光放电后，极源材料（欲渗的 Cr）以原子或离子的方式溅射产生，在阴极（工件）表面沉积，并向工件基体内部扩散形成渗铬层。

双层辉光离子渗铬工艺具有渗层均匀、与基体结合牢、渗速快、生产周期短、劳动条件好等优点。

铬源为工业纯铬块，炉内通入 Ar 气，炉压为 1.33~1330Pa，工作电压不高于 1000V，电流取决工件尺寸、数量。渗铬温度一般为 950~1100℃，保温时间 2~5h。

5. 真空渗铬

在真空中利用金属 Cr 产生蒸发沉积在钢表面的渗铬工艺称为真空渗铬。真空渗铬具有速度快、表面光洁、渗剂利用率高等优点。

真空渗铬设备有外加热和炉内加热两种类型。外加热真空渗铬设备简单，但使用温度受到限制。

炉内真空渗铬加热设备较复杂，只是渗铬温度比外加热真空渗铬设备提高。真空渗铬工艺见表 5-71。渗铬层的表面硬度与钢中碳含量的关系见表 5-72，几种钢经渗铬及淬火回火后的硬度值见表 5-73。

表 5-71　真空渗铬工艺

渗铬剂配方（质量分数）	材料	工艺参数			渗层深度 / mm
		真空度 /Pa	温度 /℃	时间 /h	
25%Cr-Fe 粉 + 75%Al₂O₃ 粉	50 钢	0.133	1150	12	0.04
	40Cr				0.04
	20Cr13				0.3~0.4
Cr 块	T12A	0.133~1.333	950~1050	1~6	0.03
30%Cr + 70%Al₂O₃ 另加 5%HCl	—	13.33	1000~1100	7~8	—

表 5-72　渗铬层的表面硬度与钢中碳含量的关系

材料	基体硬度 HV	渗铬层表面硬度 HV
工业纯铁	148	257
10	161	645
40	192	925
T10A	195	1460

从表 5-72 可以看出，基体碳含量越高，渗铬后表面硬度越高，工件的耐磨性就越好。

表 5-73　几种钢经渗铬及淬火回火后的硬度值

牌号	渗层厚度 /mm	渗层表面硬度		淬火回火后的硬度 HRC	
		HV0.2	相当于 HRC	表面	基体
T8A	0.038	1560	> 70	65	59
T10A	0.04	1620	> 70	66	61
CrWMn	0.038	1620	> 70	66	63
Cr12	0.038	1560	> 70	67	65

渗铬工件的表面有较高的抗高温氧化性能，渗铬层越厚，抗氧化性能越好。工件渗铬后，可以在 750℃的环境下长期工作而不被氧化。

渗铬的工件还有很好的耐蚀性。

5.6.2　渗铝

在一定的工艺条件下，使铝渗入工件表面，从而改变工件表面性能的方法称为渗铝。工件渗铝层的表面生成致密、坚固、连续的氧化铝薄膜，能提高工件的高温抗氧化性，提高工件在空气、二氧化硫气体以及其他介质中的热稳定性和耐蚀性。低碳钢、铸铁、耐热钢和耐氧化钢、镍基耐热合金等金属材料都可以进行渗铝。

工业上应用的渗铝方法有如下几种：

1. 粉末渗铝

粉末渗铝工艺规程见表 5-74，常用的粉末渗铝工艺见表 5-75。

表 5-74　粉末渗铝工艺规程

工艺参数	说明	备注
渗铝剂	铝粉或铝铁粉、氯化铵、氯化铝每次使用时应补充 15%（质量分数）左右的新渗剂	渗铝的化学反应如下： $NH_4Cl \rightarrow NH_3 + HCl \uparrow$ $6HCl + 2Al \rightarrow 2AlCl_3 + 3H_2$ $AlCl_3 + Fe \rightarrow FeCl_3 + [Al]$
渗铝温度 /℃	850 ~ 1050	
渗铝时间 /h	5 ~ 10	
渗后退火工艺	（650 ~ 750）℃ ×（0.5 ~ 1）h	适用于薄壁件
渗后均匀化退火工艺	（950 ~ 1050）℃ ×（3 ~ 6）h	适用于受弯曲或冲击的工件
渗后均匀化退火 + 正火	正火温度 870 ~ 890℃	适用使用温度不太高的重要零件

表 5-75   常用的粉末渗铝工艺

渗剂组成（质量分数）	工艺参数		渗层厚度 /mm	备注
	温度 /℃	时间 /h		
99%Al-Fe 粉 + 1%NH₄Cl	900 ~ 1050	5 ~ 8	0.6 ~ 0.7	
（39% ~ 80%）Al-Fe +（0.5% ~ 2%）NH₄Cl + 余量 Al₂O₃	850 ~ 1050	6 ~ 12	0.25 ~ 0.6	Al₂O₃ 可以降低渗层脆性
35%Al-Fe 粉 + 65%Al₂O₃，另加 11%NH₄Cl + 0.5%KF.HF	960 ~ 980	6	0.4	适用于低碳钢，成本低
15%Al 粉 + 0.5%NH₄Cl + 0.5%KF，HF + 余量 Al₂O₃	950	6	0.4	

粉末渗铝层的含 Al 量较高，可通过均匀化退火降低脆性，还可使渗层厚度增加 20% 左右。

2. 液体渗铝（热浸渗铝）

将钢铁工件浸入熔融的铝液中并保持一定的时间，使 Al（及其他附加元素）涂敷并渗入钢铁表面获得热浸铝层的方法称为热浸镀铝，又称液体渗铝。热浸渗铝是钢铁表面保护重要的手段之一，工艺流程见表 5-76。

表 5-76   钢铁件热浸渗铝工艺流程

工序	工艺参数	说　　明
除油	1）低温加热除油，温度 350 ~ 550℃ 2）碱液清洗除油 3）有机溶剂清洗除油	1）将工件加热除油脱脂 2）根据生产批量、工件的几何形状，污染程度等因素，确定碱液配方、浓度、温度等参数 3）可自行配制有机溶剂，或选用市售清洗剂，在室温条件下清洗除油
除锈	1）机械除锈 2）化学除锈	1）采用喷砂或人工打磨方法，除去工件表面锈迹、氧化皮及腐蚀产物 2）采用硫酸、盐酸、磷酸等酸液，除去工件表面的锈迹，氧化皮及腐蚀产物
助镀	1）水溶液法。将工件置于助镀液中浸渍一段时间，取出水洗，在不高于 100℃ 的条件下干燥 2）熔融盐法。在铝液表面覆盖一层熔融盐，热浸渗铝时，工件先经过熔盐层活化表面，再进入铝液 3）气体法。采用 H₂ 还原或 10%（体积分数）H₂ + 90%（体积分数）N₂ 等方法	1）水溶液法。优点：工艺设备简单，成本低廉，配置方便，助镀效果较好。缺点：溶液调整频繁，助镀质量稳定性较差 2）熔融盐法。适用于热浸渗铝炉，炉前设有抽风装置的场合。优点：助镀效果较好，能防止铝液表面高温氧化；缺点：熔盐在高温下易挥发，有时还有毒气，污染环境，腐蚀设备 3）气体法。优点：助镀效果好，可以防止铝液表面高温氧化；缺点：设备复杂，一次性投资较大
热浸镀铝	铝液化学成分（质量分数，%） | 覆层材料	硅	锌	铁	杂质总量	铝
---	---	---	---	---	---
铝	≤ 2.0	≤ 0.05	≤ 2.5	≤ 0.30	余量
铝硅	4.0 ~ 10.0	≤ 0.05	≤ 4.5	≤ 0.30	| 热浸镀铝温度 | 镀层材料	铝液温度 /℃
---	---
Al	700 ~ 780
Al-Si	670 ~ 740		热浸镀 Al 液一般每使用 8h 后，应取样分析并调整，及时去除铝液表面浮渣，槽底熔渣也应定期去除 碳素钢一般取下限；合金钢、铸铁件取上限，铝液的有效热镀区温度偏差为 ±10℃

（续）

工序	工艺参数			说　明
热浸镀铝	热浸镀铝时间			表中的数据指碳素钢、低合金钢件适用热浸镀铝时间，相同壁厚的中、高合金钢、铸铁件的热浸铝时间应增加 20% ~ 30%
	工件壁厚 /mm	时间 /min		
		浸渍型热浸镀铝层	扩散型热浸镀铝层	
	1.0 ~ 1.5	0.5 ~ 1	2 ~ 4	
	1.5 ~ 2.5	1 ~ 2	4 ~ 6	
	2.5 ~ 4.0	2 ~ 3	6 ~ 8	
	4.0 ~ 6.0	3 ~ 4	8 ~ 10	
	> 6.0	4 ~ 5	10 ~ 12	
扩散处理	扩散处理工艺参数			若以层厚要求为主，温度与时间可取上限，若以基体金属强度要求为主，温度与时间可取下限 冷却方法应根据所要求的基体金属的力学性能选择，可炉冷亦可空冷
	标准名称	保温温度 /℃	保温时间 /h	
	ZBJ36 001	850 ~ 930	3 ~ 5	
	ASTMA676	≥ 927	≥ 3	

3. 气体渗铝

采用井式炉进行气体渗铝有两种方法，一种是向炉内通入铝的卤化物和氢气（或氯化氢）；另一种是将颗粒状渗铝剂放入马弗罐中，同时通入气体或断续加入卤化铵，经化学反应产生卤化铝气体与工件作用进行渗铝。常用气体渗铝介质及处理温度见表 5-77。

表 5-77　常用气体渗铝介质及处理温度

序号	渗铝介质	处理温度 /℃
1	AlFe 粉 + NH_4Cl（在处理过程中，NH_4Cl 断续加入）	850 ~ 1050
2	AlFe + Cl_2（或 Cl_2 + N_2、NH_3、Ar 或 Cl_2 + H_2 或 HCl + H_2）	850 ~ 1050
3	$AlCl_3$ + H_2 或 $AlBr_3$ + H_2	850 ~ 1050

4. 料浆渗铝

将渗铝剂和黏结剂配制成料浆，涂在工件表面，烘干后再按渗铝工艺经过扩散，根据渗层形成的原理，料浆渗铝可分为熔烧型和扩散型两种。熔烧型的料浆只有 Al 粉做渗剂，不加活化剂，其渗铝原理与液体法相同，扩散型的料浆中需要有氧化铝粉及活化剂，其渗铝原理与固化相同。料浆渗铝黏结剂和扩散型渗铝剂的配方分别见表 5-78 和表 5-79。

表 5-78　料浆渗铝黏结剂的配方

工件材料	配　方
镍基合金	4g 醋酸纤维素 + 400g 丙酮 + 100mL 酰丙酮
铁锰铝合金	硝化纤维素（按表 5-79 中 2、3 渗铝剂质量的 2% 计算），溶入体积比为 50：50 的丙酮 - 乙醇溶液中

有些单位料浆渗铝的配方及工艺为：88%Al-Fe 粉 + 10%Al_2O_3 + 2%NH_4Cl，用水解硅酸乙酯做黏结剂，渗铝工艺为（950 ~ 1000）℃ ×（2 ~ 4）h。

5. 高频加热法渗铝

高频加热渗铝的配方及工艺为：（50% ~ 80%）Al 粉 +（15% ~ 35%）冰晶石 +（5% ~ 15%）

$SiO_2 + (2\% \sim 5\%) NH_4Cl$ 膏状涂敷后自然干燥，高频加热 $1100℃ \times (1 \sim 2)$ min，可得到 $0.04 \sim$ 0.12mm 厚度的渗层。

表 5-79　渗铝剂的配方

序号	工件材料	渗铝剂配方（质量分数，%）				备　注
		铝粉	铝铁合金粉	Al$_2$O$_3$ 粉	NH$_4$Cl	
1	镍基合金	5（约 300 目）	92（约 300 目）	—	3	（100 ~ 120）℃ ×（1 ~ 2）h 烘干
2	铁锰铝合金	10（300 目）	40（300 目）	45（350 目）	5	—
3	铁锰铝合金	—	—	—	另加 5%NH$_4$Cl	—

除以上 5 种渗铝法以外，工程上还有热喷涂扩渗法、电泳喷涂扩渗法、真空蒸镀法，各有千秋，各单位可选用适合自己的工艺方法。

5.6.3　渗锌

渗锌可以提高工件在大气、海水、硫化氢和一些有机介质中的抗蚀能力，扩散锌层作为阳极层可以保护基体不再受到腐蚀。渗锌工艺方法主要有固体渗锌（粉末渗锌）和液体渗锌两种。

1. 粉末渗锌

粉末渗锌可采用滚动法和装箱法。滚动法是使工件、锌粉及填料互相滚动摩擦，锌粒直接在工件表面上吸附并扩散形成渗锌层。装箱法通过锌蒸发并向被渗工件表面转移形成渗锌层。常用粉末渗锌剂的成分和工艺规范见表 5-80。

表 5-80　常用粉末渗锌剂的成分和工艺规范

序号	渗锌成分及配方（质量分数）	渗锌工艺		420℃ ×4h 的渗层厚度 /mm
		温度 /℃	时间 /h	
1	50% 锌粉 +（48% ~ 49%）氧化铝 +（1% ~ 2%）NH$_4$Cl	380 ~ 420	2 ~ 4	—
2	75% 锌粉 + 25% 氧化铝	380 ~ 420	2 ~ 4	0.07 ~ 0.09
3	92% 锌粉 + 8% 氧化铝	380 ~ 420	2 ~ 4	0.10 ~ 0.13
4	98% 锌粉 + 2% 氧化锌	380 ~ 420	2 ~ 4	—
5	50% 锌粉 + 20% 氧化锌 + 30% 氧化铝	380 ~ 420	2 ~ 4	0.03 ~ 0.04

2. 液体渗锌

常用的液体渗锌工艺主要有干法镀锌和氧化还原法热镀锌。

（1）干法镀锌　工件经过酸洗、熔剂处理后再进行热浸渗锌。熔剂处理是为了进一步清洗并活化表面，提高锌液润湿基体的能力。干法镀锌用熔剂成分及处理规范见表 5-81，常用热浸渗锌剂成分及工艺见表 5-82。

表 5-81　干法镀锌用熔剂成分及处理规范

序号	熔剂成分	熔剂温度 /℃	处理时间 /min
1	氯化锌（600 ~ 800g/L）+ 氯化铵（80 ~ 120g/L）+ 乳化剂（1 ~ 2g/L）水溶液	50 ~ 60	5 ~ 10
2	氯化锌 614g/L + 氯化铝 76g/L + 乳化剂（1 ~ 20g/L）水溶液	55 ~ 65	< 1
3	氯化锌（550 ~ 650g/L）+ 氯化铵（68 ~ 89g/L）外加甘油丙三醇做乳化剂的水溶液	45 ~ 55	3 ~ 5
4	（35% ~ 40%）ZnCl$_2$、NH$_4$Cl 或 ZnCl$_2$.3NH$_4$Cl 水溶液	50 ~ 60	2 ~ 5

表 5-82 常用热浸渗锌剂的成分及工艺

序号	渗锌剂的成分（质量分数）	工艺	
		温度 /℃	时间 /min
1	100% 熔融锌，另加 ≤ 1%Sn、≤ 0.1%Sb、≤ 0.02%Al 及微量的 Pb	470 ~ 500	1 ~ 5
2	100% 熔融锌，另加 0.4%Si 粉	490 ~ 520	2 ~ 3

（2）氧化还原法热镀锌 本工艺不需要对工件进行酸洗及熔剂处理，而是先将工件表面在 440 ~ 460℃的温度下氧化，再用氢将氧化层在 700 ~ 950℃的温度下还原为铁，并使工件在还原气氛中冷却到 470 ~ 500℃，然后浸到 440 ~ 460℃的锌熔液中，浸入时间 1.6 ~ 10s。典型的热浸锌熔液大致有两种：一种为 Zn + 50%Al 体系，另加微量（< 0.1%）的稀土元素；另一种为 43.4%Zn + 55%Al + 1.6%Si。

（3）扩散退火 在锌熔液中获得的锌层组织是不均匀的，它由几个不同含量的铁和锌层（相）组成，可以采用在保护性气氛（如氮气）中扩散退火的方法，使锌层的组织均匀，成分恒定，这将有助于渗层耐蚀性的提高，其退火工艺为（450 ~ 520）℃ × （1 ~ 30）min。

5.6.4 渗钒

在一定的温度下使活性 V 原子渗入到工件表层的化学热处理工艺称为渗 V。其主要特点是表面硬度很高，耐磨性好，还有很好的耐蚀性，处理效果重复性好，且成本低，可有效地提高冷作模具的使用寿命，因而在生产上逐渐得到应用。

渗 V 的方法有粉末法、熔盐法和电解法等，目前以硼砂熔盐应用较多，常用渗钒剂组分及处理工艺见表 5-83。

表 5-83 常用渗钒剂组分及处理工艺

工艺方法	渗 V 剂组分（质量分数）	处理工艺		碳化合层厚 /μm
		温度 /℃	时间 /h	
硼砂熔盐法	10% 粉（或 V-Fe 粉）+ 90%$Na_2B_4O_7$	1000	5.5	22 ~ 25
	10%V_2O_5 粉 + 5%Al 粉（或 Ca-Si 粉）+ 85%$Na_2B_4O_7$，控制 V ≥ 1.5%[①]	950 ~ 1000	8	15 ~ 25
中性熔盐法	20.7%NaCl + 48.3%$BaCl_2$ + 10%V_2O_5 + 9%Si-Ca-KCl + 9%NaF + 3%BaF_2[②]	950	6	15 ~ 17
	22.2%KCl + 44.4%V-Fe 粉 + 22.2%NaCl + 11.2%Al_2O_3	1000	5	10
粉末法	50%V-Fe 粉 + 10%KBF_6 + 6%NH_4Cl + 1%Al + 33%Al_2O_3	960	6	10 ~ 15
	50%V 粉 + 38%Al_2O_3 + 12%NH_4Cl	9000 ~ 1050	3 ~ 6	—

① 此配方硼砂盐浴的流动性差。
② 中性盐浴的流动性好，残盐易于清除。

被渗 V 材料，主要是碳素工具钢、合金工具钢和轴承钢等材料。表 5-84 为几种材料 950℃熔盐渗 V 后的渗层厚度与表面硬度。

渗 V 后的热处理 渗 V 后需经淬火回火强化。对于淬火温度高于渗 V 温度的钢材（如 Cr12），可以渗 V 后继续升温直接淬火。而淬火温度低于渗 V 温度者，则可以渗 V 后空冷，继以细化晶粒正火，然后重新加热淬火回火。

表 5-84　几种材料 950℃熔盐渗 V 后的渗层厚度与表面硬度

牌号	表面硬度 HV	渗层厚度 /μm
Cr12MoV	2700 ~ 2900	15 ~ 16
GCr15	2290 ~ 2600	33
9SiCr	2290 ~ 2500	24
T10A	2290 ~ 2400	27
45	1850 ~ 2290	7

5.6.5　渗钛

渗钛是新发展起来的一种化学热处理工艺，钢及合金经渗钛后的耐蚀性、耐磨性能成倍、十几倍、几十倍地增长，而空蚀的提高尤为突出，因而得到各部门的重视。又由于渗钛工艺简单易行，无须特种设备，日渐应用于国民经济各个领域。钢件渗钛时，表面形成 TiC，硬度可达 2500 ~ 3000HV，这也正是渗钛后耐磨性大幅提高的主要原因。渗钛处理有固体渗钛、液体渗钛、气体渗钛、辉光离子渗钛等方法。

1. 固态渗钛

固体渗钛是将工件置于粉末状渗剂中进行渗钛的工艺方法。渗剂包括供渗剂、活化剂（如 NH_4Cl）和填充剂（如 Al_2O_3）等。渗剂及配方如下（以下均为质量分数）：

渗剂配方：50%Ti-Fe 粉 + 5%NH_4Cl + 5% 过氯乙烯 + 40%Al_2O_3，其渗剂与工件同时装入箱内，进行渗钛处理，操作程序同固体渗碳。

1000℃ ×6h 可获得 10μm 的 TiC 化合物层。

2. 液体渗钛（盐浴渗钛）

盐浴渗钛是在熔盐中进行渗钛的化学热处理工艺。盐浴主要由中性盐和渗钛剂组成。例如对钢件进行盐浴渗钛的盐浴配方及工艺参数如下：

$$40\%NaCl + 10\%Na_2CO_3 + 40\%Ti\text{-}Fe + 10\%Al_2O_3$$

工艺参数 1000℃ ×（1 ~ 5）h，经此处理后，钢件表面可获得 2 ~ 13μm 的化合层。此外有些单位在 NaCl + KCl 的中性盐浴中加入 Ti-Fe 进行渗钛。

3. 气体渗钛

气体渗钛所用的介质为 64%（含 42.6%Ti-Fe 粉）+ 34%Al_2O_3（300 目）+ 2%NH_4Cl，氢气保护。渗钛温度一般为 850 ~ 900℃。

有些单位还用过 $TiCl_4$、TiI_4、$TiBr_4$ 等渗剂，在氢气保护下渗钛。在渗钛温度下，氢气通过盛有含 Ti 物质的容器时，含 Ti 物质被氢还原，产生活性 Ti 原子并渗入工件表面。

4. 双层辉光离子渗钛

双层辉光离子渗钛具有渗速快、渗层组织易控制、劳动条件好等优点，工艺参数如下：

1）设备：辉光离子渗金属炉。

2）真空度：0.133Pa 以下。

3）电压：1500V 以下。

4）电流：10A 以下。

5）渗钛温度：950 ~ 1100℃。

6）钛源：工业纯钛，保护气为氩气。

不同钢材辉光离子渗钛时的加热温度、保温时间与渗层厚度的关系见表5-85。

表 5-85 不同钢材辉光离子渗钛时的加热温度、保温时间与渗层厚度的关系

温度 /℃	950				1000				1050				1100			
时间 /h	3	4	5	6	3	4	5	6	3	4	5	6	3	4	5	6
材料	渗层厚度 /μm															
20	40	76	95	103	67	99	120	131	105	137	154	168	155	183	203	216
45	9	16	20	23	15	22	27	29	22	30	35	38	31	39	44	47
T8	15	24	30	34	20	29	35	39	27	36	41	45	36	44	48	52

5. 形变渗钛

除了上述几种渗钛工艺，还有一些不为人知的工艺，形变渗钛即是其中的一种。

高温形变除对间隙原子在钢中的扩散过程有影响外，还对置换型原子对钢的渗入过程产生作用。

例如，对冷变形后的16Mn钢进行渗钛处理，考查冷变形对渗钛过程的影响，工艺过程简介如下：

1）预备热处理：试件尺寸为 10mm×15mm×4mm，900℃正火。

2）变形量（%）：0、10、30、40、60、70。

3）渗钛：渗钛剂成分见表5-86。渗钛工艺：为固体装箱渗钛，试验工艺分别为：900℃×1h、950℃×1h、950℃×2h。

表 5-86 渗钛剂成分（质量分数，%）

配方号	成分				
	TiO_2	Al	Al_2O_3	$CaCl_2$	$(NH_4)_2SO_4$
1	60	20	15	5	0
2	50	18	27	4	1
3	45	20	32	1	2

渗钛后测量渗层深度，渗钛层深度与形变量之间的关系如图5-39所示。由图5-39可知，室温变形对渗钛过程有明显的影响，当形变小于30%时，随着变形量的增加，渗钛速度加快，形变量为30%时达到极大值，随后形变量增大，渗钛速度减缓。

5.6.6 渗铌

可以用固体法、液体法、气体法渗铌，气体法和液体法应用得较多，获得的表面质量较高。如 T12A 钢在含无水硼砂（97%～93%）＋铌粉（3%～7%）的盐浴中 1000℃×6h 处理后，可获得 14.7～17.2μm 厚的渗层，硬度达 2800HV，表面呈金黄色，美观大方。

气体法渗铌有两种配方可借鉴：其一为铌铁通 H_2，（1000～1200）℃×xh（根据渗层而定时）；其二是 $NbCl_5$，通 H_2 或 Ar 气，（1000～1200）℃×xh。

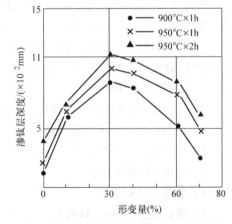

图 5-39 渗钛层深度与形变量之间的关系

　　渗铌钢有很高的耐磨性和热硬性，在 98%H_2SO_4 和 10%NaCl 中有较高的耐蚀性，但并不能提高其在 50%HNO_3、37%HCl、26%H_2O_2 和 85%$C_2H_4O_2$ 介质中的耐蚀性。

5.6.7　渗锰

　　模具钢渗锰，可有效提高硬度、耐磨性、抗疲劳性能以及模具的使用寿命。渗锰的工艺规程如下：

　　1）渗剂：粉末状，粒度 0.150mm（100 目）；供锰剂：[84.9%Mn、1.47%C、2%Si]。活化剂 KBF_4、NH_4Cl，填充剂为焙烧过的 Al_2O_3。

　　2）渗锰温度：900～950℃。

　　3）渗锰保温时间：6～8h。

　　所用的设备为普通的箱式炉，装箱密封处理，可获得 10～20μm 以上的渗层，其组织为（Mn、Fe）$_3$C 化合物，但无脆性。

　　生产实践证明，207、208 型轴承套圈热冲凸模经渗锰处理后，使用寿命提高 1 倍多。

　　还有一种粉末法渗锰，其工艺规模为：50%Mn（或 Mn-Fe）+ 49%Al_2O_3 + 1%NH_4Cl，（950～1150）℃ × xh（视渗层而定时）。

　　也可以用气体法渗锰：Mn（或 Mn-Fe）、H_2、HCl，共渗工艺：（800～1100）℃ × xh。

5.6.8　渗锡

　　钢制工件表面渗入 Sn 的热处理工艺称为渗锡。渗锡可在有 50%Sn + 50%Si 砂粉末的混合物的真空炉中进行，处理温度为 1000～1100℃，也可以在 $SnCl_2$ 及 H_2 气氛中进行，处理温度 500～550℃。

　　钢经渗锡后可使钢件在盐酸和硫酸水溶液中的抗蚀能力提高 3～5 倍。

第6章

真空热处理工艺设计

真空热处理技术具有无氧化、无脱碳、脱气、脱脂、表面质量好、变形微小、热处理零件综合性能优异、使用寿命长、无污染无公害、自动化程度高等一系列突出优点，几十年来始终是国际热处理技术发展的热点，我国真空热处理技术近 30 年有了长足的进步，真空热处理技术覆盖了淬火、回火、渗碳、渗氮等各个领域。

真空热处理是在低于 $1 \times 10^5 Pa$（通常为 $10^{-1} \sim 10^{-3} Pa$）的环境中加热的热处理工艺，在一定淬火加热温度下，氧的分压低于氧化铁的平衡分解压。对于所有的金属，加热温度越高，所需的真空度越低，"低温用高真空""高温用低真空"是选择工作真空度的基本原则。

6.1 真空热处理工艺参数设计

1. 真空度的确定

在真空热处理时，选用真空度要根据所处理的材质和加热温度而定。首先要满足无氧化加热所需的工作真空度，再综合考虑表面粗糙度、除气及相关合金元素的蒸发等因素。常用金属材料在真空热处理时推荐真空度见表 6-1。

表 6-1 常用金属材料在真空热处理时推荐真空度

材　　料	真空度 /Pa
合金工具钢、结构钢、轴承钢淬火温度 < 900℃	$1 \sim 1 \times 10^{-1}$
含 Cr、Mn、Si 等的合金钢加热温度 > 1000℃	10（回充高纯 N_2）
析出硬化型不锈钢，铁基、镍基、钴基合金	$1 \times 10^{-1} \sim 1 \times 10^{-2}$
钛合金	1×10^{-2}
高速钢制工模具	900℃以上充 N_2 分压
铜及其合金	$133 \sim 13.3$
高合金钢回火	$1.33 \sim 1 \times 10^{-2}$

在选用真空度时应注意以下几点：

1）当加热 ≥ 1000℃的高合金钢制工模具，在加热到 900℃之前，应先抽高真空，以达到脱气的效果，随后充入高纯 N_2，在一定的分压下继续升温至奥氏体化温度。

2）凡加热温度 < 900℃的低合金工具钢，真空度越高，脱气效果越好，真空度 < 0.1Pa 最好。

3）真空度高低对钢的表面粗糙度有直接的影响。在不引起合金元素挥发的前提下，真空度越高，则炉气中残存的氧和水蒸气的含量越少，工件不易产生氧化，表面越光洁。当然，影响工件表面粗糙度的因素很多，漏气率、冷却介质的特性和钢种都会影响工件的光亮度。

4）一般钢铁材料在 $1 \times 10^{-1} Pa$ 进行加热淬火，相当于在 $1 \times 10^{-4}\%$ 以上纯度的惰性气氛中加热的保护气氛效果，工件表面不会被氧化。

5）金属在充入氮气和氢气的混合气氛中进行加热时，如果充至 133Pa[（N$_2$）50% +（H$_2$）50%，此时 H$_2$ 的分压为 66.5Pa 是安全的]，其保护效果比 $1 \times 10^{-2} \sim 1 \times 10^{-3}$Pa 的真空还好。这种方法对高铬钢、高速钢、精密合金丝箔以及为防止扩散泵污染的活性材料的高温退火和特殊材料钎焊尤为适合。

6）一般在 $1 \times 10^{-3} \sim 133$Pa 的真空范围内，真空炉的温度均匀性可维持在 ±5℃，随着分压上升，温度均匀性会下降，因此，合理选择回充分压，既可保护金属元素不蒸发又能保持炉温均匀。

2. 预热和加热温度的选择

真空加热是以辐射加热为主，在 700℃ 以下辐射效率低，升温速度慢，工件的温度滞后于炉膛温度。所以，真空加热需通过多段预热来减少工件温度的滞后，特别对形状复杂的大尺寸工件，进行几段预热尤为重要，真空加热预热工艺规范可参考表 6-2。加热的温度比盐浴炉加热稍低些。

表 6-2　真空加热预热工艺规范

淬火加热温度 /℃	预热温度（1）/℃	预热温度（2）/℃	预热温度（3）/℃
< 1000	500 ~ 600	—	—
≥ 1000 ~ 1100	600 ~ 650	800 ~ 850	—
> 1100	500 ~ 650	800 ~ 850	1000 ~ 1050

3. 真空加热时间的设计

真空加热时的升温特性曲线如图 6-1 所示。在周期作业的真空炉中，影响真空淬火加热时间的因素比较多，如炉膛结构尺寸、装炉量、工件的形状和尺寸、加热温度、加热速度以及预热方式等。一般都通过试验方法得到加热时间的经验计算公式。

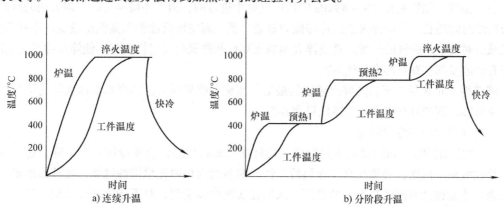

图 6-1　真空加热时的升温特性曲线

根据炉温和被加热工件表面与心部的温度曲线可知，在周期作业真空炉中总的加热时间 $t = t_升 + t_均 + t_保$。其中 $t_升$ 为工件加热时仪表到达设定温度时的时间；$t_均$ 为透烧工件的均热时间，可按下列经验公式求得：

$$t_均 = a'D$$

式中　a'——工件的透热系数，单位为 min/mm，见表 6-3；

　　　D——工件的有效厚度（或直径），单位为 mm。

表 6-3　真空加热透热系数 a' 的确定

加热温度 /℃	600	800	1000	1100~1200
a' (min/mm)	1.6~2.2	0.8~1.0	0.3~0.5	0.2~0.4
预热规范	—	600℃预热	600℃+800℃预热	600℃+800℃+1000℃预热

注：如不预热直接加热时，a' 应提高 10%~20%。

$t_保$ 为钢的奥氏体合金化时间，以使合金元素在奥氏体中得到充分溶解，$t_保$ 取决于钢的合金成分、原始组织及特殊工艺要求等。T8A 等碳素钢均温后，就基本完成了珠光体向奥氏体的转变，在该温度下仅停留 1~3min（也可零保温）即可淬火，合金钢制件则需保持一定的时间，但也不宜长，见表 6-4。回火加热应充分保温，一般在 1h 以上。化学热处理 $t_保$ 由技术要求设定。

表 6-4　真空加热 $t_保$ 时间的确定

钢种	碳素工具钢	低合金钢	高合金钢
$t_保$/min	5~10	10~20	20~40

所以 $t_总 = t_升 + t_均 + t_保 = t_升 + a'D + t_保$

对单室真空炉可以将工件热电偶的温度与炉子控温热电偶温度进行比较确定 $t_均$（均热保温时间），再适当增加 $t_保$ 即可淬火。双室真空炉可根据经验法确定 $t_保$，也可以针对工件在真空炉中加热的滞后时间，根据生产实际情况选择典型工件进行实际测定。亦可根据试样金相、硬度修正工艺参数。

4. 真空热处理的冷却方法

真空热处理的冷却介质及冷却方法同样是按照被淬的材料、形状尺寸、技术要求来确定，目前国内广泛使用的是油淬和气淬两种。

（1）油淬　油淬是在 9.8~49kPa 的低压气氛中进行的，由于环境温度低，淬火油的蒸汽膜阶段持续时间还长，所以淬火油的冷却能力显著降低。真空淬火油饱和蒸汽压较低，不易蒸发，可以减少对真空炉炉气的干扰。真空淬火油的光亮性和热氧化安定性要好，使淬火件光亮洁净，从而有效地发挥了真空淬火的优越性。

能获得与正常压力下相同淬火硬度的最低气压称为临界压力。国产真空淬火油的临界压力均为 9.8kPa。国产真空淬火油的特性见表 6-5。

真空油淬时应注意的问题：

1）真空油淬时，如油面的压强很低，接近油的沸腾状态，会使冷却能力下降，达不到预期的淬硬效果。因而，必须在真空加热后工件入油前后向炉内充填惰性气体，使液面形成一定的压强，才能得到高硬度高光洁的表面。人们在实践中体会到，对不同淬透性的钢，应选取不同油面压强。淬火时还应注意的是淬火室充气与淬火件入油的先后顺序。对于淬透性差的钢种应采用先充气后入油的方式淬火，对于淬透性较好的钢种可采用先入油后充气的方式淬火。具体工艺选择取决于钢材本身的特性。

此外，油面压强大小对淬火畸变有较大的影响。降低油面压强可使淬件畸变减小。因此，淬火油面压强的选择，应在保证淬硬和淬透层深度的前提下，尽可能低一些为佳。

根据经验，淬火前应将油面压强提高到 26kPa 以上，工艺上常采用向冷却室回充 N_2 气，压强为 0.04~0.05MPa（常用 40~67kPa，高于 67kPa 对冷却特性影响就不太显著了）。淬火前压强接近 0.1MPa，就可以得到高的硬度，充 N_2 气有利于安全操作。

2）为满足冷却能力的要求，真空淬火需要有足够的油量，一般取工件（应包括料盘）质量与油量之比为 1∶10～1∶15。油槽的容积应比油与工件体积之比大 30% 以上。

3）真空淬火油的品质，如酸值、残碳、水分等都可能使淬火件严重着色。有时它们对光亮度的影响大于真空度的影响。淬火油在使用过程中需定期分析黏度、闪点、水分及冷却能力。当淬火油的水分质量分数达到 0.03% 时，就会使淬火件表面颜色变暗。当油中的水质量分数达到 0.3% 时，油的冷却特性将明显改变，低温区冷速增大，易使形状复杂的工件淬裂。当油面的压强降低时，含水的油面将发生沸腾，从而严重破坏真空度。

表 6-5　国产真空淬火油的特性（JB/T 6955—2008）

淬火冷却介质名称	温度 /℃	冷却特性		
		最大冷速所在温度 /℃	最大冷速 /（℃/s）	特性温度 /℃
1 号快速真空淬火油	40	590	94	700
	60	595	96	700
	80	592	95	700
2 号快速真空淬火油	40	554	76	660
	60	560	78	660
	80	562	79	660

4）新油第一次使用时需进行脱氧处理，其操作步骤为：将炉门关闭，起动机械泵抽真空及开动油槽内的搅拌器，从观察孔中观察油面情况。当油面沸腾并上升有溢出油的倾向时需立即关闭真空阀门。当降压至 46500Pa（350Torr）时，关闭真空阀门并保持 5min 以上，然后打开真空阀门使真空室压强再降至 39900Pa（300Torr），仍保持 5min 以上。按此方法，使真空室中压强逐渐降低下来。在压强降至 6650Pa（50Torr）之后可使压强每次降低得少一些，直至达到最低压强值为止。经此脱气处理后的淬火油就可以使用了。

5）每次停炉后，还应使炉子保持真空状态（39900Pa），防止空气和水再次溶入。

6）真空淬火油的使用温度为 40～80℃。温度过低，油的黏度大，冷却速度低，淬火后工件硬度不均匀，表面欠光亮。油温过高，油会迅速蒸发，从而会造成污染并加速油的老化，油槽还应设置冷却器，以便控温。

7）为能迅速调节油温并使之均匀，油槽中还应装有搅拌装置，以加强油的循环与对流。静止油冷却烈度为 0.25～0.30，被搅拌油的冷却烈度为 0.80～1.10，但油的搅拌过于急剧，易使淬火件产生较大的畸变，应控制工件入油后的开始搅拌时间，调节搅拌的激烈程度，并实施断续搅拌，可减少畸变和软点。

8）真空淬火油的高温瞬时渗碳现象。高速钢工具经真空淬油后在工件表面出现大量 r_R 和碳化物组织的白亮层，无法用 550℃ 的正常回火温度加以消除，一般需在 700℃ 以上甚至 800℃ 才能消除。产生渗碳的原因是油在 1000℃ 左右的高温分解产生 CO、CH_4，这些渗碳气体将受热分解并析出浓度较高的活性 [C]，渗入到活性较好的工件表层中，产生瞬时渗碳现象。工件入油温度愈高，出现的白亮层愈厚。鉴于此，高速钢及高合金钢不宜油淬，宜改气淬。

9）要确保真空油淬的安全性，防止爆燃事故。环境保护是一项基本国策，油淬对环境不友好，建议少用或淘汰。

（2）气淬　真空气淬的冷却速度与气体的种类、气体的压强、流速、炉子结构及装炉状况等因素有关。

气淬介质的选择。可供使用的气淬气体有氩、氦、氢、氮等，它们在100℃时的某些物理特性见表6-6。

表6-6   几种冷却气体的某些物理特性（100℃）

气体	密度 /（kg/m³）	普朗特数	动力黏度 /Pa·S	热导率 /[W/（m·K）]
N₂	0.887	0.70	2.15×10^{-5}	0.0312
Ar	1.305	0.69	27.64	0.0206
He	0.172	0.72	22.1	0.1660
H₂	0.0636	0.69	10.46	0.2200

与相同条件下的空气传热速度相比，以空气为1，则 N_2 为0.99、Ar气为0.70、H_2 气为7、He气为6。图6-2所示为常用气体的相对冷却性能曲线，由图可见，H_2 的冷却速度最快，但是在1058℃以上，钢在 H_2 气中容易造成轻微脱碳，对高强度钢有造成氢脆的隐患。同时 H_2 有爆炸的危险，从安全角度考虑，H_2 作为冷却气显然不受欢迎。He气的价格太贵，影响使用。Ar气冷却速度最慢，但是价格也贵，只能作为 N_2 气的代用气体使用。唯有 N_2 气资源丰富、物美价廉，使用安全，在200～1200℃温度范围内 N_2 对常用钢材呈惰性状态，从而得到广泛的使用。在某些特殊情况下，如对于易吸气并与 N_2 反应的钛锆及其合金，一般选用氩气作为冷却介质。

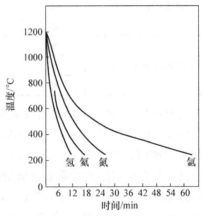

图6-2   氮、氩、氢、氦的相对冷却性能曲线

为了保证工件表面不被氧化，并具有高的光亮度，真空气淬时对 N_2 的纯度有要求，见表6-7。

表6-7   氮气纯度标准

真空淬火材料	轴承钢、高速钢	高温耐热合金	高温活性金属	半导体材料
N₂ 纯度（体积分数，%）	99.995～99.998	99.999	99.9999	99.99999

为了保证真空淬火质量，全国热处理标准化技术委员会制订了热处理用 N_2、H_2、Ar 的行业标准，可供选择，见表6-8。

表6-8   热处理用 N₂、H₂、Ar 的行业标准

名称	指标要求（体积百分数，%）					
	氩含量	氮含量	氢含量	氧含量	总碳含量（以甲烷计）	水含量
高纯氩气	≥ 99.999	≤ 0.0005	≤ 0.0001	≤ 0.0002	≤ 0.0002	≤ 0.004
氩气	≥ 99.99	≤ 0.007	≤ 0.0005	≤ 0.001	≤ 0.001	≤ 0.002
高纯氮	—	≥ 99.999	≤ 0.0001	≤ 0.0003	≤ 0.0003	≤ 0.0005
纯氮	—	≥ 99.996	≤ 0.0005	≤ 0.001	CO ≤ 0.0005 CO₂ ≤ 0.0005 CH₄ ≤ 0.0005	≤ 0.0005

（续）

名称		指标要求（体积百分数，%）					
		氩含量	氮含量	氢含量	氧含量	总碳含量（以甲烷计）	水含量
工业用气态氮	Ⅰ类	—	99.5	—	≤ 0.5	—	露点 ≤ -43℃
	Ⅱ类Ⅰ级	—	99.5	—	≤ 0.5	—	游离水 ≤ 100mL/ 瓶
	Ⅱ类Ⅱ级	—	98.5	—	≤ 1.5	—	
氢气		—	≤ 0.006	≥ 99.99	≤ 0.0005	$CO ≤ 0.0005$ $CO_2 ≤ 0.0005$ $CH_4 ≤ 0.001$	≤ 0.003

注：1.15℃水分压，在大于 11.8MPa 条件下测定。

2. 高纯氮、纯氮不适合作为沉淀硬化不锈钢、马氏体时效不锈钢、高温合金、钛合金等的真空热处理回充和冷却气体之用。

3. 氢气不适合高强度钢、钛合金、黄铜等的热处理保护。

4. 液态氮不规定水的含量。

（3）真空高压气淬等应用实例

1）M2 钢制小钻头正压气淬。ϕ3mm 以下高速钢小钻头允许整体淬硬。

钻头规格 ϕ1.5 ~ ϕ3mm，硬度要求 62 ~ 65HRC。

炉型为双室气淬炉。

真空热处理工艺：850℃ + 1000℃两段预热，真空度均为 40Pa，1220℃加热保温，真空度为 133Pa，气淬压力 1.37×10^5Pa，540℃×1.5h×3 次真空回火。有些工具厂认为真空淬火后用硝盐回火好。

2）Cr12MoV 钢制螺纹铣刀，外形尺寸为 135mm×37mm×37mm，淬火压力为 5×10^5Pa，从淬火温度 1020℃冷至 500℃时，工件心部冷透需 45min，再经过 15min 才能冷却到 80℃。工艺总时间为 4.2h。表面硬度为 63 ~ 64HRC。畸变情况：在长度方向上变化 0.01mm，其他方向接近 0.02mm。

3）Cr12MoV 钢制滚压螺纹轮。有两种规格：ϕ200mm×60mm，另一种规格为 ϕ150mm×75mm，被加工材料为 30HRC 的 40Cr 螺栓。真空热处理在 VFH-100PT 型加压气淬炉内进行。装炉前，工件用乙醇清洗去油，淬火时通高纯氮加压气淬，压力为 2×10^5Pa，即相当于两个标准大气压。淬火冷却至 100℃出炉空冷。出炉后，工件表面光亮，内孔变形在 0.02mm，端面不需再磨，硬度 63 ~ 65HRC，符合要求。

4）56NiCrMoV7 钢（相当于 55CrMoVNi2）制压铸型　外形尺寸为 247mm×268mm×400mm，装炉量 225kg，加热温度 890℃，淬火压力 5×10^5Pa，530℃×2h×2 次回火，金相组织良好，硬度 46 ~ 47HRC，均达到工艺要求。

6.2　真空退火工艺设计

真空退火是指在低于一个大气压的条件下，将工件缓慢加热到规定温度，并保持一定的时间，然后再将工件按规定的冷却方式冷却到室温的过程。

真空退火是最早在工业上得到应用的真空热处理工艺。对金属材料进行真空退火除了要达到改变晶粒结构、细化组织、消除应力和软化材料等一般的目的以外，还是为了发挥真空加热可以防止氧化脱碳、除气脱脂，使氧化物蒸发，以提高表面粗糙度和力学性能的作用。真空退火在工业上的应用可以归纳为：活性及难熔金属的退火和除气；电工钢及电磁、不锈钢、耐热合金及重要钢铁材料退火。

1. 稀有难熔金属的退火

Ti、Zr、Nb、V、Mo、W 等金属在自然中含量很少，分布稀散，难于直接从原料中提取，被人们称为稀有金属。由于稀有，大多用在高端产品上，对国民经济有着举足轻重的作用。

（1）Ti、Zr 的真空退火 Ti、Zr 是 IV B 族元素，有相近的物理、化学性能。Ti 的锻压、轧制加热一般在 $1000 \sim 1100 ℃$，真空度为 $1 \times 10^{-1} \sim 1 \times 10^{-3} Pa$ 下进行，Ti 中 $w(H_2)$ 高于 0.15% 时即变脆，冲击韧性、缺口拉伸强度将下降。

$w(H_2)$ 为 550×10^{-6} 的 Ti 合金 TC4（Ti-6Al-4V）在 $538 \sim 760 ℃$、$7.67 \times 10^{-2} Pa$ 退火 $2 \sim 4h$，$w(H_2)$ 可降至 $25 \times 10^{-6} \sim 35 \times 10^{-6}$。钛锻件经过真空退火后，$w(H_2)$ 从 0.185% 降至 7.9×10^{-3}%，这时冲击韧性可从 $20J/cm^2$ 提高到 $80J/cm^2$。目前钛、锆及其合金有两种退火工艺。

1）完全退火（即再结晶退火）。Ti、Zr 及其合金都存在着加工硬化现象，其锻压、轧制及最终材料交货前均需进行完全退火，其工艺为：$(780 \sim 840)℃ \times (0.5 \sim 8)h$。

2）去应力退火。其目的是消除铸造、机械加工及焊接等过程产生的内应力，一般是在再结晶温度以下进行。如 α-Ti 在 $500 \sim 550 ℃$ 下进行，而 TC4（再结晶温度为 $750 ℃$）则在 $550 \sim 650 ℃$ 下进行。钛、锆及其合金的退火温度见表 6-9。

表 6-9　钛、锆及其合金的退火温度

名称	退火温度 /℃	去应力退火温度 /℃	备注
工业纯钛	700	540	α 型合金
Ti-5Al-2.5Sn	850	$540 \sim 650$	
Ti-5Al-5Cr	750	750	
Ti-2Al-2Mn	700	550	
Ti-4Al-4Mn	750	750	
Ti-5Al-3Mn	$750 \sim 800$	750	
Ti-5Al-2.75Cr-1.75Fe	790	650	
Ti-6Al-4V	$790 \sim 815$	620	
Ti-2Fe-2Cr-2Mo	650	—	
Ti-3Mn-1.5Al	730	—	
Ti-8Mn	$650 \sim 700$	$540 \sim 590$	缓冷至 500℃ 以下
锆[1]	$650 \sim 700$	—	—
锆合金 2	850		

[1] 工业纯锆在 580℃ 开始再结晶，$630 \sim 650℃$ 达到最佳力学性能，680℃ 力学性能开始降低，推荐退火工艺用 600℃ × 1h。

真空度是真空退火的一个重要参数，研究表明，Ti 及其合金的真空热处理的真空度不得高于 $6.7 \times 10^{-2} Pa$，建议不得低于 $2 \times 10^{-3} Pa$，以免产生合金元素的贫化。如果需要更低的真空度，则需要用纯度不低于 99.999% 的高纯氩分压，真空热处理后工件应在 200℃ 以下出炉空冷，高于此温度出炉将导致工件氧化。

这里应该强调的是，退火应尽量选用反射屏式的高真空热处理炉；用于加热 Ti 合金的真空炉不宜用来处理其他合金材料，这是由于自这些材料脱出并附于炉壁的气体、污染物等会污染随后处理的钛合金，使其得不到光亮的表面。Ti 合金热处理后需在 200℃ 以下出炉，工件入炉前应检查其表面是否洁净，以减少吸氢或污染表面的可能性。

（2）钒、钽、铌的真空退火　钒、钽、铌的真空退火加热规范见表 6-10。

表 6-10　钒、铌、钽的真空退火加热规范

金属	温度 /℃	剩余气体或保护气体压力 /Pa	加热目的
钒	700 ~ 1140 1450 ~ 1600	$1 \times 10^{-3} \sim 1 \times 10^{-4}$ 1×10^{-3}	锻件和板材压力加工退火，分解氢化物 条材的精制退火
铌	960 ~ 1500 1800 ~ 2400	$1 \times 10^{-3} \sim 1 \times 10^{-4}$ 1×10^5 氦气 1×10^5 氩气 $1 \times 10^{-1} \sim 1 \times 10^{-7}$	冷加工后各种形式的退火（消除应力、时效） 冲压、压力的加工加热 （锻、压、轧） 铸锭和单晶体的高温退火、除气退火等
钽	1200 ~ 1850 2000 2300 ~ 2700	$1 \times 10^{-3} \sim 1 \times 10^{-4}$ $1 \times 10^{-2} \sim 1 \times 10^{-4}$ $1 \times 10^{-1} \sim 1 \times 10^{-2}$	压力加工后的退火，初次烧结、除气退火 电容器烧结 各种工件和条材的烧结

钒在 1450℃、2.7×10^{-3}Pa 真空条件下，氢的浓度从 280cm³/100g 降至 22.4cm³/100g。铌在真空加热后可使氧浓度降至原来的 1/5。钽的电解粉末在 2600℃ ×4h 后，氧、氮、氢的含量大幅度降低。铌制管材必须在真空度高于 1.33Pa × 10⁻²Pa 条件下进行退火。钽没有相变点，一般在再结晶温度以下（1200 ~ 1260℃、1.33×10^{-1}Pa）进行消除加工硬化的退火。

（3）铬、钼、钨的真空退火　铬因饱和蒸汽压高，因而很少在真空中进行加热。与其他难熔稀有金属不同，钼、钨与氮较难反应，与氢不发生反应，因而其加热可用氢做保护气体。钼和钨在烧结、轧制、冲压、拉丝和反复塑性变形以后，需进行再结晶温度以下的软化退火，用高纯氢、氩气保护。

钨丝在 1400℃ 以上、$1.33 \times 10^{-1} \sim 1.33 \times 10^{-2}$Pa 条件下退火之后，所制灯丝的寿命显著提高。钨丝的除气工艺是：在氢中加热 1h，再在 1400℃、6.7×10^{-3}Pa 条件下加热，于 700 ~ 750℃、真空条件下拔钨丝，可比在其他气氛中拔丝大大提高金属的塑性。在真空中（1800 ~ 1900℃）烧结钼条可获得所需的密度。经冷压力加工的钼合金，以 50 ~ 100℃ /h 升温速度在 $1.3 \times 10^{-1} \sim 2.6 \times 10^{-3}$Pa 条件下加热至 1800℃，不需保温即可提高 18% ~ 30% 的断后伸长率。要消除钼的加工硬化，在 1.3×10^{-1}Pa 以上的真空度、进行 900℃ 加热即可。钨、钼真空退火的加热规范见表 6-11。

表 6-11　钼、钨真空退火的加热规范

金属	温度 /℃	剩余气体压力 /Pa	加热用途
钼	1000 ~ 1400 1600 ~ 2000 2000 ~ 2400	1×10^{-3} 1×10^{-1} $1 \times 10^{-2} \sim 1 \times 10^{-3}$ 1×10^{-2}	压力加工后消除应力退火，拉丝和冲压后再结晶退火，轧、锻压和冲压加热 硼化处理 间接加热和除气 直接加热，组织均匀化退火；低合金退火
含钛、锆、钒的钼合金	1300 ~ 1600	$1 \sim 1 \times 10^{-3}$	消除应力和再结晶退火；轧、锻压和冲压加热

（续）

金属	温度 /℃	剩余气体压力 /Pa	加热用途
钨	1000 ~ 1400	$1 ~ 1 \times 10^{-3}$	条材压力加工后的去应力退火；除气退火；预先烧结硼饱和处理加热；冲和轧以及部分锻造加热
	1400 ~ 1700	$1 \times 10^{-2} ~ 1 \times 10^{-3}$	再结晶退火；含活性成分的工件烧结加热，锻造以及部分压制加热
	1700 ~ 2200	$1 \times 10^{-2} ~ 1 \times 10^{-4}$	锻造过程去应力中间退火；压制及部分加热烧结；
	2200 ~ 3000	$1 \times 10^{-2} ~ 1 \times 10^{-4}$	单晶体退火

　　钼、钨的退火温度要适中，过高将导致钼、钨晶粒粗大而脆化。退火后的元件和材料不得用手触摸，暂时不用则需用清洁的纸包扎且保存于 1.3Pa 的真空干燥器中，并需在一周之内使用。

　　2. 软磁材料的退火

　　根据材料磁化后再退除磁性的难易程度，把其分为硬磁材料（亦称永磁材料）和软磁材料。

　　硅钢是硅的质量分数为 3% ~ 5% 的硅铁合金，是目前用量最大的软磁合金，主要用于电动机、发电机和变压器的铁心。硅钢分为热轧硅钢和冷轧硅钢。热轧硅钢正在被逐渐淘汰。冷轧硅钢又分为冷轧无取向硅钢、冷轧取向硅钢和高磁感冷轧取向硅钢。通过对取向硅钢进行去应力退火后发现，500℃ ×2h 退火后试样的磁性能开始发生恢复，700℃ ×2h 退火可以基本消除弯曲变形对磁感应强度的影响，850℃ ×2h 退火的效果最明显，弯曲变形对铁损的影响可以基本消除。因此，为了保证电工产品的质量，冷轧无取向硅钢制品可在 $1.3 \times 10^{-1} ~ 1.3 \times 10^{-2}$Pa 条件下，升温至 750 ~ 850℃ ×3 ~ 6h，其后以 <100℃ /h 的冷速冷至 600℃，再随炉冷至 200℃ 以下出炉进行退火处理。

　　高磁感冷轧取向硅钢制品的真空退火工艺规范见表 6-12。冷轧取向硅钢制品的真空退火工

表 6-12　高磁感冷轧取向硅钢制品的真空退火工艺规范

牌号	厚度 /mm	退火目的	加热温度 /℃	保温时间 /h	冷却制度
DG3	0.15 ~ 0.2	去应力退火	800 ~ 850	3 ~ 6	① 以 ≤ 150℃ /h 的速度冷至 600℃ ② 随炉冷至 200℃ 以下出炉空冷至室温
DG4					
DG5					
DG6					
DG3	0.08 ~ 0.10	高温退火＋磁场退火	900 ~ 980	8 ~ 10	① 以 ≤ 100℃ /h 的速度冷至 600℃ ② 随炉冷至 200℃ 以下出炉空冷至室温
DG4					
DG5					
DG6					
DG3	0.05				
DG4					
DG5					
DG6					
DG3	0.025				
DG3	0.03				
DG4	0.03				

　　注：磁场退火工艺为 700 ~ 800℃ ×2h，在 800 ~ 1600A/m 的直流磁场中缓冷至 400℃ 以下出炉。

艺规范见表 6-13。高饱和磁感应强度、矩磁坡莫合金的真空退火规范见表 6-14。高初始磁导率坡莫合金的真空退火规范见表 6-15。特种坡莫合金的真空退火工艺规范见表 6-16。高电阻高硬度坡莫合金的真空退火工艺规范见表 6-17。磁补偿坡莫合金的真空退火工艺规范见表 6-18。需要指出的是，在进行相关牌号的软磁合金真空退火时，依据工件尺寸、结构做些调整可能会得到更好的磁性能。

表 6-13　冷轧取向硅钢制品的真空退火工艺规范

合金牌号	升温方式	加热温度 /℃	保温时间 /h	冷却制度
DQ133-30	随炉升温	800 ~ 850	3 ~ 6	① 以 ≤ 150℃/h 的速度冷至 600℃ ② 随炉冷至 200℃ 以下出炉空冷至室温
DQ147-130				
DQ162-30				
DQ179-30				
DQ137-35				
DQ-157-35				
DQ183-35				
DQ120-27		850 ~ 900		① 以 ≤ 100℃/h 的速度冷至 400℃ ② 随炉冷至 200℃ 以下出炉空冷至室温
DQ143-27				
DQ113G-30				
DQ122G-30				
DQ133G-30				
DG127-27				
DG117G-35				
DG126G-35				
DG137G-35				

表 6-14　高饱和磁感应强度、矩磁坡莫合金的真空退火规范

退火目的	牌号	退火温度 /℃	保温时间 /h	冷却方式
高饱和磁感应强度合金的最终退火	IJ46	1050 ~ 1150	3 ~ 6	以 ≤ 200℃/h 的速度冷至 600℃，快冷至 200℃ 以下后出炉空冷
	IJ50			
	IJ54	1100 ~ 1150	3 ~ 6	以 80 ~ 120℃/h 的速度冷至 400℃，快冷至 200℃ 以后出炉空冷
矩磁合金的最终退火	IJ51	1050 ~ 1150	1	以 100 ~ 200℃/h 的速度冷至 600℃，快冷至 200℃ 以下后出炉空冷
	IJ52			
	IJ53		3 ~ 6	
矩磁合金 + 纵向磁场 （1.2 ~ 1.6kA/m）	IJ34	1050 ~ 1150	3 ~ 6	以 100 ~ 200℃/h 的速度冷至 600℃，快冷至 200℃ 以下后出炉空冷
	IJ65			
	IJ67	650 ~ 700	1 ~ 2	以 30 ~ 100℃/h 的速度冷至 200℃ 以下出炉空冷

表 6-15　高初始磁导率坡莫合金的真空退火工艺规范

退火目的	牌号	退火温度 /℃	保温时间 /h	冷却方式
软化退火	IJ76 IJ77 IJ79	850~900	2~5	炉冷至 400℃以下，快冷至 250℃以下出炉冷至室温
消除应力退火	IJ80 IJ85 IJ86	750~800	3~6	以 100~150℃/h 的速度冷至 400℃，快冷至 250℃以下出炉冷至室温
最终退火	IJ76 IJ77	1100~1150	3~6	以 100~150℃/h 的速度冷至 500℃，然后再以 30~50℃/h 的速度冷至 200℃出炉空冷
	IJ79			以 100~200℃/h 的速度冷至 600℃，快冷至 300℃以下出炉空冷
	IJ80			以 ≤200℃/h 的速度冷至 500℃，以 ≥400℃/h 的速度快冷至 200℃出炉空冷
	IJ85	1100~1200		以 100~200℃/h 的速度冷至 480℃，快冷至 200℃出炉空冷
	IJ86			以 80~120℃/h 的速度冷至 600℃，然后再以 30~100℃/h 的速度冷至 200℃出炉

表 6-16　特种坡莫合金的真空退火工艺规范

退火目的	牌号	退火温度 /℃	保温时间 /h	冷却方式
恒磁导率合金退火 + 横向磁场（16kA/m）	IJ66	1200	3	以 200℃/h 的速度冷至 600℃，以 ≥400℃/h 的速度快冷至 300℃出炉
		650	1	以 50~200℃/h 的速度冷至 200℃出炉空冷
耐蚀合金的最终退火	IJ36 IJ116 IJ117	750~800	3~6	以 100~200℃/h 的速度冷至 450~600℃，然后快冷至 200℃出炉空冷

表 6-17　高电阻高硬度坡莫合金的真空退火工艺规范（最终退火）

牌号	厚度 /mm	退火温度 /℃	保温时间 /h	冷却方式
IJ87	≤0.2	950~1150	2~3	以 80~120℃/h 冷至 500℃×1h，缓冷至 350℃，炉冷至 200℃出炉
	>0.2	1150~1250	4~6	
IJ88	≤0.2	950~1150	2~3	以 100~200℃/h 冷至 500℃，再以 200~300℃/h 的速度冷至 200℃出炉
	>0.2	1150~1200	4~6	
IJ89	≤0.2	950~1100	2~3	以 200~300℃/h 的速度冷至 600℃×1h，再以 100℃/h 的速度冷至 200℃出炉
	>0.2	1100~1200	3~4	
IJ90	≤0.2	1000~1050	2~3	以 200~300℃/h 的速度冷至 250℃出炉空冷
	>0.2	1000~1200	3~4	
IJ91	≤0.2	1000~1150	2~3	炉冷至室温，再加热到 970℃×1h，以 ≥300℃/h 的速度冷至 200℃出炉空冷
	>0.2	1100~1200	3~4	

表 6-18　磁补偿坡莫合金的真空退火工艺规范

退火目的	牌号	退火温度 /℃	保温时间 /h	冷却方式
最终退火	IJ30	800 ~ 850	2 ~ 3	以 80 ~ 120℃/h 的冷速冷至 500℃，快速冷至 200℃以下出炉空冷
	IJ31			
	IJ32			
	IJ33			
	IJ38	790 ~ 810		

3. 钢铁材料的真空退火

目前，工模具钢、结构钢、不锈钢等专业用钢，用真空退火的数量不多，但却日益增加，退火的主要目的是为了得到光亮的表面。薄板、钢丝各加工工序的真空退火可使变形晶粒得到恢复和均匀化。同时，还可蒸发掉表面残存的润滑脂、氧化物，排除掉溶解的气体，退火后，被处理工件可得到光洁的表面，因而可略去脱脂和酸洗工序，并可直接转电镀，这对钢丝的高速镀锌是极为有利的，真空镀铜钢丝的镀铜层与基体结合牢固并具有光洁的外观。

常用钢真空退火工艺参数见表 6-19。奥氏体不锈钢真空退火工艺参数见表 6-20。几类不锈钢退火工艺参数见表 6-21。

表 6-19　常用钢真空退火工艺参数

材料	真空度 /Pa	退火温度 /℃	冷却方式
45	$1.3 ~ 1.3 \times 10^{-1}$	850 ~ 870	炉冷或气冷至 300℃出炉空冷
$\phi 0.3 ~ \phi 0.6$mm 卷钢丝	1.3×10^{-1}	750 ~ 800	炉冷或气冷至 200℃出炉空冷
40Cr	1.3×10^{-1}	890 ~ 910	缓冷至 300℃出炉空冷
Cr12Mo	1.3×10^{-1} 以上	850 ~ 870	（720 ~ 750）℃ × （4 ~ 5）h 等温后炉冷
W18Cr4V	1.3×10^{-2}	870 ~ 890	（720 ~ 750）℃ × （4 ~ 5）h 等温后炉冷
低合金模具钢	1.3	730 ~ 870	缓冷
高碳铬冷作模具钢	1.3	870 ~ 900	缓冷
热作模具钢	1.3	815 ~ 900	缓冷

表 6-20　奥氏体不锈钢的真空退火工艺参数

热处理	温度 /℃	真空 /Pa
热变形后去除氧化皮代替酸洗退火	900 ~ 1050	13.3 ~ 1.3
退火	1000	$1.3 \times 10^{-1} ~ 6.7 \times 10^{-2}$
	1050 ~ 1150	$1.3 ~ 1.3 \times 10^{-1}$
电真空零件退火	950 ~ 1000	1.3×10^{-3}
带状料在电子束设备中退火	1050 ~ 1150	$1.3 \times 10^{-2} ~ 1.3 \times 10^{-3}$

表 6-21　几类不锈钢真空退火工艺参数

钢种类型	主要化学成分（质量分数，%）	退火温度 /℃	真空度 /Pa
铁素体类	Cr = 12 ~ 14，C ≤ 0.08	730 ~ 830	$1.3 ~ 1.3 \times 10^{-1}$
马氏体类	Cr = 14，C = 0.4；Cr = 16 ~ 18，C = 0.9	830 ~ 900	$1.3 ~ 1.3 \times 10^{-1}$
奥氏体类（未稳定化）	Cr = 18，Ni = 9	1010 ~ 1200	$1.3 ~ 1.3 \times 10^{-1}$
奥氏体类（稳定化）	Cr = 18，Ni = 9，Ti = 1 或 Nb = 1	950 ~ 1120	$1.3 \times 10^{-2} ~ 1.3 \times 10^{-3}$

4. 铜及铜合金的真空退火

对纯铜进行真空退火，可以有效防止氢脆，还可以防止铜的氧化，提高塑性。真空退火对铜有良好的除气、脱脂效果。纯铜的真空退火工艺见表 6-22。

表 6-22   纯铜的真空退火工艺

产品类型	牌号	退火温度 /℃	保温时间 /min	尺寸 /mm
管材	T2、T3、T4、TU1、TU2、TUP	450～520	40～50	≤ 1.0（有效直径，本格同）
		500～550	50～60	1.05～1.75
		530～580	50～60	1.8～2.5
		550～600	50～60	2.6～4.0
		580～630	60～70	＞4.0
棒材	T2、TU1、TUP（软制品）	550～620	60～67	—
带材	T2	290～340		≤ 0.09
		340～380		0.1～0.25
		350～410		0.3～0.55
		380～440		0.6～1.2
线材	T2、T3、T4	410～430		0.3～0.8（直径）

黄铜的板材、线材在制造过程中均需反复进行退火。为了防止氧化变色或因氧化造成的材料损失，通常采用光亮退火。这样，还可以省去因去氧化皮进行的酸洗工序，同时避免了酸洗对环境的污染。黄铜易于氧化主要是由于锌的存在，铜在高温下易氧化，但在 $CO-CO_2$ 系及 H_2-H_2O 系气氛中几乎不被氧化。然而，锌不仅在氧化气氛中被氧化，而且在上述两种气氛中也会产生氧化。所以用真空处理黄铜，不仅可以得到光亮的表面，还能获得优异的性能。$\phi 4mm$ 的 H65 的黄铜丝在 10Pa、450℃×3h，随炉冷至 100℃ 出炉空冷，表面光洁、色泽均一，晶粒 7～8 级，内外圈硬度均匀，真空处理合格率 100%。

6.3   真空淬火回火工艺设计

真空热处理工艺的主要项目包括：根据工件材料确定加热温度（温度、时间及加热方式）、决定真空度及气压调节方法，选择合适的冷却方式及介质，灵活掌握回火工艺。

6.3.1   真空淬火

1. 加热温度

和其他加热相比，真空加热有两大特点：①在极稀薄的空气中加热，避免了在空气中加热产生的氧化脱碳；②在真空状态下的传热是单一辐射传热，其传热能力 E 与绝对温度 T 的 4 次方成正比，即 $E = C(T/100)^4$[C：理想灰体辐射系数，J/（$m^2 \cdot h \cdot K^4$）]。由此可见，在真空状态下，尤其是在低温阶段升温缓慢，从而使工件表面与心部之间温差减小，热应力小，工件的畸变亦小。

温度是热处理的灵魂，因为热处理的一切变化都是在温度的驱动下发生的。加热温度的确定对产品质量至关重要。查阅资料，一般给出的都是一个加热温度范围，技术人员在设计热处理工艺时，要根据工件的技术要求、服役条件和性能要求，找出最佳的加热温度，在不影响性能和使用的前提下，尽量选择中下限温度。例如，H13 钢制铝合金挤压模选用 1030℃ 的

加热温度，580℃回火，完全可以达到使用要求；再如 M2 钢制热挤压凸模，用 1180℃加热和
560℃ ×1h×2 次 + 400℃ ×1.5h×1 次的热处理工艺，满足了工件的韧性要求，其寿命已达到
进口模具的寿命。常用钢材的真空淬火预热和加热温度见表 6-23。

表 6-23　常用钢材的真空淬火预热和加热温度

牌号	预热温度 /℃	加热温度 /℃
W6Mo5Cr4V2	850 ~ 1000	1180 ~ 1230
W18Cr4V	850 ~ 1000	1250 ~ 1280
1Cr13	850	980 ~ 1030
4Cr5MoSiV1	780 ~ 930	1020 ~ 1040
GCr15	650	830 ~ 860
60Si2Mn	650	860 ~ 880
Cr12MoV	780 ~ 930	1020 ~ 1040
CrWMn	650	830 ~ 840
40Cr	650	840 ~ 860
35CrMo	650	840 ~ 860

2. 保温时间

真空加热温度时间的长短，取决于工件的尺寸形状及装炉量的多少，有成功的经验数据值
得借鉴：

$$\left.\begin{array}{l} T_1 = 30 + (1.5 \sim 2)D \\ T_2 = 30 + (1 \sim 1.5)D \\ T_3 = 20 + (0.25 \sim 0.5)D \end{array}\right\} \qquad (6\text{-}1)$$

式中　　D——工件的有效厚度，单位为 mm；

T_1、T_2、T_3——表示第一段、第二段预热和最终保温时间，单位为 min。

在实际生产中，在一炉中往往同时装有形状尺寸不同的工件，此时就需要综合考虑保温时
间。一般都是按照工件的大小、形状、摆放方式及装炉量，确定保温时间。同时还要考虑到，
真空加热主要是靠高温辐射，在 600℃以下，工件升温非常慢，此时在工件变形无特殊要求时，
应使第 1 次和第 2 次预热时间尽量短些，并提高预热温度，因而低温保温时间再长，升温后工
件心部要达到表面温度，理论上还需一段时间。根据真空加热的原理，提高预热温度，可以减
少工件内外温差，使预热时间缩短，而最终保温时间应适当延长，使得钢中的碳化物得以充分
溶解，有利于发挥材料性能，这样既保证质量，又提高工效。保温时间长短和下列因素有关：

（1）装炉量　工件尺寸相同时装炉量大，则透烧时间应延长；反之则应缩短。

（2）工件摆放形式　由于真空炉是辐射加热，一般说来，如果工件形状完全相同，应尽量
使工件摆放整齐，避免遮挡热辐射，并留出一定的摆放空隙（< D），以保证工件能够受到最大
的热辐射；对尺寸不同的工件同装一炉时，除按最大尺寸设计保温时间外，还应增加透烧时间，
当摆放之空隙 < D 时，所得经验公式为

$$T_1 = T_2 = T_3 = 0.4G + D \qquad (6\text{-}2)$$

式中　G——装炉量，单位为 kg，其余符号同式（6-1）。另外，对于小工件（有效厚度 $D \leqslant$
　　　20mm），或是工件之间的摆放空隙 ≥ D，保温时间可以减少。

$$T_1 = T_2 = 0.1G + D \qquad\qquad (6\text{-}3)$$

$$T_3 = 0.3G + D \qquad\qquad (6\text{-}4)$$

对于大工件（有效厚度 $D \geqslant 100\text{mm}$），最后的保温时间可以减少：

$$T_1 = T_2 = T_3 = 0.4G + 0.6D \qquad\qquad (6\text{-}5)$$

（3）加热温度　前已述及，加热温度很重要，在实际生产中应掌握到位，加热温度高，可以缩短保温时间。例如：$\phi 20\text{mm}$ 的 DC53 钢制冲头，$1030℃$ 加热时可按式（6-3）、式（6-4）计算保温时间，而对于 $\phi 20\text{mm}$ 的 W6Mo5Cr4V2 钢制工具在 $1200℃$ 加热时，则按下式公式计算保温时间较合理：$T_1 = T_2$ 按式（6-3），$T_3 = 0.07G + D$。

3. 冷却时间

（1）预冷　对于高温淬火的中小工件，应关注从热室到冷室后，在淬火前是否要预冷，预冷与否将影响淬火畸变。其规律是：由热室进入冷室后，直接进行油冷或气淬，将导致尺寸变化；如果进行适当的预冷，则可以保持工件热处理前的尺寸不变；若预冷时间过长，将导致工件尺寸胀大。一般的规律是，对于有效厚度为 $20 \sim 60\text{mm}$ 的工件，预冷时间为 $0.5 \sim 2.5\text{min}$。

据统计分析，这是由于当不预冷直接进行淬火时，工件中的内应力以热应力为主，故出现体积收缩，而在经较长的时间预冷后再淬火时，工件中的内应力以相变应力为主，从而出现体积膨胀。只有在进行适当的预冷后，热应力和相变应力平衡了，才能使工件少变形或不变形。

（2）气淬　若通入 2bar 压力氮气进行加压气淬，冷到 $100℃$ 以下出炉，则气冷时间的经验公式如下：

$$T_4 = 0.2G + 0.3D \qquad\qquad (6\text{-}6)$$

式中　T_4——气冷所需时间，单位为 min。

（3）油冷　不管采用何种淬火油，油温控制在 $60 \sim 80℃$ 较妥，除高速钢等高合金钢外，工模钢真空油淬的出油温度控制在 $150 \sim 200℃$ 为好。计算油冷时间的经验公式如下：

$$T_5 = 0.02G + 0.1D \qquad\qquad (6\text{-}7)$$

式中　T_5——油冷所需时间，单位为 min。这里工件出炉的温度大约 $150℃$。

6.3.2　真空回火

真空回火的目的是将真空淬火的优势（不氧化、不脱碳、表面光亮、无腐蚀、无污染）保持下来。如果不采用真空回火，将失去真空淬火的优越性。对热处理后不进行精加工，需要进行多次高温回火的精密工具更是如此。

在进行真空回火操作时，先将工件均匀地放在回火炉中，抽真空到 1.3Pa 后，再回充氮气至 $(5.32 \sim 9.31) \times 10^4 \text{Pa}$，在风扇驱动的气流中将工件加热至预定温度，经充分保温后进行强制风冷，炉冷至 $200℃$ 以下出炉空冷。

真空回火后工件表面的色泽没有淬火好，以下提高真空回火工件表面粗糙度的方法可供参考：

1）提高工作真空度，由以前真空回火常用的 $1 \sim 10\text{Pa}$ 提高到 $1.3 \times 10^{-2}\text{Pa}$，减少炉内的氧含量，消除氧对工件的氧化影响。

2）充入的氮气中加入 10% 的氢气，使循环加热和冷却的混合气流呈弱还原性气氛。

3）快速冷却，使工件出炉温度低，可提高回火工件的光亮度。

4）提高温度均匀性。温度均匀性好，有利于回火光亮度一致。

6.3.3　常用金属材料的真空淬火回火工艺规范

常用合金结构钢的真空热处理工艺规范见表 6-24。超高强度钢的真空热处理工艺规范见表 6-25。常用弹簧钢的真空热处理工艺规范见表 6-26。常用轴承钢的真空热处理工艺规范见表 6-27。常用合金工具钢的真空热处理工艺规范见表 6-28。高速工具钢的真空热处理工艺规范见表 6-29。常用不锈钢耐热钢的真空热处理工艺规范见表 6-30。常用高温合金的真空热处理工艺规范见表 6-31。

表 6-24　常用合金结构钢的真空热处理工艺规范

牌号	淬火			回火		
	温度 /℃	真空度 /Pa	冷却	温度 /℃	真空度 /Pa	冷却
45Mn2	840	1.3	油	550	$7.3 \times 10^4 \sim 5.3 \times 10^4$	油 - 空冷，氮气快冷
30SiMn2MoV	870	1.3		650	$1.3 \sim 0.13$	氮气快冷
30Mn2MoTiB	870	1.3		200	空气炉	空冷
40CrMn	840	1.3		520	$7.3 \times 10^4 \sim 5.3 \times 10^4 (N_2)$	
30CrMnSiA	880	1.3		520		
50CrV	860	$1.3 \sim 0.13$		500	1×10^{-1} 或 5.3×10^4	快冷
35CrMo	850	$1.3 \sim 0.13$		550		
40CrMnMo	850	1.3		600		
25Cr2MoV	1040	$1.3 \sim 0.13$		700	0.13	
25Cr2MoV	900	$1.3 \sim 0.13$		620	0.13	
38CrMoAl	940	1.3		640	0.13	
40Cr	850	$1.3 \sim 0.13$		500	氮气：5.3×10^4	氮气、氩气强制冷却
40CrNi	820	$1.3 \sim 0.13$		500	氮气：5.3×10^4	
37CrNi3	820	$1.3 \sim 0.13$	氮气，油	500		
40CrNiMo	850	$1.3 \sim 0.13$		600	0.13，氮气：5.3×10^4	氮气强制冷却
30CrNi2MoV	860	$1.3 \sim 0.13$		650		
45CrNiMoV	850	$1.3 \sim 0.13$		460	氮气：5.3×10^4	
18Cr2Ni4W	950	1.3	氮气	200	—	空冷
25CrNi4W	850	$1.3 \sim 0.13$		550	氮气：5.3×10^4	氮气强制冷却
30CrNi3	820	$1.3 \sim 0.13$	氮气，油	500	—	

表 6-25　超高强度钢的真空热处理工艺规范

牌号	淬火			回火		
	温度 /℃	真空度 /Pa	冷却	温度 /℃	时间 /h	冷却
30CrMnSiNi2A	900	1.3 ~ 0.13	油或（260 ± 20）℃等温	250	1	空冷
32SiMnMoV	920	1.3	油或（280 ± 20）℃等温	320	2	空冷或氮气强制冷却
40SiMnMoV（RE）	930	1.3	油或 230℃等温	250	3	空冷
40SiMnMoCrMoV（RE）	930	1.3	油	280	2	空冷或氮气强制冷却
40SiMnCrNiMoV	900	1.3	油或（310 ± 10）℃等温	230 ~ 280	2	空冷或氮气强制冷却
40CrNiMo	850	1.3　0.13	油	200	2	空冷
45CrNiMoV	860	1.3	油	300	1	空冷或氮气强制冷却

表 6-26　常用弹簧钢的真空热处理工艺规范

牌号	淬火		回火		硬度 HRC
	温度 /℃	真空度 /Pa	温度 /℃	真空度 /Pa	
65Mn	预热 500 ~ 550 加热 810 ~ 830	1.3 ~ 0.13 13 ~ 1.3	370 ~ 400	先抽真空至 1.3Pa，升至回火温度，回充氮气至 5×10^4 ~ 6×10^4Pa	36 ~ 40
60Si2MnA	预热 500 ~ 550 加热 860 ~ 880	1.3 ~ 0.13 13 ~ 1.3	410 ~ 460		45 ~ 50
60Si2CrVA	预热 500 ~ 550 加热 850 ~ 870	0.13 1.3	430 ~ 480		45 ~ 52
50CrVA	预热 500 ~ 550 加热 850 ~ 870	0.13 1.3 ~ 0.13	370 ~ 420		45 ~ 50

表 6-27　常用轴承钢的真空热处理工艺规范

牌号	预热		淬火			回火			硬度 HRC
	加温度 /℃	真空度 /Pa	加温度 /℃	真空度 /Pa	冷却介质	加温度 /℃	时间 /h	介质	
GCr15	520 ~ 580	1×10^{-1}	830 ~ 850	$1 \sim 1 \times 10^{-1}$	油	150 ~ 160	2 ~ 3	油	≥ 60
GCr15SiMn	520 ~ 580	$1 \sim 1 \times 10^{-1}$	820 ~ 840	10 ~ 1	油	150 ~ 160	2 ~ 3	油	≥ 60
GSiMnV（RE）	500 ~ 550	$1 \sim 1 \times 10^{-1}$	780 ~ 810	10 ~ 1	油	150 ~ 170	2 ~ 3	油	≥ 62
GCrSiMnMoV（RE）	500 ~ 550	$1 \sim 1 \times 10^{-1}$	770 ~ 810	10 ~ 1	油	150 ~ 170	2 ~ 3	油	≥ 64

表 6-28　常用合金工具钢的真空热处理工艺规范

牌号	预热			淬火			回火			硬度 HRC
	一次预热温度/℃	二次预热温度/℃	真空度/Pa	加热温度/℃	真空度/Pa	冷却介质	加热温度/℃	真空度/Pa	冷却介质	
9CrSi	500~600	—	1~1×10⁻¹	850~870	1~1×10⁻¹	油	170~190	空气炉	空气	61~63
CrWMn	500~600	—	1~1×10⁻¹	820~840	1~1×10⁻¹	油	170~185	空气炉	空气	62~63
CrMn	500~600	—	1~1×10⁻¹	840~860	1~1×10⁻¹	油	170~190	空气炉	空气	60~63
9Mn2V	500~600	—	1~1×10⁻¹	780~820	1~1×10⁻¹	油	170~190	空气炉	空气	58~62
5CrMnMo	500~600	—	1~1×10⁻¹	830~850	1~1×10⁻¹	油或氮气	450~500	(7×5)×10⁴	氮气	38~44
5CrNiMo	500~600	—	1~1×10⁻¹	840~850	1~1×10⁻¹	油或氮气	450~500	(7×5)×10⁴	氮气	39~44.5
Cr12MoV	500~550	800~850	1~1×10⁻¹	1020~1040	1~1×10⁻¹	油或氮气	170~250	空气炉	空气	58~62
Cr6WV	500~550	750~820	1~1×10⁻¹	970~1000	10	油或氮气	170~250	空气炉	空气	58~62
3Cr2W8V	480~520	800~850	1~1×10⁻¹	1050~1100	10~1	油或氮气	560~580	(6.7~5)×10⁴	氮气	42~47
4Cr5W2SiV	480~520	800~850	1~1×10⁻¹	1050~1100	10~1	油或氮气	600~650	(6~5)×10⁴	氮气	38~44 48~32
7CrSiMnMoV	500~600	—	1×10⁻¹	880~900	1~1×10⁻¹	油或氮气	450 200	(6.7~5)×10⁴	氮气 空气	52~54 60~62
4Cr5MoSiV1	500~550	800~820	1×10⁻¹	1020~1050	1~1×10⁻¹	油或氮气	560~600	(6.7~5)×10⁴	氮气	45~50
Cr12	500~550	800~850	1~1×10⁻¹	960~980	1~1×10⁻¹	油或氮气	180~240	空气炉	空气	60~64

表 6-29 高速工具钢的真空热处理工艺规范

钢 号	预热		淬 火				回 火			硬度 HRC
	一次预热温度 /℃	二次预热温度 /℃	真空度 /Pa	加热温度 /℃	真空度 /Pa	冷却介质	加热温度 /℃	真空度 /Pa	冷却介质	
W18Cr4V	600～650	850±10	1～1×10⁻¹	1260～1275	266～10Pa(回充高纯氮气)	(3～8)×10⁵Pa 的氮气快冷	540～560	2×10⁵～6.7×10⁴	氮气快冷	63～66
95W18Cr4V				1250～1270			540～560			63～66
W6Mo5Cr4V2				1200～1225			540～560			63～66
W6Mo5Cr4V2Al				1200～1225			540～560			65～68
W6Mo5Cr4V3Al				1200～1225			540～560			65～68
W12Cr4V4Mo				1220～1235			550～560			64～67
W12Mo3Cr4V3Co5Si				1210～1230			540～580			65～68
W7Mo4Cr4V2Co5				1180～1200			540～560			65～68
W2Mo9Cr4VCo8				1180～1200			540～560			65～68
W6Mo5Cr4V5SiNbAl				1200～1230			540～560			65～68

表 6-30　常用不锈钢耐热钢的真空热处理工艺规范

钢号	淬火			回火			硬度 HRC
	加热温度/℃	真空度/Pa	冷却介质	加热温度/℃	真空度/Pa	冷却介质	
20Cr13、30Cr13	1040~1060	1	油或(2~5)×10⁵Pa氮气	230±30	空气炉	空气	40~45
				250±30	空气炉	空气	36~40
				500±20	(8~5)×10⁴	氮气	32~36
40Cr13	1050~1100	1	油或(2~5)×10⁵Pa氮气	250±30	空气炉	空气	40~50
95Cr18	1010~1050	<1	油	200±20	空气炉	空气	50~60
14Cr17Ni2	950~1040	1	油	250±30		氮气	45~50
14Cr17Ni2	950~1040	1	油	500±20	0.1	氮气	32~36
12Cr18Ni9	1100~1150	1.3~0.13	氮气或氩气	—	—	—	—
13Cr11Ni12W2MoV	1000~1020	1.3~0.13	氮气或油	660~710	0.13	氮气	304~307HBW
				540~600	1.3~0.13	氮气	301~345HBW
13Cr14Ni3W2VB	1050±10	1.3~0.13	氩气或油	660~680	1.3~0.13	氮气	303~306HBW
				550~600		氮气	301~335HBW
05Cr17Ni4Cu4Nb	1030~1050	1.3	氩气或油	时效 480	1.3~0.13 或氩气	惰性气体	>40
				495		惰性气体	>38
				550			>35
				580			>31
07Cr17Ni7Al (17-7PH)	固溶 1050±10 再调整 760±10	1.3~0.13	氩气	时效 565±10	(5~8)×10⁴氩气		≥363HBW
07Cr15Ni7Mo2Al (PH15-7Mo)	固溶 1050±10 再调整 950±10 再 -73 冰冷处理	1.3	氩气	时效 510±10	高纯氩气 (5~8)×10⁴ 或 0.1	氩气	≥383HBW

表6-31 常用高温合金的真空热处理工艺规范

牌号	固溶处理				时效处理				
	固溶温度/℃	固溶时间/h	冷却	真空度/Pa	时效温度/℃	时效时间/h	冷却	真空度/Pa	硬度HBW
GH4037	1180±10 1150±10	2 4	气冷	$1\sim0.1$	800±10	16	气冷	$1\times10^{-2}\sim1\times10^{-1}$	3.3~3.7
GH4043	1150±10 1165±10	4 16	气冷	$1\sim1\times10^{-1}$	700±10	16	气冷	$1\times10^{-2}\sim1\times10^{-1}$	3.1~3.5
GH4049	1200±10 1050±10	2 4	气冷	$1\sim1\times10^{-1}$	850±10	8	气冷	$1\times10^{-2}\sim1\times10^{-1}$	3.2~3.5
GH151	1250±10 1000±10	5 5	气冷	$1\sim1\times10^{-1}$	950±10	10	气冷	$1\times10^{-2}\sim1\times10^{-1}$	3.1~3.4
GH141	1180±10	0.5	气冷	$1\sim1\times10^{-1}$	900±10	4	气冷	$1\times10^{-2}\sim1\times10^{-1}$	—
GH2130	1180±10 1050±10	1.5~4 4	气冷	$1\sim1\times10^{-1}$	800±10	16	气冷	$1\times10^{-2}\sim1\times10^{-1}$	3.3~3.7
GH2302	1180±10 1050±10	2 4	气冷	$1\sim1\times10^{-1}$	800±10	16	气冷	$1\times10^{-2}\sim1\times10^{-1}$	3.3~3.7
GH1131	1130~1200 1160±10	1.5~2	气冷	$1\sim1\times10^{-2}$	—	—	气冷	—	—
GH2132	980~1000	0.5~2	气冷	1×10^{-1}	710±10	12~16	气冷	$1\times10^{-3}\sim1\times10^{-2}$	3.4~3.8
GH2135	1080±10 1140	8 4	气冷	$1\sim1\times10^{-1}$	830±10 700±10	8 16	气冷	$1\times10^{-2}\sim1\times10^{-1}$	3.45~3.65
GH39	1050~1080	—	气冷	$1\times10^{-2}\sim1\times10^{-1}$	830±10 650±10	8 10	气冷	$1\times10^{-3}\sim1\times10^{-2}$	3.4~3.8

6.3.4　钛合金真空淬火（固溶）和时效

钛合金的淬火速度要求很快，零件从加热室到淬火水槽的转移时间应在 10s 以内，否则淬火后的强度会降低。

钛合金的时效温度大多在 450 ~ 600℃之间，可以在炉子抽真空后，通入高纯氩气并保持在 5.2×10^4 ~ 10Pa 的真空度下时效，改善低温时在真空中的传热效果。钛合金的淬火（固溶）时效工艺规范见表 6-32。

表 6-32　钛合金淬火（固溶）时效工艺规范

牌号	固溶处理			时效处理		
	真空度 /Pa	固溶温度 /℃	时间 /h	时效温度 /℃	时间 /h	真空度 /Pa
TC3		820 ~ 920		450 ~ 500		
TC4		850 ~ 950		450 ~ 550		
TC6		860 ~ 900		500 ~ 620		
TC8、TC9	1×10^{-3} ~ 1×10^{-2}	900 ~ 950	0.5 ~ 2	500 ~ 620	2 ~ 12	10^{-2} ~ 10^{-3} 或 5.2×10^4 ~ 10Pa 氩气
TC10		850 ~ 900		500 ~ 620		
TB1		800		480 ~ 500 550 ~ 570		
TB2		800		500		

6.4　真空化学热处理工艺设计

6.4.1　真空渗碳工艺设计

1. 真空渗碳原理

真空渗碳也叫低压渗碳，是指在具有一定分压的碳氢气氛、低真空的奥氏体条件下进行的渗碳和扩散过程，在达到工艺技术要求后于油中或高压气淬条件中冷却的一个过程，是一个非平衡的强渗 - 扩散型渗碳过程。它与普遍的气体渗碳过程相同，也是由分解、吸收、扩散三个基本过程组成。

目前国内的真空渗碳以丙烷、乙炔作为渗碳气源直接导入炉内进行渗碳。丙烷、乙炔在渗碳温度和真空（≤ 2kPa）条件下，有着完全不同的分解特性。

丙烷为饱和烃结构，在 ≤ 2kPa 条件下，无须借助于钢铁表面的催化，自 600℃开始按下列化学反应式进行分解：

$$C_3H_8 \longrightarrow C_3H_6 + H_2$$

$$C_3H_8 \longrightarrow C_2H_4 + CH_4$$

$$C_3H_8 \longrightarrow C_2H_2 + H_2 + CH_4$$

此后，C_3H_6、C_2H_2、CH_4 又进一步分解产生活性 [C] 原子。对丙烷裂解过程进行质谱分析得知，在渗碳温度下，其裂解产物 80% 左右为氢和甲烷，20% 左右为乙烯、丙烯和乙炔。试验表明，在真空条件下，CH_4 直到 1050℃时仍不分解，可视为惰性气体。

由于丙烷的分解温度低，且不需要钢铁的催化，因而丙烷一进入真空炉内还未接触到工件表面就开始分解，形成大量炭黑浮于炉内，而且在如炉内壁、真空管道等温度相对低的地方，还会聚合成焦油黏附于炉体上。而乙炔的分解反应则不同，一则反应温度较高，二则需钢铁表面的催化其分解速度才能加快，虽不能杜绝产生炭黑，但只要控制好气体通入流量，将炉压降低到 10～1000Pa，就能使炭黑低到微不足道的程度，而且这样低的炉压还能做到对密集装料、大批量装料及细长小孔进行均匀渗碳。如此看来，真空渗碳气源选用乙炔比较好。

渗碳的第二个阶段是吸收。吸收是指炉内高浓度的活性碳原子被工件表面吸附，并有部分碳原子进入工件表面的过程。真空表面光洁易于吸附，真空渗碳吸收碳的速度要高于普遍渗碳。

扩散是指渗件表面高浓度的碳向工件心部迁移的过程。表面与心部的碳浓度梯度越大，扩散速度也越快。扩散速度跟渗碳温度息息相关，实验证明，当渗碳温度从 930℃提高到 1030℃，碳的扩散速度增大近 1 倍。

2. 真空渗碳工艺

真空渗碳是一种以脉冲方式将渗碳气体送入炉内并排出，在一个脉冲时间段既渗碳又扩散。

影响工件的表面硬度、渗层深度及畸变大小等渗碳质量的工艺参数有渗碳温度、渗碳时间和扩渗比、炉压及气体流量。

（1）渗碳温度　渗碳温度由被渗材料决定。由于真空渗碳无须考虑工件的氧化脱碳，因而可以在比常规气体渗碳更高一点的温度下进行。但要防止过热。真空渗碳温度大多在 920～1050℃之间选择。高的渗碳温度可以获得高的渗碳速度、短的渗碳时间、提高生产效率。究竟采用多高的渗碳温度，应根据具体情况而定，不能一味追求高温渗碳。

（2）渗碳时间　渗碳时间由渗碳温度、渗层深度决定。对于低碳钢而言，总渗碳层深度与渗碳温度和时间的关系参照式（6-8）。渗碳的强渗期与扩散期时间的确定，根据式（6-8）求出的渗碳时间为强渗期和扩散期两过程时间的总和。在求出总渗碳时间之后即可按照 Harris 公式求出强渗过程所需的时间（T_c），即

$$T_c = x \left(\frac{C_1 - C_o}{C_2 - C_o} \right)^2 \tag{6-8}$$

式中　T_c——强渗时间，单位为 h；

　　x——根据式（6-1）求出的总的渗碳时间，单位为 h；

　　C_1——扩散后的表面碳浓度（即技术要求的表面碳浓度）；

　　C_2——渗碳结束后的表面碳浓度（渗碳温度下的奥氏体最大的碳溶解度）；

　　C_o——原材料碳含量。

根据式（6-1），总的渗碳时间 $X = T_c + T_D$。T_D 为扩散期的时间，在现场发现，T_D 大多企业取 45min 左右，短者 30min 左右，最长者 60min。

脉冲渗碳方式的脉冲周期和脉冲次数的确定，前已述及，对一些具有盲孔、细长孔、窄槽等形状复杂的，要求渗碳层均匀（渗碳层深度及碳浓度均匀）的渗碳件，应采取脉冲方式进行渗碳，一些工厂运用的脉冲周期及次数如下：

1）脉冲充气最高压力的确定。脉冲充气最高压力在装炉量及渗碳表面积适中的情况下，一般取 $2 \times 10^4 \sim 2.66 \times 10^4$Pa。也有人认为供气压力取 0.2MPa 可行（指乙炔和 N_2 的供气压力）。

2）流量的确定。可按炉膛大小及升压速度为 133Pa/s 来确定。

3）脉冲周期的确定。根据脉冲周期的充气时间及排气时间而定。

4）脉冲次数的确定。以脉冲周期除以脉冲时间即为脉冲次数。

5）乙炔和氮气不能同时开，渗碳通乙炔，扩散通氮气。

（3）渗碳后的热处理　目前市售的真空渗碳炉具有对渗件进行气淬和油淬的功能，这样，渗件不用出炉就能直接淬火。例如，在高温渗碳以后，为了细化晶粒可后续气冷（至相变温度以下）—加热—淬火；为减少变形，可进行渗碳后预热淬火。

（4）非渗碳部位的防渗处理　对不需要渗碳的局部，同气体渗碳法一样，可对非渗表面涂防渗涂料，对一些防渗内孔，可用石棉绳堵塞。

6.4.2　真空渗氮工艺设计

1. 真空渗氮的工艺过程

真空脉冲渗氮技术是利用真空加热时工件表面清洁、无氧化等特点进行渗氮的。与气体渗氮不同，真空渗氮并未运用传统气体渗氮的一段渗氮法、二段渗氮法、三段渗氮法的模式，而是采用脉冲渗氮方式。真空处理具有少无氧化、脱气脱脂等作用，但气压过低，NH_3 含量少，无法提供渗氮所需的活性氮原子；气压过高，又失去了真空热处理的本义。真空脉冲渗氮同时发挥了真空处理与气体渗氮的优势，使工件获得了良好耐磨性等性能。工艺过程如下：先将炉膛抽至 0.1Pa 的真空，然后将工件加热至 520～560℃ 的渗氮温度，保温 30～60min（视装炉量而定），使工件均热及表面净化除气，其后充 NH_3 至 50～70kPa，保持 2～5min，随后开启真空泵，将炉内的 N_2、H_2 和残余的 NH_3，迅速抽出炉外，抽气降压至 5～10kPa，然后再充 NH_3 至 50～70kPa，如此反复"充气—抽气"若干次，直至渗氮层深度达到工艺要求为止。最后随炉降温至 200℃ 出炉。

2. 影响渗氮性能的因素

影响渗氮性能的因素很多，主要有如下几种：初次真空度、渗氮温度、渗氮时间、脉冲间隔时间、炉压、氨气流量及冷却方式。

初次真空度是为了净化工件表面，除去工件表面的氧化物、油污及吸附的气体，可能并不需要抽至 0.1Pa 的真空度。有人做过试验，在 1.33Pa 加热至 500℃ 以上时，钢表面的 Fe_2O_3 和 FeO 将转化为亚稳定态的氧化物蒸发，随之被抽去，钢表面吸附的其他气体和黏附物也被脱附并排出炉外。

冷却方式可参考气体渗氮，随炉冷至 200℃ 出炉空冷。为何要随炉冷至 200℃ 才能出炉？目的是为了防止高温出炉导致渗氮件氧化。有人认为充氩气会加速冷却，有待验证。

有人在研究真空渗氮工艺参数对 Q235 钢渗氮层性能的影响时，经正交试验发现，脉冲间隔时间对渗氮层性能没有显著影响。

渗氮温度和渗氮时间这两个参数对渗氮层深度、表面硬度有重要影响。在相同的渗氮时间内，渗氮温度越高，渗层越厚。在同一个渗氮温度下，渗氮层深度随着时间的延长而不断增加。渗氮初期，渗氮层深度增加快一些，后期增加慢些。

炉压是对渗氮时间影响显著的重要参数，增大炉压可以缩短渗氮时间，降低炉压则会延长渗氮时间。由于化学热处理主要是吸附，当压力达到一定值时，吸附量不再增加。有试验表明，在压力大于 53kPa 的低压范围内，炉压的变化对渗氮时间的影响不明显，而在小于 27kPa 时，渗氮的速度骤然下降。

氨流量是影响渗氮层性质的主要参数之一，实验表明，氨气流量增加，渗氮层表面硬度及渗氮层深度增大，氨气流量高低的先后顺序对是否产生白亮层及白亮层的脆韧性有决定性的影响。氨气流量先高后低，有助于获得韧性好的白亮层，也有助于获得没有白亮层的渗氮层。

3. 真空渗氮应注意的问题

1）渗氮应该是零件制造的最后一道工序，渗氮后至多再进行精磨或研磨加工，这是因为渗氮温度比较低，渗后尺寸变化也在工艺范围内，此外，渗层比较薄，一般为 0.3～0.5mm，如果再进行机械加工，将失去渗氮所获得的硬化层。

2）渗氮件使用场合受力复杂，对心部的强度要求也比较高，需要在渗氮前对其进行调质处理，以获得回火索氏体组织。调质回火的温度应高于该钢实施渗氮的最高温度。

3）对变形要求严格的渗氮件，渗氮前应矫直并去应力 1～2 次，以消除机械加工过程中产生的内应力。

4）对渗件局部不需渗氮的部位，不宜采用留加工余量的方法，而应采取防渗氮措施。

4. 真空渗氮应用实例

（1）4Cr5MoSiV1 钢制热挤压模真空渗氮　渗氮温度一般取 530～570℃，保温时间 3～5h。碳氮共渗的渗层厚度只有在开始渗氮前 3～4h 增加明显，而后明显减慢。对铝型材热挤压模生产跟踪表明，渗层厚度在 0.12～0.15mm 比较理想。选取 6 炉具有代表性的真空渗氮实验工艺参数及实验数据，其结果见表 6-33。

表 6-33　真空渗氮实验结果

序号	渗氮温度 /℃	渗氮时间 /h	氨流量 /（m³/h）	炉内压力 /kPa	渗层厚度 /mm	表面硬度 HV	渗层组织特征
1	530	4	0.1	14.2	0.07	916	只有扩散层
2	550	4	0.12	14.2	0.10	1027	只有扩散层
3	570	4	0.30	14.2	0.125	1103	白亮层＋扩散层
4	550	1	0.20	20.2	0.14	1017	只有扩散层
	570	3	0.10				
5	570	2	0.10	16.2	0.11	1051	白亮层＋扩散层
	570	1	0.20	11.2			
6	570	3	0.03	18.2	0.03	686	只有扩散层

注：渗层组织中均无脉状组织存在。

脉冲渗氮过程的通氨是采用间歇式的换气通氨方式，在同样的渗氮时间内，其通氨时间远短于传统的气体渗氮，即节省了氨气，又使氨气在炉内得到充分有效地利用。

渗氮层的厚度要适当，以 0.12～0.15mm 为宜，而且仅有扩散层的实验样件的使用寿命优于具有白亮层＋扩散层的实验样件。

（2）H13、3Cr2W8V 钢热模真空脉冲渗氮试验　试验所用的真空炉主要由渗氮炉、抽真空装置、炉压及真空控制系统组成，另配以自制的氨气净化罐（φ500mm×500mm）和转子流量计等，采用 CrNi-NiSi 铠装热电偶（φ3mm×1500mm）和数字测温仪表（0～900℃）进行控制，料筐尺寸 φ500mm×1200mm。在真空脉冲渗氮过程中，采用脉冲送气和抽气的方式，炉内氨气不断更新，避免出现滞留气体，使模具各个表面经常能与新鲜的氨气接触，因而可以得到均匀的渗层。同时，真空脉冲渗氮时，随着炉气压力的降低，由于局部脱气作用使表面化合物层内的孔隙程度减轻或消失，因而形成致密的化合物层。真空渗氮层组织分析见表 6-34，真空渗氮层脆性和表面硬度见表 6-35。

表 6-34　真空渗氮层组织分析

材料	化合物层	扩散层氮化物	化合物层疏松
H13	白亮层不明显	出现少量的脉状组织，级别 2	疏松不明显
3Cr2W8V	局部白亮层	无明显脉状组织，级别 1～2	疏松不明显

表 6-35　真空渗氮层脆性和表面硬度

材料	扩散层 /mm	表面硬度 HV0.1	硬度平均值 HV	脆性级别 / 级
H13	0.15～0.16	946、980、1018	981	1
3Cr2W8V	0.10～0.12	824、882、946	884	1

6.4.3　真空氮碳共渗

真空脉冲氮碳共渗工艺和真空脉冲渗氮工艺基本雷同。

1. 结构钢低真空脉冲氮碳共渗工艺

低真空与氮碳共渗相结合的热处理方法，即为真空氮碳共渗。低真空的作用，是在炉内真空状态下，气体分子具有更多的运动机会，而且平均亥姆霍兹自由能增加，所以扩散速度加快，同时由于脉冲式抽气和送气，使得钢件表面与新鲜气氛充分接触，避免滞留气氛的现象，从而强化了工艺效果，提高了渗层组织的均匀性。调质结构钢低真空脉冲氮碳共渗工艺曲线如图 6-3 所示。

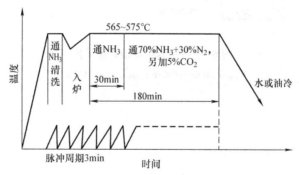

图 6-3　调质结构钢低真空脉冲氮碳共渗工艺曲线

结构钢通过（体积分数）70%NH$_3$ + 30%N$_2$ 另加 5%CO$_2$ 气氛，脉冲时间 3min，（565～575）℃ ×3h 的真空氮碳共渗，表面化合物层厚 10～15μm，均匀致密，硬度 600～1000HV，渗件抗扭强度与疲劳强度都有所提高，耐磨性优于其他氮碳共渗。

2. W9Mo3Cr4V 钢（9341）制十字槽冲头真空脉冲氮碳共渗

十字槽冲头外形尺寸为 ϕ18mm×27.5mm，十字槽冲头在使用过程，承受大的冲击、压缩、拉伸和弯曲等应力的作用，失效形式为槽筋疲劳断裂，因磨损失效的情况较少。

以前曾用 T10 钢制十字槽冲头，盐浴淬火，平均寿命 3 万件左右，选用 9341 高速钢制作，并进行真空氮碳共渗处理，寿命达到 30 万件。W9Mo3Cr4V 钢制冲头真空淬火、回火工艺曲线如图 6-4 所示。冲头真空氮碳共渗工艺如图 6-5 所示。

真空氮碳共渗在 ZCT65 双室真空渗碳炉中进行，工作真空度 2.67Pa。

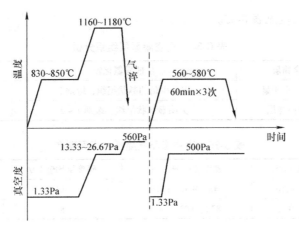

图 6-4   W9Mo3Cr4V 钢制冲头真空淬火、回火工艺曲线

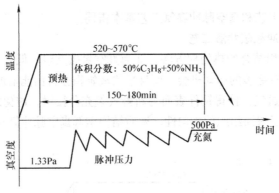

图 6-5   冲头真空氮碳共渗工艺

（流量：800~2000L/h；压力：20~51kPa）

第7章

热处理质量检验

7.1 热处理质量检验的类别与内容

7.1.1 热处理检验依据及类别

1. 热处理检验的依据

热处理检验人员进行检验的依据文件有以下3类：

1）国家标准、部颁标准或行业标准、企业标准。这些标准是检验的指导文件，它指明了材料的技术条件、验收规则、验收方法及检验总则。

2）产品图、零件图。这些图样上列出了零件材料及热处理的技术要求，它是检验具体零件的依据。

3）热处理工艺卡片、热处理守则和检验卡片、检验规程。这些资料对具体零件的检验内容、指标、质量、抽查率都做了具体要求规定，是热处理检验人员进行检验和技术监督的最直接依据。

根据上面3类文件，检验人员一般要进行4方面的检验工作：

1）技术监督，检查操作工是否按技术要求执行了热处理工艺。

2）外观及数量的检验。

3）硬度及畸变的检验。

4）金相及力学性能的检验等。

2. 检验类别

（1）热处理过程检查 首先是对温度准确性的检查，即对设备仪表检测记录、控制装置和记录仪的标准记录检查和现场生产设备、装置、仪表运行的情况检查；第二是对气氛检查，即对气氛记录、真空炉压力记录进行检查；第三是对工艺卡、检验卡进行检查；最后是对操作方法进行监督。各种检测记录按规定定期检查，生产过程中更需要时刻注意。

（2）考核性试验的检验 考核性试验一般每月进行一次，其内容根据自家的产品选择，其内容包括脱碳试验、淬透性试验、刀具的热硬性试验以及模具的磨损试验，铝合金、不锈钢的晶间腐蚀试验和应力腐蚀试验等。这些试验均应按相应的标准资料规定进行。检验人员要对上述试验结果进行检查，只有考核符合要求，才允许生产。

（3）常规特性试验 这类检查涵盖项目比较多，有尺寸检查，外观检查，硬度检验及拉伸、冲击、持久性能试验，金相组织和硬化层、涂层等的检验。硬度是现场检验最多的一项，硬度计在每天工作前要校对一次，现在工厂现场用的硬度块属3~4级标块，其标准误差保证：$HV \leqslant \pm 2\%$、$HRC \leqslant 1.5\%$。对不合格和超差品应隔离管理。质检部门应将各种检查和试验记录装订成册存档管理，保存期限根据产品使用周期而定。

7.1.2　热处理检验的具体内容及方法

1. 硬度检验

硬度检验的内容及方法见表 7-1。

表 7-1　硬度检验的内容及方法

技术要求	内容及方法
在图样上标注方法	1）布氏硬度 HBW 在图样上标注值是硬度范围的平均值，如 235HBW 表示 235 ± 15HBW 2）洛氏硬度当 HRC < 40 时，允许误差 ±5，图样上的标注值是允许硬度范围的平均值，例如 35HRC，则表示（35 ± 5）HRC；当 40 ~ 58HRC 时，允许误差 $^{+5}_{0}$，图样上标注的是硬度范围的最低值，例如图样上标 48$^{+5}_{0}$HRC；当 HRC > 59 时，表示上差不限，下差为零，图上标注值是要求硬度的最低值 3）HV 标低限值，上差不限
检验硬度位置的确定	1）测量位置能代表整个工件的力学性能或主要性能 2）要选择上下是平行的面，或者用适当夹具使之成为水平的面 3）在打硬度时，要在不会引起工件产生弹性或塑性变形的面上 4）应选择非配合面，或有加工余量的面 5）根据炉型，工件大小、长度及图样要求，一个零件上可能会标几个不同部位的硬度要求，一般工件长度大于 1m 时应在两端检查，必要时中间补查 6）当找不到合适的硬度检查位置时，应破坏工件检查。若被破坏的工件（如小弹簧片）仍不能检查时，需加试样或再破坏一个
打磨量的规定	1）对锻件表面打磨量应 > 0.6mm，一般为 0.8 ~ 1.0mm 2）对铸件表面打磨量应 > 0.5mm，一般为 0.5 ~ 1.0mm 3）工件表面厚度 < 1mm 时，为 0.10 ~ 0.15mm；1 ~ 2mm 时为 0.16 ~ 0.2mm；厚度 > 2mm，为 0.15 ~ 0.3mm 4）对于半成品件为 0.15mm，对成品件可不磨或 0.10mm 5）对于易脱碳材料的锻件如 38CrMoAlA，锻件为 1.0 ~ 1.50mm 6）一般螺栓规定在端头打磨，一般为 0.1 ~ 0.2mm
检查方法	1）检查硬度前，应将工件表面清理干净，去除氧化皮、脱碳层及毛刺等 2）检查的位置根据工艺文件或由质检人员确定，在淬火部位应不少于 1 ~ 3 处，每处不少于 3 点，不均匀度应在要求范围以内 3）一般正火、退火、调质工件用布氏硬度计，对尺寸较大的可用锤式硬度计，淬火件用洛氏硬度计，如用洛氏无法检测时，允许用肖氏硬度计 4）渗氮或硬化层薄的工件用维氏硬度计或更先进的硬度计 5）当用锉刀检验时，必须注意锉痕的位置，应不影响零件的最后精度，其检验的标准按《钢铁硬度锉刀检验方法》。其他各项检验按《金属洛氏硬度试验方法》等硬度检验法执行

2. 抽检率

好的产品是制造出来的，而不是靠检验人员检出来的。随着企业管理的现代化、智能化，热处理质量有了很大的提升，没有必要对热处理件进行 100% 的检查，则应根据零件的重要性、零件大小及热处理工艺的稳定性等，分别做出对不同产品不同抽检率的规定，可参考表 7-2。

3. 其他检验的内容及方法

（1）外观检查　工件经热处理后，均应用肉眼或低倍放大镜观察其表面有无裂纹、烧伤、碰伤、麻点、和锈迹等。重要的工件或易产生裂纹的工件，通常用磁粉、荧光检验或着色检验，观看其有无裂纹。工厂最常用的方法是将工件浸入煤油后再喷砂观察有无裂纹。发现有裂纹的工件，原则上做报废处理。宏观检查试样断口，亦可作外观检查的内容之一。

表 7-2　大批或批量生产的热处理工件抽查率

工件类别	抽查率（%）			
	硬度	外观	变形	弹性
主轴、主要轴类零件	100	100	100	—
齿轮、主要套筒	>10	100	>5	—
一般轴、杠、套筒及锁紧螺母类	>10	100	>5	—
弹簧、垫圈、卡环	>5	100	>5	>5
冷卷弹簧	—	100	>10	>5
淬火弹簧	检试样	100	>50	>10
摩擦片	>5	100	100	—
重要的卡、量具	100	100	100	—
铸铁导轨及镶钢导轨	100	100	100	—
模具及淬硬丝杆	100	100	100	—

（2）畸变检查　工件经热处理，发生的体积变化、直线尺寸变化、和几何尺寸的变化，通称为畸变。从微观上讲，只要经过热处理，不管什么件，或多或少都会产生变形，问题是此变形量是否在工艺范围内，如果变形未超差，或虽变形经适当的手段矫直后合格，则做合格品出车间。检查变形的方法如下：

1）矩形件、薄板件在受检平面上用塞尺检验其平面度，或用刀口形直尺、百分表检验。

2）轴类工件用顶尖或 V 形铁支撑两端，用百分表测其转动时的最大径向圆跳动量，细小的轴类，可在平台上用塞尺检验。

3）套筒、圆环类工件用百分表、游标卡尺、塞尺、内径百分表、螺纹塞规等检验仪器检查。

4）特殊工件（如齿轮、凸轮、滚刀）变形检查，应由有关部门配合进行，或用专用的仪器仪表检查。

（3）力学性能检查　对力学性能有特殊要求的零件（如枪械、汽车防滑链），应按技术要求由力学试验单位配合进行测试。试样材料截取部位及试样尺寸，应按国家相关规定进行；试样材料应与工件同炉号并同炉进行热处理。性能试验报告应同时告知热处理车间和质检部，作为判断该批零件热处理合格与否的凭据。

（4）金相检查　金相检验是把金属材料或零件进行解剖，制成金相试片，借助于金相显微镜在不同的放大倍数下观察金属显微组织。金相检验常用来检验钢材的夹杂物、碳化物偏析、碳化物不均匀度、晶粒度、脱碳层、渗碳层、渗氮层和退火、淬火、回火后的各种组织形态，以及铸铁中的石墨评级等，检验根据相关资料规定进行。检验结果应及时报告检验组和生产车间，并记录在案。金相检验通常在以下情况下进行：

1）工艺上规定必须进行金相检验或抽验。

2）当对某批或某零件的内在组织发生怀疑时。

3）当变更工艺后由试生产转入正式批量生产。

4）出现质量事故或供需双方发生质量纠纷时，需要金相检测数据的支撑。

（5）材料检验

1）原材料入厂必须进行化学成分的检验或复查，这类检验的依据是国家标准、部颁标准或企业标准。

2）在热处理中或热处理后，对材质发生怀疑时，应取样送理化室化验，成分亦可用火花鉴别＋热处理工艺联合鉴定，或进行光谱检查。但检查部位不应影响工件的表面粗糙度、精密度及外观。

3）对外协作厂，因材料混杂发生质量纠纷的案例不少，最好双方协商解决，也有人建议由权威机构仲裁。

7.2　热处理质量检验规程

工件的热处理质量，除了在工艺过程进行技术监督、通过自动化仪表记录检查加热温度、加热速度、保温时间、冷却方法及冷却速度；检查加热保护等外，最经常用到的还有对在各种加热工序的工件，进行不同项目的检查。

7.2.1　退火、正火件的检验

退火、正火件检验的依据是国家标准 GB/T 16923—2008，同时参照有关标准文件制订本企业内部标准。

1）退火、正火件检验项目细则见表 7-3。

表 7-3　退火、正火件检验项目细则

项目	技术要求	方法	数量
硬度	1）低碳钢正火后 ≤ 156HBW，低碳合金钢 ≤ 300HBW；中碳钢 ≤ 225HBW，中碳合金钢 ≤ 388HBW；合金结构钢等温退火后硬度一般 ≤ 212HBW 2）合金结构钢退火后硬度一般 ≤ 229HBW 3）碳素工具钢正火后硬度 241～341HBW 4）低合金工具钢正火后硬度 255～514HBW	当硬度值 < 450HBW，应用布氏硬度计测试。用洛氏硬度测按规定选择，被测面表面粗糙度值 ≤ 3.2μm	每炉取样数 2 个
金相	1）低碳钢正火后：索氏体 ＋ 游离铁素体 2）中碳钢：w（C）< 0.50% 往往采用正火，正火后为索氏体；w（C）≥ 0.50% 采用退火，退火后的金相组织为珠光体 ＋ 铁素体 3）碳素工具钢大多采用球化退火，退火后组织按 GB 1298 评级，截面 ≤ 60mm，对 T7～T9 钢，球化级别 1～5 级合格、T10～T13 钢 2～4 级合格。 4）高速钢退火后的组织是索氏体 ＋ 碳化物 5）合金工具钢退火的球化级别按 GB/T 1299 评级，一般 ≤ 5 级合格，9SiCr 2～4 级合格 6）铸铁退火按石墨形状、大小、长度、分布评级	按 GB/T 16923—2008《钢件的退火与正火》指定方法检验	一炉产品在上、中、下三个不同部位各抽一件
	网状组织：钢件截面 ≤ 60mm 应 ≤ 2 级，> 60～100mm 则 ≤ 3 级	GB/T 1299 规定	
	魏氏组织：1～3 级可以使用，4～6 级不可用	GB/T 13299 规定	
	石墨碳：不允许出现	JB/T 7529 规定	
	脱碳层深度不得超过加工余量 2/3	GB/T 224 规定	

（续）

项目	技术要求					方法	数量
变形	一般应 ≤ 1/3 ~ 1/2 的加工余量。弯曲允许的最大值为：					抽检，用塞尺、百分表、钢直尺等	不做具体规定
	正火	工件原样使用	0.5mm	难以矫直或随后机加工	5mm		
	完全退火	工件原样使用	0.5mm	难以矫直或随后机加工	5mm		
	不完全退火	工件原样使用	0.5mm	难以矫直或随后机加工	5mm		
	等温退火	工件原样使用	0.5mm	难以矫直或随后机加工	5mm		
	球化退火	工件原样使用	0.2mm	难以矫直或随后机加工	3mm		
	去应力退火	工件原样使用	0.3mm	难以矫直或随后机加工	4mm		
外观	表面不可以有裂纹及划伤等宏观缺陷						

注：表中允许弯曲的最大直径指工件经矫直后的数值（每 m 允许值）。

2）平板工件预备热处理变形允差范围差见表 7-4。轴类工件预备热处理前后的变形允许范围见表 7-5。

表 7-4　平板工件预备热处理变形允差范围

毛坯及热处理	工件长度 /mm	工件宽度 ≤ 100mm			工件宽度 101 ~ 300mm		
		单边加工余量 /mm	热处理前的弯曲量 /mm	热处理后的弯曲量 /mm	单边加工余量 /mm	热处理前的弯曲量 /mm	热处理后的弯曲量 /mm
原材料正火、调质、消除应力处理	≤ 300	1.4 ~ 1.7	0.4	0.6	2.2 ~ 2.7	0.8	1.2
	> 300 ~ 1000	2.2 ~ 2.7	0.8	1.2	2.9 ~ 3.6	1.2	1.8
	> 1000 ~ 3000	2.9 ~ 3.6	1.2	1.8	3.6 ~ 4.8	1.6	2.4
粗加工后的正火、调质、消除应力处理	≤ 300	1.2 ~ 1.5	0.3	0.5	1.8 ~ 2.3	0.6	1.0
	> 300 ~ 1000	1.8 ~ 2.3	0.6	1.0	2.4 ~ 3.1	1.0	1.5
	> 1000 ~ 3000	2.4 ~ 3.1	1.0	1.5	3.0 ~ 4.2	1.4	2.0

表 7-5　轴类工件预备热处理前后的变形允许范围

毛坯及热处理	轴直径方向的留量及热处理前后的综合振摆					
	轴的长度 /mm	≤ 400	401 ~ 1000	1001 ~ 2000	2001 ~ 2500	2501 ~ 3000
原材料的正火、退火及调质	直径方向留量 /mm	2 ~ 3	3 ~ 5	4 ~ 5	5 ~ 6	6 ~ 8
	热处理前的变形量 /mm	0.5	1.0	1.4	1.7	2.0
	热处理后的变形量 /mm	1.0	1.5	2.0	2.5	3.0
粗车后正火、调质	直径方向的留量 /mm	≥ 1.5	≥ 1.2	≥ 2.5	≥ 3.0	≥ 3.5
	热处理前的变形量 /mm	0.3	0.5	0.8	1.0	1.2
	热处理后的变形量 /mm	0.5	0.8	1.2	1.5	2.0
粗车后消除应力	直径方向的留量 /mm	—	≥ 1.6	≥ 2.2	≥ 2.5	≥ 3.0
	热处理前的变形量 /mm	—	0.4	0.5	1.0	1.4
	热处理后的变形量 /mm	—	0.6	0.8	1.5	2.0
半精车后消除应力	直径方向的留量 /mm	—	≥ 1.0	≥ 1.4	≥ 1.6	≥ 2.0
	热处理前的变形量 /mm	—	0.15	0.2	0.3	0.4
	热处理后的变形量 /mm	—	0.25	0.35	0.5	0.7

3）钢件预备热处理硬度的允差范围见表 7-6。

表 7-6　钢件预备热处理硬度的允差范围

工艺类别	级别	硬度允差范围					
		单件			同一批件		
		HBW	HV	HRB	HBW	HV	HRB
正火	A	25	25	4	50	50	8
	B	25	35	6	70	70	12
完全退火	—	35	35	6	70	70	12
不完全退火	—	35	35	6	70	70	12
等温退火	—	30	30	5	60	60	10
球化退火	—	25	25	4	50	50	8

注：A 级主要适用于冷变形加工（指冷拔、冷轧、冷镦等）用钢材，B 级适用于一般切削。

4）金相检验。一般工件退火后，不做金相检验，如有特殊需要，应在工艺文件中注明，成批生产者，可根据情况定期抽查。

碳素结构钢、合金结构钢退火、正火后的显微组织应为分布均匀的铁素体 + 片状的珠光体，晶粒度应为 5～8 级，允许出现轻微铁素体。

轴承钢退火后的珠光体可按原冶金工业部标准评级。据介绍，轴承钢的原始球化退火组织对轴承零件的疲劳强度、韧性和耐磨性都有较大的影响。使用均匀良好的球化退火组织的钢材，还能提高轴承零件车削加工表面的粗糙度和加工自动线的生产效率。YJZ—84 中规定供冷加工用的退火钢材，其退火显微组织为 2～4 级，网状碳化物 ≤ 2 级，可供参考。

7.2.2　调质件的检验

1. 硬度检验

调质件的硬度应符合图样和工艺文件的规定，中碳钢淬火后的硬度：直径或厚度 50～80mm 者，≥ 32 HRC；直径或厚度 ≤ 50mm 者，≥ 45 HRC。回火后硬度允许有轻微软点，但不能有软带。

2. 变形检验

工件变形应小于加工余量的 1/3。轴、杆类工件热处理后允许的弯曲量见表 7-7。轴、套、环工件热处理后允许的变形量见表 7-8。

表 7-7　轴、杆类工件热处理后允许的弯曲量　　　　（单位：mm）

直径或厚度	长度								
	< 50	50～100	101～200	201～300	301～450	451～600	601～800	801～1000	1001～1300
< 5	0.35～0.45	0.45～0.55	0.55～0.65	—	—	—	—	—	—
6～10	0.30～0.40	0.40～0.55	0.50～0.60	0.55～0.65	—	—	—	—	—
11～20	0.25～0.35	0.35～0.45	0.45～0.55	0.50～0.60	0.55～0.65	—	—	—	—
21～30	0.30～0.40	0.30～0.40	0.35～0.45	0.40～0.50	0.45～0.55	0.50～0.60	0.55～0.65	—	—
31～50	0.35～0.45	0.35～0.45	0.35～0.45	0.35～0.45	0.40～0.50	0.40～0.50	0.50～0.60	0.60～0.70	—

（续）

直径或厚度	长度								
	< 50	50 ~ 100	101 ~ 200	201 ~ 300	301 ~ 450	451 ~ 600	601 ~ 800	801 ~ 1000	1001 ~ 1300
51 ~ 80	0.40 ~ 0.50	0.40 ~ 0.50	0.40 ~ 0.50	0.40 ~ 0.50	0.40 ~ 0.50	0.50 ~ 0.60	0.55 ~ 0.65	0.60 ~ 0.70	0.70 ~ 0.80
81 ~ 120	0.50 ~ 0.60	0.50 ~ 0.60	0.50 ~ 0.60	0.50 ~ 0.60	0.50 ~ 0.60	0.50 ~ 0.60	0.60 ~ 0.70	0.65 ~ 0.75	0.75 ~ 0.90
121 ~ 180	0.60 ~ 0.70	0.60 ~ 0.70	0.60 ~ 0.70	0.60 ~ 0.70	0.60 ~ 0.70	—	—	—	—
181 ~ 200	0.70 ~ 0.90	0.70 ~ 0.90	0.70 ~ 0.90	0.70 ~ 0.90	—	—	—	—	—

注：1. 粗磨后需人工时效的工件的允许弯曲量应较表中增加 50%。
2. 表中为截面均匀、全部淬火的变形量，特殊工件视具体情况而定。
3. 全长 1/3 局部淬火者可取下限，淬火长度大于全长的 1/3 按全长处理。
4. ϕ80mm 以上的短实心轴可取下限。
5. 高频感应淬火者可取下限。

表 7-8　轴、套、环工件热处理后允许的变形量　　（单位：mm）

孔径公称尺寸	< 10	11 ~ 18	19 ~ 30	31 ~ 50	51 ~ 80	81 ~ 120	121 ~ 180	181 ~ 260	261 ~ 360	361 ~ 500
一般孔余量	0.20 ~ 0.30	0.25 ~ 0.35	0.30 ~ 0.45	0.35 ~ 0.50	0.40 ~ 0.60	0.50 ~ 0.75	0.60 ~ 0.90	0.65 ~ 1.00	0.80 ~ 1.00	0.85 ~ 1.30
复杂孔余量	0.25 ~ 0.40	0.35 ~ 0.45	0.40 ~ 0.50	0.50 ~ 0.65	0.60 ~ 0.80	0.75 ~ 1.00	0.80 ~ 1.20	0.90 ~ 1.35	1.05 ~ 1.50	1.15 ~ 1.75

注：1. 碳素钢工件一般变形比较大，应取上限；薄壁工件（外径 / 内径 < 2 者），也应取上限。
2. 合金钢薄壁件（外径 / 内径 < 1.25 者），应取上限。
3. 合金钢工件渗碳后采取二次淬火者应取上限。
4. 同一工件上有大小不同的孔，应以大孔计算。
5. 一般孔指工件形状简单、对称，孔是光滑圆孔或内花键。复杂孔指形状复杂、不对称、薄壁零件、孔形不规则。
6. 外径 / 内径 < 1.5 的高频感应淬火件，内孔变形应减少 40% ~ 50%，外圆增加 30% ~ 40%。
7. 特殊工件调质处理变形量由冷热加工部门协商解决。

3. 金相检验

除精密零件外，一般调质件均不做显微组织检查，如必须检查时，应在工艺文件中注明，批量生产的零件可根据情况定期抽查。

7.2.3　淬火、回火件的检验

1. 工件淬火前的检验

为减少淬火后出现缺陷，避免由锻造、轧制、焊接等引起的热处理缺陷，工件进入热处理车间淬火前，应进行如下项目的检查：

1）是否符合工艺路线和工艺要求。
2）有无如变形、裂纹、碰伤、尖深刀痕、腐蚀等宏观缺陷。
3）有无混料现象（包括混材、混规格等）。

2. 淬火后的硬度检查

除二次硬化钢外，工件淬火后的硬度值应大于或等于要求硬度范围的上限，特别情况应在工艺中注明。

重要零件淬火后不允许有软点。大件（直径或厚度＞80mm）和一般工件允许有少量软点。在某一范围内，检验硬度的点数中有60%以上低于要求硬度值的下限者，则该区域就属于软点。允许软点区域的面积大小和数量，应根据具体工件由工艺规定。

全部加热局部淬火或局部加热淬火的工件，淬硬部位的尺寸范围允许有一定的偏差，当直径≤50mm，允许偏差±8mm，直径＞50mm，允许偏差±15mm。

淬火、回火后的硬度，应符合技术要求并以均匀为好，例如同批同规格同炉号的高速钢刀具，要求硬度65~66.5HRC，硬度均匀性≤1HRC。

3. 变形检验

一般地说，各类工件对淬火的变形要求是：

1）平板类工件的平面度变形量不应超过其留磨量的2/3。

2）轴类工件的全长径向圆跳动变形量不得超过直径留余量的1/2。

3）渗碳钢工件淬火变形量不得超过留磨量的1/3。

平板类工件淬火变形允差见表7-9。轴、杆类工件淬火变形允差见表7-10。花键轴淬火（包括渗碳淬火）变形允差见表7-11。套类工件淬火变形允差（最大变形量）见表7-12。蜗杆轴淬火（包括渗碳淬火）变形允差见表7-13。

表 7-9　平板类工件淬火变形允差　　　　　　（单位：mm）

工件长度	工件宽度					
	≤ 100			101 ~ 200		
	每边留量	淬火前变形	淬火后变形	每边留量	淬火前变形	淬火后变形
≤ 300	0.30 ~ 0.40	≤ 0.1	≤ 0.20	0.40 ~ 0.50	≤ 0.15	≤ 0.30
301 ~ 1000	0.40 ~ 0.50	≤ 0.15	≤ 0.30	0.50 ~ 0.70	≤ 0.20	≤ 0.40
1001 ~ 2000	0.50 ~ 0.70	≤ 0.20	≤ 0.40	0.60 ~ 0.80	≤ 0.25	≤ 0.50

表 7-10　轴、杆类工件淬火变形允差范围　　　　　　（单位：mm）

直径	轴长度										
	< 50	51 ~ 100	101 ~ 200	201 ~ 300	301 ~ 450	451 ~ 600	601 ~ 800	801 ~ 1000	1001 ~ 1300	1301 ~ 1600	1601 ~ 2000
< 5	< 0.17	< 0.22	< 0.27	—	—	—	—	—	—	—	—
6 ~ 10	< 0.15	< 0.20	< 0.25	< 0.27	—	—	—	—	—	—	—
11 ~ 20	< 0.12	< 0.17	< 0.22	< 0.25	< 0.27	—	—	—	—	—	—
21 ~ 30	< 0.15	< 0.15	< 0.17	< 0.20	< 0.22	< 0.25	< 0.27	—	—	—	—
31 ~ 50	< 0.17	< 0.17	< 0.17	< 0.20	< 0.20	< 0.22	< 0.25	< 0.30	—	—	—
51 ~ 80	< 0.20	< 0.20	< 0.20	< 0.20	< 0.20	< 0.20	< 0.25	< 0.27	< 0.30	< 0.35	< 0.42
81 ~ 120	< 0.25	< 0.25	< 0.25	< 0.25	< 0.25	< 0.25	< 0.30	< 0.32	< 0.32	0.35	< 0.42
121 ~ 180	< 0.30	< 0.30	< 0.30	< 0.30	< 0.30	—	—	—	—	—	—
181 ~ 260	< 0.35	< 0.35	< 0.35	< 0.35	—	—	—	—	—	—	—

表 7-11　花键轴淬火（包括渗碳淬火）变形允差　　（单位：mm）

变形	直径		
	< 30	31 ~ 50	51 ~ 90
键侧双面留量	0.30	0.40	0.50
淬硬前的振摆	0.05	0.08	0.10
淬硬后的振摆	0.10	0.13	0.18

表 7-12　套类工件淬火变形允差（最大变形量）　　（单位：mm）

内孔直径	壁厚	套的高度					
		≤ 100		101 ~ 250		201 ~ 500	
		内孔	外径	内孔	外径	内孔	外径
≤ 30	> 5	0.10	0.20	0.15	0.20	0.20	0.25
	≤ 5	0.15	0.20	0.20	0.25	0.25	0.30
31 ~ 50	> 5	0.15	0.20	0.20	0.25	0.25	0.30
	≤ 5	0.20	0.25	0.25	0.30	0.30	0.35
51 ~ 80	> 6	0.20	0.25	0.25	0.25	0.25	0.35
	≤ 6	0.25	0.30	0.30	0.30	0.30	0.35
81 ~ 120	> 12	0.25	0.30	0.25	0.30	0.30	0.35
	6 ~ 12	0.30	0.35	0.30	0.35	0.35	0.40
	≤ 6	0.35	0.40	0.35	0.40	0.40	0.45
121 ~ 180	> 14	0.30	0.35	0.30	0.35	0.35	0.40
	8 ~ 14	0.35	0.40	0.35	0.40	0.40	0.45
	≤ 8	0.40	0.45	0.40	0.45	0.45	0.50
181 ~ 260	> 18	0.35	0.40	0.35	0.40	0.45	0.50
	10 ~ 18	0.40	0.45	0.40	0.45	0.50	0.55
	≤ 10	0.45	0.50	0.45	0.55	0.55	0.60

注：1. 变形量系指淬火后最大尺寸与名义尺寸之差。

　　2. 套的截面变化很大时，应按表中的规定适当增加 20% ~ 30%。

　　3. 碳素钢件留磨量应适当大点，其变形量亦随之增大。

　　4. 套的内孔 > 80mm 的薄壁工件，粗加工后，经正火处理，以消除应力和减少变形。

表 7-13　蜗杆轴淬火（包括渗碳淬火）变形允差　　（单位：mm）

变形	模数		
	< 3.0	3 ~ 4.5	> 4.5
蜗线双面留量	0.30 ~ 0.40	0.40 ~ 0.50	0.50 ~ 0.60
淬火前的振摆	0.07	0.10	0.12
淬火后的振摆	0.15	0.20	0.25

4. 外观检查

工件淬火、回火后不得有裂纹、烧伤、碰伤、腐蚀坑等。回火后的工件表面必须清理干净，以防生锈。

5. 金相检验

金相是一切金属热处理的精髓，我国的机电产品和国内外先进国家的差距，不是差在硬度，更不是差在外观，而是差在金相。往往就是在金相组织上存在那么一点点微妙的差异，最终导致寿命的悬殊，所以金相检验至关重要。

国内大部分厂家一般工件淬火后不做金相检验，如需检验时，须在工艺文件中注明，成批生产的工件，根据情况抽检。

碳素钢和低合金结构钢淬火后，马氏体 1～4 级为合格，对于淬裂倾向不大的工件可适当放宽 1 级。

工件淬火、回火后，其表面脱碳层深度应小于加工余量（单边）的 1/4～1/3，对于要求耐磨的工具（刀具、模具、量具），其表面不允许有深度 ≥ 0.05mm 的脱碳层。

淬火、回火后，其金相组织应符合工艺规定，不得有异常组织出现。

现行的金相检验标准如下所列，应根据实际情况选择贯彻相应的标准。

GB/T 34895—2017《热处理金相检验通则》

GB/T 224—2019《钢的脱碳层深度测定方法》

GB/T 25744—2010《钢件渗碳淬火回火金相检验》

JB/T 9986—2013《工具热处理金相检验》

JB/T 8420—2008《热作模具显微组织评级》

JB/T 5069—2007《钢铁零件渗金属层金相检验方法》

JB/T 9204—2008《钢件感应淬火金相检验》

GB/T 9450—2005《钢件渗碳淬火硬化层深度的测定和校核》

JB/T 7713—2007《高碳高合金钢制冷作模具显微组织检验》

GB/T 13320—2007《钢质模锻件 金相组织评级图及评定方法》

JB/T 9205—2008《珠光体球墨铸铁零件感应淬火金相检验》

JB/T 9211—2008《中碳钢与中碳合金结构钢马氏体等级》

JB/T 5074—2007《低、中碳钢球化体评级》

6. 力学性能检验

对有特殊要求的零件，比如枪械零件，对抗拉强度、断后伸长率、断面收缩率都有硬性指标，每批料进厂后必做力学性能试验，合格后方可产，再如汽车防滑链，对破断力有严格要求，还有不少工件对冲击、抗弯等有要求，都必须检验。

7.2.4 化学热处理件的检验

1. 渗碳热处理件的检验

试样应与工件为同炉号材料，试样的直径应 ≥ 10mm，如 < 10mm，只能随机抽验。试样的表面粗糙度值在 Ra3.2μm 以上。

试样的晶粒度为 5～8 级，表面不得有氧化脱碳现象。

工件表面应无腐蚀、氧化缺陷。

对尺寸精度要求严格的以及薄板件等，应检查尺寸及几何形状的变化和翘曲，检查方法及公差范围由技术文件规定。

（1）渗碳层厚度检验 如果没有在图样或技术文件中注明，机器零件的一般渗碳层厚度可参照表 7-14。

表 7-14 机器零件渗碳层厚度要求（供参考）

渗层厚度 /mm	应用说明
0.2 ~ 0.4	厚度小于 1.2mm 的摩擦片、样板等
0.4 ~ 0.7	厚度小于 2mm 的摩擦片、小轴、小型离合器、样板等
0.7 ~ 1.1	轴、套筒、活塞、支撑销、离合器等
1.1 ~ 1.5	主轴、套筒、大型离合器等
1.5 ~ 2.0	镶钢导轨、大轴、模数较大的齿轮、大轴承环等

齿轮渗碳层的深度，还要考虑其模数，两者的关系见表 7-15。

表 7-15 齿轮模数与渗碳层深度的关系

齿轮模数 /mm	1 ~ 1.25	1.5 ~ 1.75	2 ~ 2.5	3	3.5	4 ~ 4.5	5	> 5
渗碳层深度 /mm	0.3 ~ 0.5	0.4 ~ 0.6	0.5 ~ 0.8	0.6 ~ 0.9	0.7 ~ 1.0	0.8 ~ 1.1	1.1 ~ 1.5	1.3 ~ 2

钢件渗碳层深度的计算方法有多种，按照原机械工业部渗碳齿轮金相标准规定为：

低碳钢渗碳层总厚度 = 过共析层 + 共析层 + 1/2 过渡层。

低碳合金钢渗碳层总厚度 = 过共析层 + 共析层 + 整个过渡层。

其中过共析层 + 共析层厚度（从表面至铁素体开始出现处的距离），不应小于总厚度的 50% ~ 75%。达到的碳浓度沿渗碳层均匀下降，避免淬火时因体积变化差别大而造成心部与外层间的应力，并使渗层强度与硬度变化比较平缓。渗碳层厚度测量的方法有：

1）断口目测法。将渗碳试样从炉中取出淬火后折断，断口上的渗碳层部分为白色瓷状，而未渗碳部分为灰色的纤维状，从表面至两部分交界处的距离即为渗碳层厚度。为了能更好地显示渗碳层，通常会将试样断口磨平，用 4% 硝酸乙醇溶液浸蚀几秒钟，腐蚀后渗层呈暗黑色，中心部分呈灰色。此法虽比较原始，但非常适用于现场的快速检验。

2）金相分析法。将渗碳试样自炉中取中，设法予以缓冷，使其获得平衡组织，然后磨片、腐蚀、吹干，再在显微镜下观察，可比较准确地测定渗碳层厚度，还能发现有无非常组织。

3）硬度法。现场大多用硬度法测定渗碳层总厚度，具体检验方法按 GB/T 9450—2005《钢件渗碳淬火硬化层深度测定和校核》执行。

（2）渗碳件金相组织检验　渗碳件的金相组织检验，有渗碳后的渗碳层组织和心部组织的检查。前者包括检查淬火马氏体针的粗细、碳化物的大小、形状、数量和分布，残留奥氏体的数量，后者还要检查心部游离铁素体的数量，大小和分布等项目。具体按 GB/T 25744—2010《钢件渗碳淬火回火金相检验》执行。

1）渗碳件马氏体级别的评定见表 7-16。

表 7-16 渗碳件马氏体级别的评定

马氏体级别 / 级	特征描述　（放大 500 倍）
1	隐针及细针马氏体，马氏体针长 ≤ 3μm
2	细针马氏体，马氏体针长 > 3 ~ 5μm
3	细针马氏体，马氏体针长 > 5 ~ 8μm
4	针状马氏体，马氏体针长 > 8 ~ 13μm
5	针状马氏体，马氏体针长 > 13 ~ 20μm
6	粗针马氏体，马氏体针长 > 20 ~ 30μm

2）残留奥氏体级别的评定见表 7-17。

表 7-17 残留奥氏体级别的评定

残留奥氏体级别 / 级	特征描述 （放大 500 倍）
1	残留奥氏体含量 ≤ 5%
2	残留奥氏体含量 > 5% ~ 10%
3	残留奥氏体含量 > 10% ~ 18%
4	残留奥氏体含量 > 18% ~ 25%
5	残留奥氏体含量 > 25% ~ 30%
6	残留奥氏体含量 > 30% ~ 40%

3）碳化物级别的评定见表 7-18。

表 7-18 碳化物级别的评定

碳化物级别 / 级	特征描述（放大 500 倍）	
	网系	粒块系
1	无或极少量细颗粒状碳化物	无或极少
2	细颗粒状碳化物加趋网状分布的细小碳化物	细颗粒状碳化物和稍粗的粒状碳化物
3	细颗粒状碳化物、呈断续网状分布的小块状碳化物	细颗粒状碳化物加粗的碳化物
4	网状分布的块状碳化物	细颗粒状碳化物加粗块状碳化物
5	细颗粒状碳化物加网状分布的细条状、块状碳化物	细颗粒状碳化物加角状碳化物
6	颗粒状碳化物加网状分布的条块状碳化物	颗粒状加大量的粗大角状碳化物

4）表层内氧化层深度级别的评定见表 7-19。

表 7-19 表层内氧化层级别的评定

表层内氧化层级别 / 级	特征描述（放大 500 倍）
1	表层未见沿晶界分布的灰色氧化物，无内氧化层
2	表层可见沿晶界分布的灰色氧化物，内氧化层深度 ≤ 6μm
3	表层可见沿晶界分布的灰色氧化物，内氧化层深度 > 6 ~ 12μm
4	表层可见沿晶界分布的灰色氧化物，内氧化层深度 > 12 ~ 20μm
5	表层可见沿晶界分布的灰色氧化物，内氧化层深度 > 20 ~ 30μm
6	表层可见沿晶界分布的灰色氧化物，内氧化层深度 > 30μm，最深度用具体数字表示

5）心部组织级别的评定见表 7-20。

表 7-20 心部组织的级别评定

心部组织级别 / 级	特征描述（放大 500 倍）
1	低碳马氏体，允许有贝氏体
2	低碳马氏体加不明显的游离铁素体，允许有贝氏体
3	低碳马氏体加少量的游离铁素体，允许有贝氏体
4	低碳马氏体加较多的游离铁素体，允许有贝氏体
5	低碳马氏体加多量的游离铁素体，允许有贝氏体
6	低碳马氏体加大量的游离铁素体，允许有贝氏体

（3）硬度检验 渗碳工件的硬度检验包括表面、心部及防渗部位的硬度检验。如图样上未注明对硬度的数字化要求，就按通则验收，表面硬度 58 ~ 63HRC、心部硬度（合金钢）33 ~

48HRC 为合格；防渗或渗碳需机加工的部位，硬度＜30HRC 合格。

2. 渗氮热处理件的检验

工件渗氮前大多要经调质处理，经机械加工后，渗氮件的表面不允许有脱碳层。试样应与工件同批同炉号，经相同的预备热处理并具有相同的表面粗糙度。

渗氮件的质量检验包括以下几项：外观、变形、渗氮层厚度、表面及心部硬度，脆化层脆性，金相组织及 ε 相的耐蚀性检验等。

（1）外观检验　经渗氮后的工件表面应呈银灰色，无光泽，不应出现严重的氧化色或其他非常颜色，比如局部出现带有金属光泽的亮点，该处可能是因为清洗不佳未渗氮或渗层太浅，必然硬度低；若表面呈蓝色、黄色或其他颜色，是表面渗氮或冷却过程中工件表面被氧化，需要找出真正的原因并予以纠正。

（2）变形检验　工件渗氮后应按技术条件检验其变形。渗氮后如需精磨的工件，最大变形不得大于 0.05mm，以免将高硬度的渗层磨掉，降低零件抗疲劳和耐磨性。因为渗氮往往是最后工序，渗氮后的工件变形不允许矫正。

（3）渗氮层的厚度检验　随着渗氮工艺的不断发展和普及，对渗氮层厚度的检测及质量标准的要求越来越严苛。目前工厂检测依据标准为 GB/T 11354—2016《钢铁零件　渗氮层深度测定和金相组织检验》。检验方法有 4 种：

1）金相法。将渗氮试样用夹具夹持（或镶嵌），经磨制或抛光后，根据不同的材料采用不同的显示方法（如化学侵蚀、薄膜沉积、附加热处理等）进行侵蚀，以获得一个清晰的检查面，然后将试样放在光学显微镜下进行观察和测量，渗氮层的厚度从试样表面垂直测至与心部组织有明显的分界处止。

2）显微硬度法。把金相试样放在显微硬度计上，载荷 100g，由表及里每隔 0.05mm 或 0.10mm 打一点，垂直测至与心部硬度值相同处，然后绘制成硬度分布曲线。

3）剥层化学分析法。将渗氮后的剥层试样装在车床上，以比较慢的速度（保证切屑不因受热而变色）逐层进行车削，每根试样剥 7～8 层，第一层为 0.02mm（此层主要为化合物层），其余各层为 0.05mm 和 0.10mm 不等，将每层剥下来的金属粉末集中在一起，分别进行化学分析，得每层的平均含 N 量，然后绘成含 N 分布图。

4）电子探针分析。该试验主要检验经附加热处理（淬火、退火、回火）后的渗氮试样其表面 N 浓度分布变化情况。

（4）渗氮层硬度的检验　机械零件常用材料渗氮后的硬度要求见表 7-21。

表 7-21　机械零件常用材料渗氮后的硬度要求

材料	表面硬度要求 HV10	硬度梯度 HV10	图样标注硬度 HV10
20Cr	≥500	—	D500
20CrMnTi	≥600	—	D600
40Cr	≥500	—	D500
38CrMoAl	≥950	表面磨去 0.1mm 后≥850	D900
W18Cr4V	≥950		D900
QT600-3	≥500	—	D500

注：1. 图样标注的渗层厚度和硬度，均系成品零件的要求。

　　2. 38CrMoAl 钢当留量较大（单边约 0.1mm）时，成品表面硬度仍按＞900HV 验收。

渗氮层的硬度通常选用载荷为 100N（10kgf）、层厚＜0.3mm 者，可用 50N（5kg 载荷）维氏硬度计测量，也可以用轻型洛氏硬度计测定。测量硬度载荷选择可参考表 7-22。

表 7-22   测定渗氮层硬度时负荷的选择

渗氮层厚度 /mm	＜0.35	0.35～0.5	＞0.5
维氏硬度计负荷 /N（kgf）	≤ 100（10）	≤ 100（10）	≤ 300（30）
轻型洛氏硬度计负荷 /N	150	150 或 300	600

如渗氮层厚度小于 0.10mm 时，用显微硬度计测量较宜。当检查部位无法打硬度时，可用标准锉刀检查，或于检查部位预先安放试样。心部硬度的检查，可用洛氏或布氏硬度计。如欲测定渗氮表面至心部的硬度分布情况，应该选用显微硬度计。

（5）渗氮层脆性的检验   渗氮层的脆性，可根据维氏硬度计压头压痕的形状来评定。检测时载荷规定用 100N（10kgf），特殊情况下可用 50N（5kgf）或 300N（30kgf），但必须经换算，见表 7-23。压痕放大 100 倍检查，每件测 3 点，其中必须有两点以上处于相同级别，根据压痕周边破碎程度来评定，脆性共分 5 级，通常 1～3 级为合格，重要件 1～2 级合格，4～5级脆性大判不合格。对于留有磨量的工件，允许磨去加工余量检测。渗氮脆性级别参考图 7-1。1 级——压痕边角完整无缺、2 级——压痕一边或一角破裂，3 级——压痕两边两角破裂，4 级——压痕三边或三角破裂，5 级——压痕四边或四角碎裂。

表 7-23   不同载荷压痕级别换算

载荷 /N（kgf）	压痕级别换算				
50（5）	1	2	3	4	5
100（10）	1	2	3	4	5
300（30）	2	3	4	5	6

（6）渗氮层的显微组织   检验的内容包括渗层组织和心部组织。检验同炉具有代表性的渗氮试样，渗层组织不得有网状或鱼骨状的氮化物。渗氮扩散层氮化物形态以符合 GB/T 11354—2016《钢铁零件   渗氮层深度测定和金相组织检验》标准中的 1～3 级为合格。渗氮层上不应有大块的点状和发亮的铁素体块。心部不应出现块状的铁素体和粗大的索氏体组织。

（7）ε 相的耐蚀性检查   耐蚀性渗氮的零件应检查 ε 相的厚度和耐蚀性。ε 相厚度在试样腐蚀后，用放大 100 倍的显微镜进行测量。抗蚀性能检验可将零件或试样浸入 6%～10%$CuSO_4$ 水溶液中浸蚀 1～2min，检查表面有无铜的沉积，如无沉积则判合格。也可以将零件或试样浸入 10g 黄血盐 + 20g 氯化钠溶于 1 升蒸馏水的溶液中 1～2min，以零件表面无蓝色印迹为合格。检验过耐蚀性的零件，必须立即用水冲洗干净。

（8）渗氮层疏松检验   渗氮层疏松级别按表面化合物层内微孔的形状、数量、密集程度分为 5 级，参见 GB/T 11354—2016。

渗氮层疏松在显微镜下放大 500 倍进行观察，取其最严重的部位作为判据，参照渗氮层疏松级别图进行评定，1～3 级为合格，重要零件 1～2 级为合格。

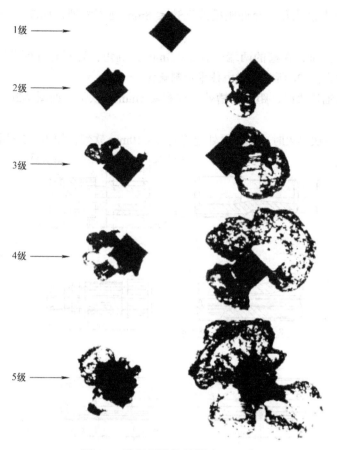

图 7-1 渗氮层脆性级别（×100）

7.2.5 表面热处理件的检验

1. 高频加热淬火件的检验

工件进入车间，淬火前检查工件是否有氧化皮、毛刺等，工件表面应清洁，表面粗糙度值应在 $Ra6.3\mu m$ 以下。

（1）外观检查 表面不得裂纹、烧损疤痕。

（2）硬度检验 硬度应符合工艺技术要求。在工件的三处以上不同部位测量硬度，取其平均值。一般硬度不均匀度 < 3HRC。工件淬火后的硬度，应大于或等于规定值的下限加 3HRC。对于 HT300 牌号灰铸铁，淬火后硬度应大于 48HRC，HT200 件淬火后应大于 45HRC，但导轨两端 30mm 处和接头处允许有软点。

（3）淬硬层的检验

1）轴类工件淬硬层的检验。理论上讲淬硬层厚度是以从表面测至含 50% 马氏体处的距离计算。高频感应淬火淬硬层厚度一般为 1.5 ~ 3.0mm，局部高频感应淬火的轴，淬火长度允许偏差 ±4mm 或工厂根据自家产品情况制订。

阶梯轴高频感应淬火后，允许在阶梯处有未淬硬区 A，如图 7-2a 所示。$D - d < 10mm$ 时，$A < 5mm$；$D - d = 10 \sim 20mm$ 时，$A < 8mm$；$D - d > 20mm$ 时，$A < 12mm$。未淬硬区大小应在技术文件明确。

如果淬火部位带槽或孔，允许距槽或孔边≤8mm处不淬硬，如图7-2b所示或工艺资料规定。

淬火部位带槽的轴，在槽的两端应有2~3mm的倒角，若不允许倒角时，其两端允许有≤8mm的软带，如图7-2c所示，或由技术资料规定。

带有退刀槽的轴淬火时，距退刀槽处允许有≤5mm的软带，如图7-2d所示，或由技术资料规定。

长轴不能完成一次淬火时，则交界处允许有8~10mm软带，如图7-2e所示。

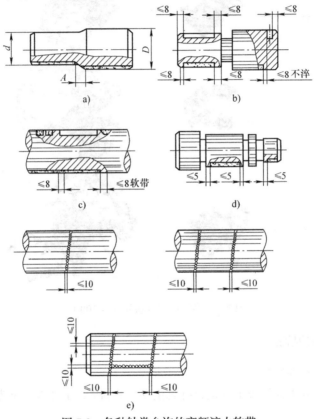

图7-2　各种轴类允许的高频淬火软带

2）平面及槽类零件硬层的检验。槽部要求淬火的工件，如槽宽≤25mm，槽深 $H < 10$mm 时，在槽两侧尖角处各允许有≤8mm、深度至5mm的淬硬区，如图7-3a所示。如槽宽 >25mm，槽深度 $H \geqslant 10$mm 时，允许距槽底有5mm不淬硬，尖角允许淬硬层较厚，如图7-3b所示。

法兰盘及阶梯轴端面需淬硬时，允许比相邻轴颈大5mm的圆周范围内不淬硬，淬硬层允许厚一些，可达5mm，如图7-3c所示。

若零件直角两表面（包括相交的面）均需淬火时，允许在一个表面上有≤8mm的回火软带，或允许其中一面距边缘5mm范围内不淬硬，如图7-3d所示。

小型结合子齿部淬火时，为了防止应力集中，允许齿部淬透，如图7-3e所示。

工件有孔时，其孔的边缘距淬透表面应在6mm以上，如图7-3f所示。或为了防止淬火开裂，允许有孔部位不淬硬。

淬硬平面有槽，使之成为细长狭条面时，如其宽度 ≤ 8mm，则此细长面允许不淬硬，如图 7-3g 所示。

两相交平面均需高频感应淬火时，其交角处允许有 ≤ 8mm 不淬硬，交角处应有退刀槽或圆角，如图 7-3h 所示。

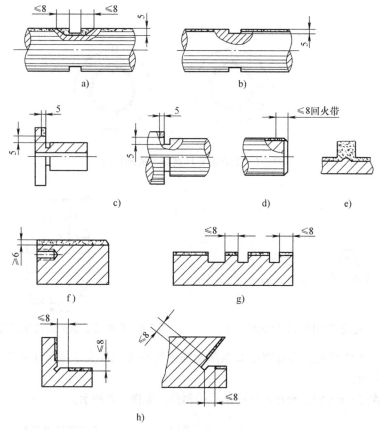

图 7-3 平面及槽的高频淬火硬化层

3）套筒类工件淬硬层的检验。较高套筒类工件内孔高频感应淬火时，其淬硬部分距端面不得超过 200mm；当高度 ≥ 200mm 时，套筒孔中间允许有一段不淬硬，或允许有 ≤ 10mm 的软带。如图 7-4a 所示。

套筒内径 > 200mm 的内表面要求淬硬时，其高度应 ≤ 350mm，并允许在圆周上有宽度 ≤ 8mm 的软带，或允许有 8mm 不淬硬。若内部有槽，允许槽都不淬硬，如图 7-4b 所示。

套筒厚度 ≤ 10mm 时，不能同时要求内外表面都进行感应淬火。

4）齿轮类淬硬层的检验。模数 ≤ 4mm 的非渗碳齿轮，为避免齿根应力集中，最好轮廓硬化。如受到设备限制，齿底端面要求有 ≥ 0.5mm 的淬硬层，如图 7-5a 所示；或允许全齿淬硬如图 7-5b 所示，齿宽中间剖面允许齿底不淬硬，但淬硬面应在节圆以下如图 7-5c 所示。

模数 4.5 ~ 6mm 的齿轮，采用同时加热淬火时，在齿根部允许有 1/3 齿高不淬火，如图 7-5d 所示。受重载、冲击载荷模数 4 ~ 6mm 的齿轮不宜高频淬而应选用超音频淬火。

双联或三联齿轮，其两联间距 ≤ 16mm 时，允许其中较小的齿轮淬硬层稍带斜度，如图 7-6 所示。

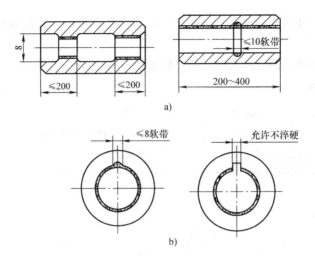

a)

b)

图 7-4   套筒类零件高频淬火硬化层

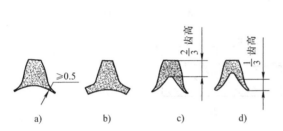

图 7-5   齿轮高频淬火的硬化层分布

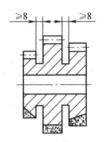

图 7-6   双联或多联齿轮高频淬火的硬化层

同时加热淬火的齿轮，其齿宽中部纵剖面淬硬层厚度允许大于或等于端面淬硬层厚度的 2/3，如图 7-7 所示。

内齿轮模数 ≤ 6mm 时，允许其淬硬层稍带斜角，如图 7-8 所示。

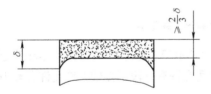

图 7-7   齿轮高频淬火齿宽中部纵剖面

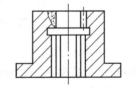

图 7-8   内齿轮高频淬火硬化层

模数 ≥ 6 的齿轮，如采用单齿同时加热淬火，允许齿根有 1/3 齿高处不淬硬，采用单齿连续加热淬火允许齿根有 ≤ $\frac{1}{4}$ 齿高不淬硬。

5）铸铁导轨淬硬层厚度。铸铁导轨淬硬层厚度可通过检验试块进行。铸铁导轨平面和斜面处，高频感应淬火淬硬层厚度应为 1.5～3.0mm，中频感应淬火淬硬层厚度应为 2～4mm。

（4）淬火变形的检验   齿轮热处理的畸变包括三个方面：热处理前后各种组织比体积不同是引起体积变化的主要原因；二是形状畸变，即齿轮各部位相对位置或尺寸发生改变；三是淬火冷却时不同时性引起的热应力和组织应力使齿轮发生了局部的塑性变形。

在热处理生产现场，对经高频感应淬火等表面处理过的齿轮变形的检测，应根据图样技术要求及工艺文件规定和齿轮的长短、大小、形状和畸变特征，使用不同规格型号的游标卡尺、千分表、百分表、塞尺等量具及检验平台、中心架、偏摆仪及专用检具进行畸变检验。

在长期的生产实践中，有些单位检查变形的经验可供借鉴：

轴杆类工件径向圆跳动变形应小于直径留磨量的 1/2。

板类工件平面度变形应小于留磨量（单面）的 2/3。

模数小于 4 的齿轮，齿宽 < 40mm 者，齿形允许变形量为 0.01mm，模数大于 4 的齿轮，齿面允许变形量为 0.015mm。

模数小于 4 的齿轮内花键，当壁厚与全齿高之比 ≤ 2 者，允许缩小 0.03mm，当壁厚与全齿高之比 > 2 者，允许缩小 0.05mm。

铸铁导轨变形检查时，将平尺放在导轨平面及峰部两侧，用塞尺测量，或用光学仪器测量，高频感应淬火后每米长度下凹量应 ≤ 0.20mm。

（5）金相检验　应以 JB/T 9204—2008《钢件感应淬火金相检验》为依据，结合本单位的实际情况，制订出表面淬火金相检验细则。大多情况下，连续淬火件，以马氏体 4～7 级为合格。

模数 ≤ 4 的齿轮，高频感应淬火后马氏体应为 5～7 级；模数 > 4 的齿轮，以及硬化层要求深的，或由于工艺要求加热时间较长的零件（如平面淬火、离合器、齿轮沟槽等的淬火），马氏体允许 4～7 级。

合金工具钢感应淬火件马氏体粗细按 JB/T 9986—2013《工具热处理金相检验》第十四级别图"合金工具钢淬火马氏体级别"评定，马氏体粗细分为 6 级，≤ 4 级为合格；碳素工具钢感应淬火件马氏体粗细按 JB/T 9986—2013 第十六级别图"碳素工具钢淬火马氏体级别"评定，也分 6 个级别，≤ 4 级为合格。

铸铁导轨通过试块进行验收，导轨平面淬硬层表面层应为隐晶马氏体 + 石墨。峰部棱边表面允许有沿石墨分布的细针状马氏体，而向心部应转为隐晶马氏体。

2. 火焰表面淬火件的检验

火焰淬火前工件表面应清洁，不应有氧化皮、毛刺、油渍等缺陷。

（1）外观及变形检查　淬火后工件表面不应有烧伤、氧化皮及裂纹等缺陷。

火焰淬火后的变形应及时矫直，最终变形应符合企业标准。根据大多数企业的经验：局部火焰淬火的轴类零件，淬火长度允许偏差为 ±5mm，大、长件允许偏差为 ±8mm。

（2）硬度检验　工件火焰淬火后其硬度值应比规定的下限硬度值高 3HRC。

在 3 处以上的不同部位测量硬度，取其平均值为示值，硬度值不均匀度应 ≤ 4HRC。

一般火焰淬火件不可以出现回火软带，对某些特殊件允许有部分回火软带，但宽不得 > 10mm。

（3）淬硬层厚度的检验　一般构件的淬硬层厚度不得 < 1.5mm。

齿轮模数 > 8 时，齿部淬硬的高度应为模数的 1.7 倍；模数 < 8 时，应有 2/3 齿高淬硬。

（4）金相检验　火焰淬火件一般不做金相检验，如需检验时，应在工艺文件中注明。成批生产的工件，可酌情定期抽检。

7.2.6　原材料进厂质量检验

原材料进厂后，应按有关验收标准及供需双方协议逐项进行检验。

原材料的冶金质量主要指材料的外观、成分、显微组织，微观及宏观缺陷。以上缺陷对热处理质量影响是很大的，因此各厂采购材料时，应对材料的冶金质量提出相关要求，用户可根据国标或部标，在订货时签订供需双方协议，以便对钢材进行验收。

1. 钢材冶金质量对热处理的影响（表 7-24）

表 7-24　钢材冶金质量对热处理的影响

序号	项目	材料冶金质量对热处理的影响
1	外观	主要指钢材表面缺陷，其表面不得有裂纹、折叠、结疤、白点等，当这些缺陷深度大于粗加工余量时，将是热处理的裂纹源。尤其是拔材和银亮钢，更不允许有表面缺陷。对弹簧钢来说这些缺陷将更使弹簧寿命降低
2	化学成分	1）对 S、P 等有害元素要严格控制，如 S 的质量分数大于 0.035% 时，淬火易裂 2）控制微量元素的含量，如 B 能使淬透性大大增加，钢脱氧时的 Al 是细化晶粒的元素，Si 是增大过热度的元素
3	脱碳	表面脱碳增加了加工留量，若其在加工留量以外时，将给热处理带来淬不硬、表面裂纹等缺陷。在检查中应区分是原材料脱碳还是热处理脱碳，以便做出正确的判断
4	碳化物不均匀度	这是工具钢常见的一种冶金缺陷，在断面上常成带状、网状、大块堆积。由于碳化物偏析，在碳化物堆积区，淬火容易形成过热网，以带状分布，使材料各向异性，硬度不均，脆性增大，强度及使用寿命降低。如刀具碳化物偏析 5～6 级比 3～4 级寿命降低 10%，7～8 级则降低 29%
5	带状组织	指珠光体与铁素体的条带状分布，造成材料的各向异性，降低切削加工性，使表面粗糙度值过高，淬火后易出现软点
6	退火组织	1）低中碳钢中若出现大块铁素体，会使热处理后力学性能降低 2）弹簧钢中不允许有石墨碳 3）共析和过共析钢，细片状珠光体易过热
7	网状碳化物	多存在于晶粒边界，隔断了基体的连续性，使材料脆性增大，强度降低，淬火时开裂
8	非金属夹杂物	一般指冶炼时形成的氧化物、硫化物及酸性夹杂物等，它隔断了金属基体的连续性，它像裂纹一样存在于量具的表面上，造成热处理的应力集中，成为裂纹源。一般在工具钢及轴承钢中应严加控制
9	宏观缺陷	包括中心疏松、白点、缩孔、气泡、翻皮等。这些缺陷都是热处理易产生的裂纹源

2. 原材料进厂验收项目

各种零件性能要求不同，选用的材料各异，需要检查的项目也不同。原材料检验项目具体要求见表 7-25。

表 7-25　原材料检验项目具体要求

序号	检验项目	检验方法要求
1	火花鉴别	主要是防止供货过程中的混料，一般选用中等硬度 36～60 号普通粒度的砂轮，转速 2800～4000r/min，压力要适中，在暗处进行试验，判别结果，没有实践经验时，可以用已化验过的试样比对
2	成分分析	取样数量，一般每炉（批）一个，有争议再取一个。取样方法及化验方法，应按相关标准进行。大多采用快捷的光谱分析
3	尺寸检查	一般按各厂订货协议检查，每批取样数量约 10%，但不得少于 5 根
4	外观检查	每批钢材做 100% 外观检查
5	断口	每批检验数量为 2%～5%，但不得少于 5 根，要求断口细致均匀，不得有肉眼可见的空隙、裂纹、气泡、夹杂物等
6	硬度	每批取样 10%，但不得少于 5 根，取样时应注意清除表面氧化皮（脱碳层），在距材料端部 100mm 处测定，亦可切片试验

（续）

序号	检验项目	检验方法要求
7	强度	原材料验收时，只保证材料的力学性能，因此，必须根据双方协议，确定保证何种力学强度，有些单位，经过适当的热处理定强度指标
8	淬火硬度	碳素工具钢对淬透性要求高，进厂材料需进行淬火硬度检验，每批取样两件；合金工具钢也应作淬硬试验，切片厚度 12～15mm
9	脱碳层	低碳钢及中碳钢一般按钢材规定验收；工具钢除满足供货要求外，材料进厂时，每批应作脱碳层检验，按 2% 抽验
10	淬透性	取样在任一钢棒上切取，每批 3 个试样
11	宏观及低信	宏观用酸蚀法，然后用肉眼或低倍显微镜（10～20 倍）检验钢材的结晶情况，及某些元素的不均匀分布情况 用热酸法显示偏析、枝晶、疏松、白点、发纹等 取样一般每批 2～4 块（或 2%，每批不得少于 3 根）
12	显微组织	对退火组织主要检查游离渗碳体、带状组织及魏氏组织和球化组织，另外对非金属夹杂物、奥氏体晶粒度，弹簧钢中的石墨碳含量、碳化物偏析及灰铸铁、稀土、镁球墨铸铁等均需检验

第8章

热处理工装设计

在热处理生产和检验过程中，往往需要夹持工件或固定其位置，这就需要夹具或吊具之类的工具。此外，还有为了满足热处理工艺要求，迫使工件做某种运动所需的辅助装置；为了储存热处理件，避免工件受损伤又便于运输的工位器具；为了扩大热处理设备应用范围而需自制的附件等。以上这些统称为热处理工艺装备。简言之，凡是为了满足热处理生产要求，保证产品热处理质量、保证生产安全的一切工夹具、吊具、附件及其辅助装置，类属热处理工艺装备，简称热处理工装。

热处理工装是践行热处理工艺必不可少的辅具，在某种程度上可以弥补工艺参数不能解决的难题。在国内一些热处理专业厂，经常会遇到装炉时无工夹具的尴尬，出炉时不知道用什么工夹具的问题。出现这些问题的原因是对热处理工艺如何实现理解不透，对工装设计不够重视。工装设计大多由热处理技术人员或生产管理人员设计，也可以由专职工装设计人员设计，由专人根据图样制造。据有关人员粗略统计，各类工装带走的热量，约占总热量的 18% ~ 29%。

热处理批量产品工装设计大多由热处理工艺员提出，对工装的形式、结构、尺寸大小等有一个初步的设想，编写工装设计任务书，再将工件的外形尺寸及批量和选用的加热设备、该工装的热处理工艺规程作为工装设计的依据，由专业人员设计。

单件、小批量的一次性工装设计往往由现场工艺人员和生产技术工人共同完成。工装设计由谁负责不重要，重要的是工装是否经济适用。

8.1 热处理工装在生产中的作用及设计要点

热处理工装在实际生产中的作用概括如下：

1）保证热处理质量。热处理工艺如感应加热的感应器、心轴、压板等，火焰淬火用喷嘴，定形回火用的夹具，高速钢刀具盐浴加热用挂具，气体渗碳井式炉用吊具等，这些工装质量的优劣对热处理质量有决定性的影响。好的工装可使工件加热、冷却均匀，在气体炉内可使炉气气氛对流畅顺，局部热处理的工件能保证热处理位置控制准确，在化学热处理中可保证渗层均匀或起保护作用。

2）提高劳动生产率。利用工装，可合理装炉，最大限度地利用设备，节约装、出炉和装卸工件等辅助时间。

3）减少工件热处理畸变。利用工装可减少工件热处理变形，是控制变形的有效方法之一，如定形回火、夹直回火、高精度零件的离子渗氮等。

4）减轻工人的劳动强度。工装也是机械化自动化生产的重要辅助手段。

5）保证安全生产。

6）节约绑扎钢丝等辅助材料的消耗。

7）保护工件。利用工装可保护热处理件免遭磕碰等操作，如工位器具。对局部热处理工件，利用工装可保护无须热处理的部位，如离子渗氮，为保护某一部位不被渗氮，可用一个保护套将其屏蔽起来即可。

8）提高经济效益。使用工装虽增加一部分费用，热能耗增大；但是，由于其他优点带来的利好，总的成本还是降低的。实践证明，采用得心应手的工装，经济效益显著。

9）促进国际交流。进出口热处理设备，往往都会配一些工装，这有利于加强国际交流，互相取长补短，共同进步。

热处理的工装夹具种类繁多，可根据自家的具体情况自行设计，设计时应注意以下几点：

1）设计的夹具必须保证工件按一定的方位加热和冷却，以使工件的畸变最小。

2）用作夹具的材料，必须经得起反复加热和冷却的折腾。

3）夹具的形状和尺寸要适合于工件及炉型，而且要不影响工件加热和冷却的均匀性。

4）工、夹具便于制作，通用性强，使用寿命长，制造成本低。

5）夹具结构要简单，装卸工件要方便。

8.2　热处理工装的分类、编号和管理

8.2.1　热处理工装的分类

1. 专用工装

该工装专门为某一工件或某一工艺所设置，如感应器、定形回火夹具，为某一工件专用的心轴、压板等。

2. 通用工装

该工装为某些热处理工艺或各类工件所通用，比如篮筐、钩子、垫铁、料盘、通用吊具等。

3. 标准工装

被企业、行业、部门标准化了的工装称为标准工装。标准工装可以是专用工装，也可以是通用工装，或是已被标准化，在市场上可以购得的工装，比如直柄麻花钻梅花孔淬火夹具、盐浴淬火钩子等。

热处理工装，由于分类方法不同，可以分成多种类别，可按工艺、用途、产品、特征来分，不同的分类适用于不同场合。以上 3 种分类方法也不是绝对的，某些企业里的专用工装，在另一个企业，它也许就是通用工装。

8.2.2　工装编号

目前工装编号还未列入热处理标准，各个行业、工厂都有自己的编号方法。工装编号是一个既重要又复杂的问题。

热处理工装编号的方法很多，各有其特点。编号要实用，方便管理。国内工装编号都用代号和数字组成，总的原则是简单明了，能反映工装的特征，便于工装管理，又不与其他工艺的工装相混，易于认、记、写。编号一般打印在工装醒目的位置。下面简介两种目前在用的热处理工装（如感应器）编号方法，可供参考。

1）用字母和数字组合，按工装类别及产品、零件代号以分式表示。举例如下：

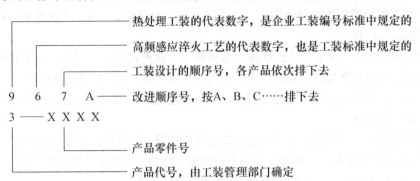

代表热处理的数字亦可以用字母代替，通常用"R"，即"热"字汉语拼音的第一个字母。工艺数字也可以用字母代替，我国机床工具行业热处理工艺代号以G代表高频感应淬火，这样上面的工装编号可用下式表示：

$$\frac{GR-7A}{3-XXXX}$$

从这个编号，人们可以知道，这是热处理工艺装备，用于高频感应淬火。它是该企业热处理工装中第7次设计（或第7套工装），而且是经改进了的，原来的设计（不带"A"）已经淘汰；用在第3号产品的XXXX零件，它属专用工装。把这个工装编号写到工艺规程上，工人操作时就可以依此到工具室借用。

2）按工装特征（用途、结构）和主要尺寸表示。这种表示方法更直观，举例如下：

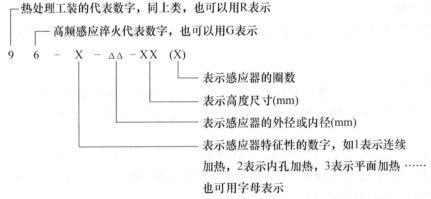

例如：96-1-45-10或GR-1-45-10表示用于高频感应淬火，是轴类连续加热，内径为45mm，总高度为10mm，单圈（10后面无括号及数字）。

8.2.3 工装管理

热处理工装管理系统包括工装申请、审批、设计、订货、制造、鉴定、保管（实物及技术文件）、领用、检查（经常性的检查工装质量完好率、使用贯彻率）、维修、报废、改进等。生产中如果没有这一套完整的管理制度，工装就不可能发挥其应有的作用。

对于工装，热处理工艺员主要的任务是：

1）决定工艺中是否采用相应工装。

2）提出热处理工装设计任务书，见表 8-1，申请设计工装，经审批后交工装设计员设计。

3）确定工装编号并填写到工艺规程中去。

4）会签工装设计和协助工装试验、鉴定。

5）监督工装现场使用状况，并适时提出修改意见。

表 8-1　热处理工装设计任务书

年　月　日

产品型号		工装编号		工艺编号	
零件编号		加工摘要		工装名称	
零件名称		使用设备		工装等级	

工装使用说明及技术要求或草图

工艺员	日期	审核	日期	主管工艺	日期

8.3　热处理工装设计的原则及程序

热处理工装的设计与选择，应当遵循一定的原则、依据和程序。

1. 热处理工装设计与选用的基本原则及要求

1）所设计与选用的工装，必须是实施相应工艺确实需要的，并能发挥其应有的作用。

2）热处理工装系数与生产批量相适应。所谓热处理工装系数，即其工装数量与所处理的工件总的数量之比，是控制热处理工装合理数量的指标。为了缩短生产周期和降低成本，工装系数应尽量低些。随着生产批量的增加，工装系数也应相应增加。不同产品及其生产批量都有一个合理的控制数值，可与企业总工艺师（或总工程师或技术负责人）协商确定。

3）选择和确定热处理工装时，应尽量以通用工装和标准工装为先，或能否借用其他的工装替代。确实需要重新设计时再考虑设计方案和填写设计任务书。

4）设计热处理工装时，应合理选材。随着工件一起加热的工装应选择耐热钢，并考虑高温下的刚度和蠕变等问题；对于不随工件一起加热的工装，主要考虑刚度和弹性强度问题。此外，对于经常接触酸、碱、盐的工装应选用耐蚀材料制作。

5）工装结构应轻巧、使用方便。一些撬棒等质量较重的工装器具，可局部设计成空心的；料盘等采用带有加强筋的结构，以利于在保证刚度的前提下，减轻重量。

6）设计热处理工装时，应考虑尽量减少其热能消耗，特别是随工件一起加热的工装，其有效厚度与体积越大，无效热量浪费越多。

7）工装设计应向机械化、自动控制方向发展，如采用简单机械手，有些工装可直接由机器人操作实施。

2. 工装设计的依据

1）使用该工装的零件图及其热处理工艺规程。

2）下达的所设计工装的工装设计任务书。

3）本单位所使用的热处理设备及其性能特点。

4）使用该工装的生产批量和技术经济意义。

5）有关的设计标准和相关的规定等。

3. 热处理工装设计程序

由于各企业的热处理规模、产业性质等各异，其工装设计程序也不尽相同，有简有繁，总之能保证产品质量就是好工装。但设计程序应该是一样的。

1）设计准备工作，掌握必要的设计资料，仔细分析设计依据。

2）拟定工艺设计方案，并对几个方案进行比较后从中选择一个合适的方案。

3）在设计任务书中，绘制所选用的方案草图，并以书面形式提出设计申请。

4）工装设计任务书及其制造申请书得到审批后，按机械制图规则进行正式设计。

5）所设计的工装总图及其零件图经校对、审核、会签和批准后，分发到有关部门制造。

对于那些没有建立完善质量管理体系的企业，根据各企业的具体情况，工装设计的程序可以适当精简，但不论怎么精简，设计的图样资料一定要存档。

8.4　一般低碳钢、耐热钢工夹具强度的核算

工件在炉中加热时，工夹具截面不适合选用中心为空心的管状材料，以防止淬火时引起淬火冷却介质的爆炸或燃烧。工夹具的受力可分为三种形式：水平支撑受力、垂直支撑受力和吊挂工件受力。

对于设计的工夹具应进行强度计算和校核。强度校核的方法是先计算工夹具用钢与工件自身总质量之和，分析危险截面强度，计算危险截面面积，然后计算危险截面处强度。当危险截面强度大于许用强度时，即可满足工夹具强度条件的要求；否则，应重新加大截面的尺寸（直径、宽度或高度）。

1. 水平支撑力的强度计算

工夹具水平支撑受力分析如图8-1所示。从图8-1分析可知，危险截面在一端，如图8-1a所示，其力矩为 $M = FL$；图8-1b所示的危险截面在中间，其力矩为 $M = FL/4$。假定先用低碳钢制造工夹具，工作温度950℃使用时的抗抗强度 R_m：持久使用时，$R_m = 6MPa$；短暂使用时，$R_m = 10MPa$。

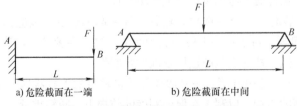

a) 危险截面在一端　　　　　　　b) 危险截面在中间

图 8-1　工夹具水平支撑受力分析

F—工夹具受力方向　　L—工夹具跨距

受弯曲力时的抗弯强度 σ_{bb}（MPa）为

$$\sigma_{bb} = M/0.1d^3$$

矩形截面时的抗弯强度 σ_{bb}（MPa）为

$$\sigma_{bb} = 6M/bh^2$$

异形截面时的抗弯强度 σ_{bb}（MPa）为

$$\sigma_{bb} = M/Z$$

式中　σ_{bb}——材料的抗弯强度，单位为 MPa；

　　　M——力矩，单位为 N·m；

　　　d——工夹具直径，单位为 mm；

　　　b——工夹具宽度，单位为 mm；

　　　h——工夹具高度，单位为 mm；

　　　Z——截面系数，从有关手册中可以查到。

抗剪强度按抗拉强度的一半估算，对耐热钢工夹具，综合强度一般按低碳钢的 10 倍进行计算。

随着热处理加热炉的不断更新换代，热处理工夹具也应与时俱进，工夹具制造材料已不满足于低碳钢和耐热钢了，新的材料层出不穷，工夹具新材料有：

1）25CrNi3MoAl 金属间化合物，其成分中含有 Cr、Zr、Mo、B、Al、Ni，主要含 Ni 和 Al，是非常耐高温的陶瓷材料。

2）碳/碳复合材料，即碳纤维和碳基体，具有耐高温、抗烧蚀、重量轻、耐磨、耐腐蚀等优点。

2. 垂直支撑的强度计算：

工夹具（长杆件）屈服应力按下式计算：

$$\sigma = \frac{n\pi^2 E}{\left(\frac{L}{K}\right)^2} \tag{8-1}$$

屈服载荷按下式计算：

$$F = n\pi^2 \frac{EI}{L^2} \tag{8-2}$$

式中　σ——屈服应力，单位为 MPa；

　　　n——终端系数，取值参考图 8-2；

　　　L——杆件长度，单位为 m；

　　　E——材料弹性模量，单位为 MPa；

　　　K——截面最小惯性半径，单位为 m，$K=\sqrt{I/A}$；

　　　I——截面最小的惯性矩，单位为 m^4，从相关手册查得；

　　　A——截面面积，单位为 m^2。

3. 吊挂攀工装

该工装的结构简图如图 8-3 所示。

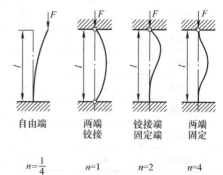

图 8-2　工夹具垂直支撑受力分析

注：n 为终端系数。

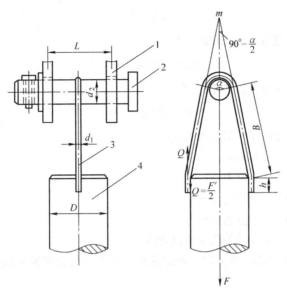

图 8-3 吊挂攀工装示意图

1—吊板 2—横销轴 3—吊挂攀 4—工件挡销

　　对于质量为 1.8 ~ 2.2t 的工件做调质时，采用的吊挂攀直径 d_1 参考表 8-2，横销轴直径 d_2 参考表 8-3。如果吊挂工装的跨距较大，可以同时吊挂多件细长轴进行热处理；对较重的轴类工件也可以采用双吊挂攀结构，销轴直径仍按表 8-3 数据选取，推荐的吊具设计尺寸见表 8-4。

表 8-2 吊挂攀直径 d_1

F/N	$\alpha = 170°$		$\alpha = 150°$		$\alpha = 130°$	
	$[R_m] = 6\text{MPa}$	$[R_m] = 8\text{MPa}$	$[R_m] = 6\text{MPa}$	$[R_m] = 8\text{MPa}$	$[R_m] = 6\text{MPa}$	$[R_m] = 8\text{MPa}$
	d_1/mm					
2000	16	14	17	15	17	15
4000	22	20	23	21	24	21
6000	27	24	28	25	29	26
8000	31	28	32	29	34	29
10000	35	31	36	32	37	33
12000	38	34	39	35	41	36
14000	41	36	42	37	44	38
16000	44	38	45	39	47	41
18000	47	41	48	42	50	43
20000	50	44	51	45	53	46

注：材料选用 Q235A 钢或其他低碳钢。

表 8-3 横销轴直径 d_2

F/N	L/mm						
	100	120	140	160	180	200	220
	d_2/mm						
2000	46	49	51	54	56	58	60
4000	58	61	64	67	70	73	76
6000	66	70	74	77	80	83	87
8000	72	77	81	85	88	91	94
10000	78	83	87	91	95	98	101
12000	83	88	93	97	101	104	108
14000	87	93	97	102	106	110	113
16000	91	97	102	107	111	115	118
18000	95	101	106	111	115	119	123
20000	98	104	110	115	119	124	128

注：材料选用 Q235A 钢或其他低碳钢，$[\sigma_{bb}] = 6\text{MPa}$，$[\tau] = 3\text{MPa}$。

8.5 热处理工装设计实例

1. 轴类工件的吊挂形式

轴类工件的吊挂形式如图 8-4 所示，该图中各尺寸推荐值见表 8-4。

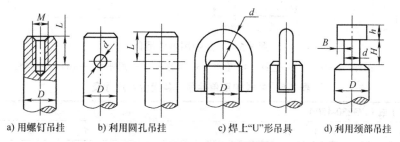

a) 用螺钉吊挂　　b) 利用圆孔吊挂　　c) 焊上"U"形吊具　　d) 利用颈部吊挂

图 8-4　轴类工件的吊挂形式

表 8-4　推荐吊具尺寸

毛坯质量 /t	端部最小直径 D/mm	吊具尺寸 /mm				
		d 或 M	L	B	H	h
≤ 0.15	30	16	50	10	45	20
0.15 ~ 0.3	40	20	55	10	55	20
0.3 ~ 0.5	50	30	70	15	75	25
0.5 ~ 1	80	40	90	20	120	30
1 ~ 3	150	70	120	30	150	40
3 ~ 5	180	90	135	40	210	50
5 ~ 7	200	100	140	40	300	60
7 ~ 10	250	120	150	45	> 300	70
10 ~ 15	250	140	160	50	> 300	90
15 ~ 20	300	160	180	50	> 300	100
20 ~ 30	400	200	210	60	> 300	110

2. 大型井式炉加热工件用吊具

图 8-5 所示为井式炉用单件吊具，该图中各尺寸推荐值见表 8-5。这些吊具可用耐热钢、铸钢或低碳钢制造。在设计中应确保安全，图 8-6 所示为可供一炉装入 3 件或 4 件及 6 件的井式炉用星形吊具，图 8-7 所示为 10t 单件吊具。

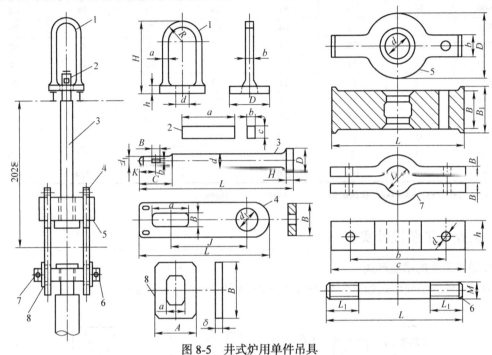

图 8-5　井式炉用单件吊具

1—吊环　2—销子　3—连杆　4—套杆　5—连接板　6—螺杆　7—夹板　8—挡板

表 8-5　井式炉用单件吊具各组合件尺寸表

1. 吊环（Q235）或（ZG230-450）

起重量 /t	H	h	a×b	R	d	D	质量 /kg
	mm						
5	580	80	50×50	125	105	300	62.5
10	910	100	60×60	190	160	500	180
15	930	150	100×100	230	185	600	156

2. 楔子（销子）（Q235）

a	b	c	质量 /kg
mm			
200	27	65	3
400	35	90	11

3. 吊杆（连杆）（15钢）

D	d	d_1	H	B×h	K	e	L	质量 /kg
mm								
200	120	100	100	70×30	115	300	2083	198.4
350	180	140	130	110×80	—	400	2358	508
400	180	140	130	110×45	210	500	3000	680
400	210	180	130	110×50	150	500	2580	663

（续）

4. 吊板（套杆）(ZG230-450)

起重量/t	L	B	h	e	a×b	d	质量/kg
	mm						
5	1450	460	40	790	350×140	230	183
10	1500	420	70	835	430×170	250	260
15	1500	520	80	800	450×230	300	350

5. 吊盘（连接板）(ZG230-450)

L	B	B_1	h	D	d	质量/kg
mm						
500	250	300	120	250	130	120
800	330	390	140	400	190	395
800	350	410	200	510	220	674

6. 螺杆

起重量/t	L	L_1	M	质量/kg
	mm			
5				
10	350			
15		100	27	1.7
20		150	36	

7. 夹环（夹板）(Q235)

起重量/t	D	B	h	d	b	c	质量/kg
	mm						
2.5	120	50	120	30	540	680	66.7
5	150	60	160	30	540	680	108.7
8	210	70	200	30	700	850	216.2
10	210	70	220	45	700	850	234.6
15	220	80	280	45	750	850	330.3
20	250	80	320	45	750	880	354.4
25	250	100	320	45	750	880	468.9

8. 方垫圈（挡板）(Q235)

A	B	a	b	δ	质量/kg
mm					
280	280	120	130	15	8.0
320	320	150	170	15	9.0
320	370	160	210	20	13.4
340	400	160	230	20	15.5
340	450	180	290	20	15.7
340	600	180	330	20	22.6
380	600	220	330	20	24.2

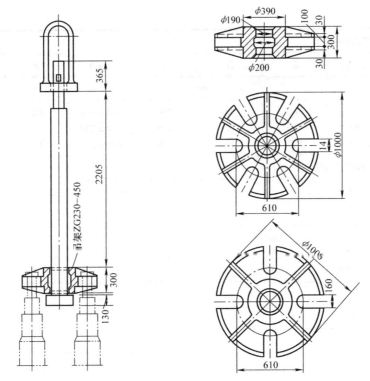

图 8-6   井式炉用星形吊具(最大载重量 6t)

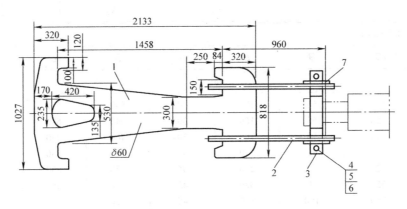

图 8-7   10t 单件吊具(材料 Q235)

1—吊板(1个) 2—夹板(2个) 3—夹环(2个) 4—螺钉(2个) 5—螺母(2个)
6—垫圈(4个) 7—垫环(2个)

3. 台车式热处理炉用垫具

在台式炉中加热工件时,为了使炉气畅通、加热均匀,并使工件安放平稳,可使用加热底盘,出炉后直接吊运于淬火槽中。图 8-8 所示为台车式炉中加热零件的各类垫具。

4. 小型热处理工件用工具、夹具、挂具

在盐浴炉或流动粒子炉中加热的各种小件,所用的淬火筐和挂具如图 8-9 所示。

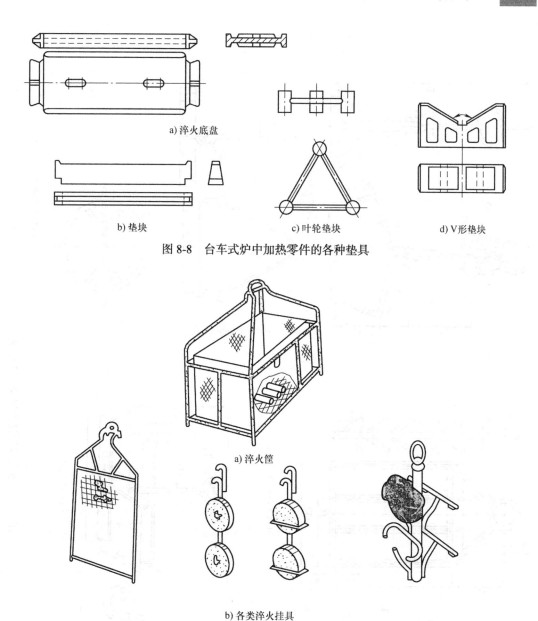

a) 淬火底盘

b) 垫块

c) 叶轮垫块

d) V形垫块

图 8-8　台车式炉中加热零件的各种垫具

a) 淬火筐

b) 各类淬火挂具

图 8-9　几种小工件淬火筐和挂具

　　图 8-10 所示为各类专用淬火架及淬火夹具。图 8-11 所示为常用淬火夹具。图 8-12 所示为工件在盐浴炉或井式炉中加热时的吊挂方法。图 8-13 所示为小钻头磁性淬火夹具。钻头柄部吸附于磁性夹具上，由于尺寸很小，不经预热，直接浸入盐浴加热。夹具每用一次后采用温水降温。图 8-14 所示为小钻头回火矫直夹具，用楔铁插入预加压力。图 8-15 所示为锥柄麻花钻淬火夹具。图 8-16 所示为钻头回火时用的吊架。图 8-17 所示为钻头刃部淬火夹具。图 8-18 所示为钻头柄部回火夹具。图 8-19 所示为小切口铣刀淬火夹具。图 8-20 所示为小铣刀回火夹具。

　　5. 化学热处理夹具

　　图 8-21 所示为齿轮渗碳淬火夹具。图 8-22 所示为齿轮热处理时常用的几种夹具。图 8-23 所示为井式渗碳炉星形吊具。图 8-24 所示为箱式炉及连续式渗碳炉热处理工件用垫片及夹具。

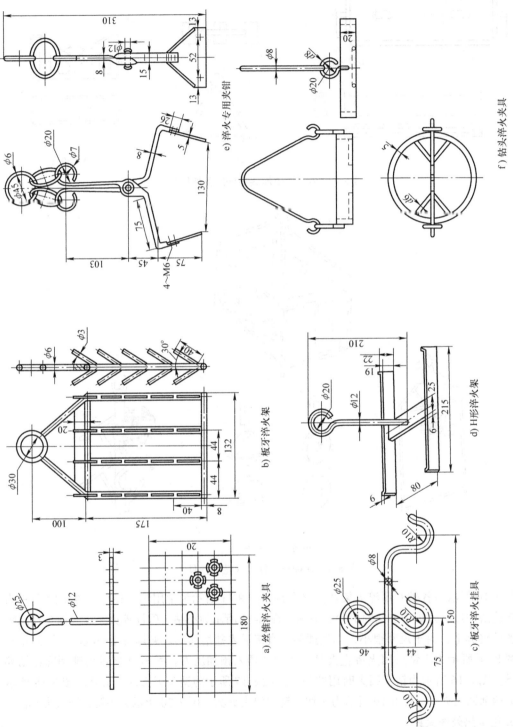

图 8-10 各类专用淬火架及淬火夹具

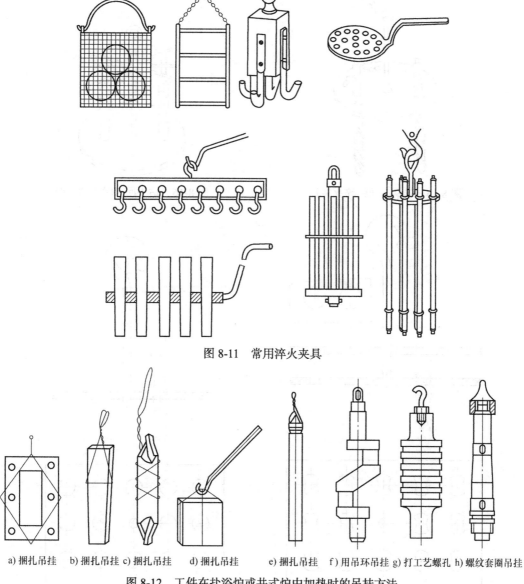

图 8-11　常用淬火夹具

a) 捆扎吊挂　　b) 捆扎吊挂　c) 捆扎吊挂　　d) 捆扎吊挂　　e) 捆扎吊挂　　f) 用吊环吊挂 g) 打工艺螺孔 h) 螺纹套圈吊挂

图 8-12　工件在盐浴炉或井式炉中加热时的吊挂方法

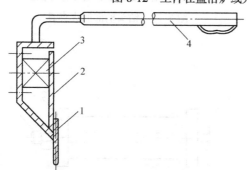

图 8-13　小钻头磁性淬火夹具

1—钻头　2—铁板　3—磁铁　4—手柄

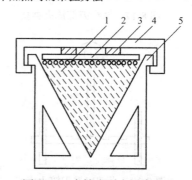

图 8-14　小钻头回火矫直夹具

1—钻头　2—压板　3—楔铁　4—框架　5—三角盒

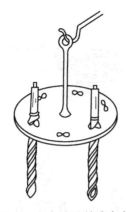

图 8-15　锥柄麻花钻淬火夹具

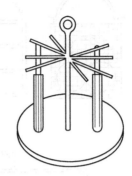

图 8-16　钻头回火时用的吊架

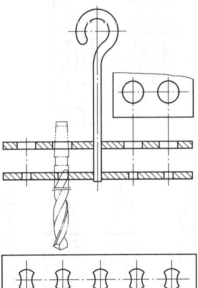

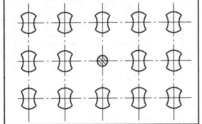

图 8-17　钻头刃部淬火夹具

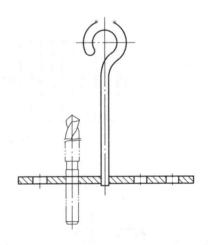

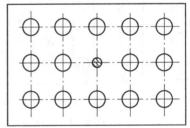

图 8-18　钻头柄部回火夹具

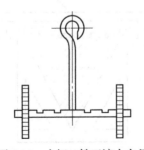

图 8-19　小切口铣刀淬火夹具

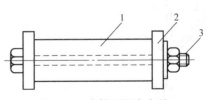

图 8-20　小铣刀回火夹具

1—铣刀　2—压板　3—螺栓

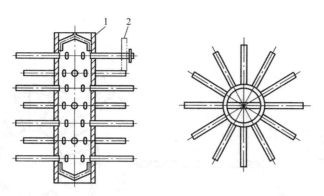

图 8-21　齿轮渗碳淬火夹具

1—夹具　2—齿轮

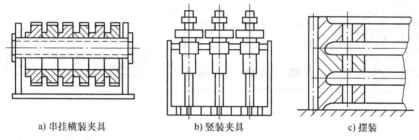

a) 串挂横装夹具　　　　b) 竖装夹具　　　　c) 摆装

图 8-22　齿轮热处理时常用的几种夹具

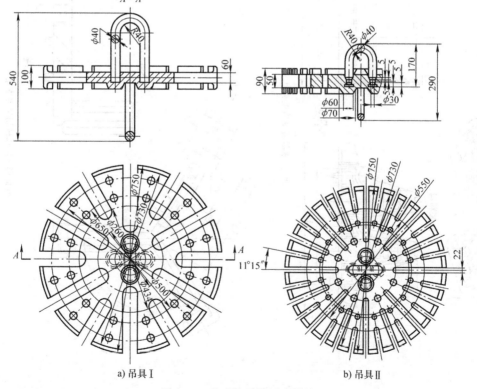

a) 吊具 I　　　　　　　　b) 吊具 II

图 8-23　井式渗碳炉星形吊具

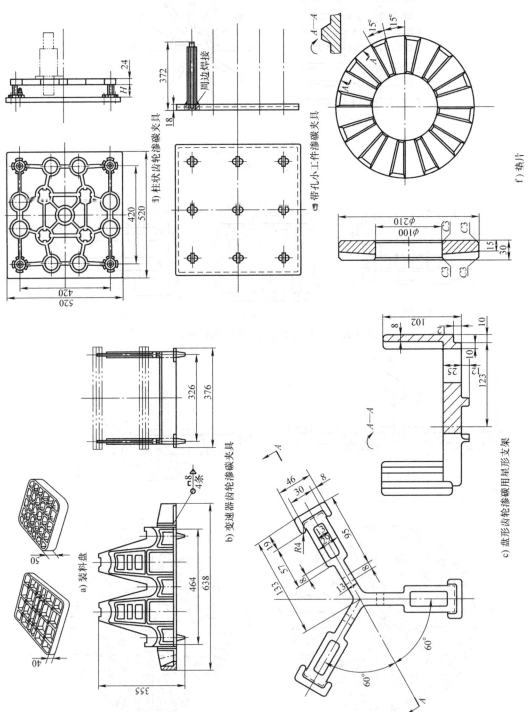

a) 装料盘
b) 变速器齿轮渗碳夹具
c) 盘形齿轮渗碳用异形支架
d) 柱状齿轮渗碳夹具
e) 带孔小工件渗碳夹具
f) 垫片

图 8-24　箱式炉及连续式渗碳炉热处理工件用垫片及夹具

6. 表面淬火专用夹具

该类夹具主要用于淬火夹具的定位,现列举如下,仅供参考。

(1)齿轮   齿轮淬火定位夹具的定位方法是将圆柱形定位套套在齿轮内孔中,再把定位套套在淬火机床转轴上。图 8-25 所示为齿轮淬火定位夹具。

(2)飞轮齿圈   为防止变形,可为飞轮齿圈专门设计弹簧定位,如图 8-26 所示。

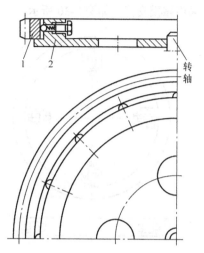

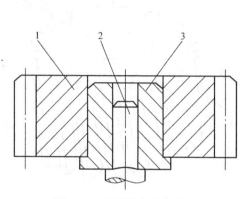

图 8-25 齿轮淬火定位夹具

1—齿轮 2—转轴 3—定位套

图 8-26 飞轮齿圈弹簧定位

1—齿轮 2—弹簧定位

(3)轴类工件   轴类工件一般采用上下顶尖定位,无法用顶尖定位时,可设计周向可调定位夹头,如图 8-27 所示。曲轴、偏心轴颈采用旋转淬火时,应设计偏心夹头,如图 8-28 所示。

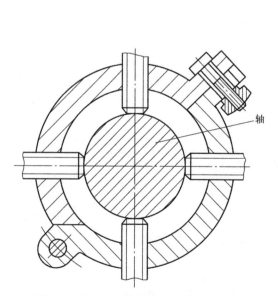

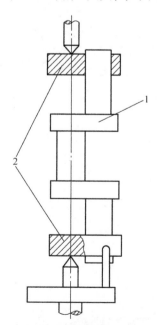

图 8-27 轴类工件淬火周向可调定位夹头

图 8-28 曲轴、偏心轴颈淬火偏心定位

1—曲轴 2—偏心定位块

（4）平面　若感应器与工件淬火面相对运动间隙始终一致，可根据工件的具体形状设计垫圈，并用千分表调校。

（5）大环的平面、侧面、滚道　淬火件置于淬火机床的花盘上，用压板螺钉构成可调定位，并用千分表调校，如图 8-29 所示。

（6）大模数齿轮的单齿淬火（尤其是沿齿沟淬火）　为保证感应器与齿部间隙的一致性，一般均采用靠模支持，如图 8-30 所示。

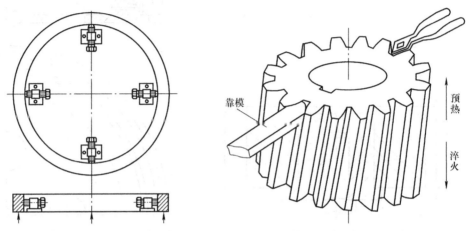

图 8-29　大环淬火定位采用四点定位，用螺钉调节　　　图 8-30　大模数单齿连续淬火靠模

附 录

附录 A 常用钢的淬火临界直径

（单位：mm）

牌号	淬火冷却介质			
	静油	20℃水	40℃水	20℃ w(NaCl) = 5% 的水溶液
1.结构钢				
15	2	7	5	7
20	3	8	6	8
25	6	13	10	13.5
30	7	15	12	16
35	9	18	15	19
40	9	18	15	19
45	10	20	16	21.5
50	10	20	16	21.5
55	10	20	16	21.5
20Mn	15	28	24	29
30Mn	15	28	24	29
40Mn	16	29	25	30
45Mn	17	31	26	32
50Mn	17	31	26	32
20Mn2	15	28	24	29
35Mn2	20	36	31.5	37
40Mn2	25	43	—	—
45Mn2	25	42	38	43
50Mn2	28	45	41	46
35SiMn	25	42	38	43
42SiMn	25	42	38	43
25Mn2V	18	33	28	34
42Mn2V	25	42	38	43
40B	10	20	16	21.5
45B	10	20	16	21.5
40MnB	18	33	28	34
45MnB	18	33	28	34
20Mn2B	15	28	24	29
20MnVB	15	28	24	29
40MnVB	22	38	35	40
15Cr	8	17	14	18
20Cr	10	20	16	21.5
30Cr	15	28	24	29

（续）

牌号	淬火冷却介质			
	静油	20℃水	40℃水	20℃ $w(NaCl) = 5\%$ 的水溶液
1. 结构钢				
35Cr	18	33	28	34
40Cr	22	38	35	40
45Cr	25	42	38	43
50Cr	28	45	41	46
20CrV	8	17	14	18
40CrV	17	31	26	32
20CrMo	8	17	14	18
30CrMo	15	28	24	29
35CrMo	25	42	38	43
42CrMo	40	58	54.5	59
25Cr2MoV	35	52	50	54
15CrMn	35	52	50	54
20CrMn	50	71	68	74
40CrMn	60	81	74	82
20CrMnSi	15	28	24	29
20CrMnMo	25	42	38	43
40CrMnMo	40	58	54.5	59
30CrMnTi	18	33	28	34
20CrNi	19	34	29	35
40CrNi	24	41	37	42
45CrNi	85	> 100	> 100	> 100
12CrNi2	11	22	18	24
12Cr2Ni4A	36	56	52	57
40CrNiMoA	22.5	39	35.5	41
38CrMoAlA	47	69	65	70
2. 弹簧钢				
60	12	24	19.5	25.5
65	12	24	19.5	26
75	13	25	20.5	27
85	14	26	22	28
60Mn	20	36	31.5	37
65Mn	20	36	31.5	37
50CrVA	32	51	47	52
60Si2Mn	22	38	35	40
3. 轴承钢				
GCr15	15	28	24	29
GCr15SiMn	29	46	42	47
4. 工模具钢				
T10	< 8	26	22	28
9Mn2V	33	52	50	54
9SiCr	32	51	47	52
9CrWMn	75	95	96	—

附录 B 常用钢的回火经验方程

序号	牌号	淬火温度 /℃	淬火冷却介质	回火经验方程	
				H_i	T
1	30	855	水	$H_1 = 42.5 - \dfrac{1}{20}T$	$T = 850 - 20H_1$
2	40	835	水	$H_1 = 65 - \dfrac{1}{15}T$	$T = 950 - 15H_1$
3	45	840	水	$H_1 = 62 - \dfrac{1}{9000}T^2$	$T = \sqrt{558000 - 9000H_1}$
4	50	825	水	$H_1 = 70.5 - \dfrac{1}{13}T$	$T = 916.5 - 13H_1$
5	60	815	水	$H_1 = 74 - \dfrac{2}{25}T$	$T = 925 - 12.5H_1$
6	65	810	水	$H_1 = 78.3 - \dfrac{1}{12}T$	$T = 942 - 12H_1$
7	20Mn	900	水	$H_4 = 85 - \dfrac{1}{20}T$	$T = 1700 - 20H_4$
8	20Cr	890	油	$H_1 = 50 - \dfrac{2}{45}T$	$T = 1125 - 22.5H_1$
9	12Cr2Ni4	865	油	$H_1 = 72.5 - \dfrac{3}{40}T \ (T \leqslant 400)$ $H_1 = 67.5 - \dfrac{1}{16}T \ (T > 400)$	$T = 966.7 - 13.3H_1 \ (H_1 \geqslant 42.5)$ $T = 1080 - 16H_1 \ (H_1 < 42.5)$
10	18Cr2Ni4W	850	油	$H_1 = 48 - \dfrac{1}{24000}T^2$	$T = \sqrt{1.15 \times 10^6 - 2.4 \times 10^4 H_1}$
11	20CrMnTiA	870	油	$H_1 = 48 - \dfrac{1}{16000}T^2$	$T = \sqrt{7.68 \times 10^5 - 1.6 \times 10^4 H_1}$
12	30CrMo	880	油	$H_1 = 62.5 - \dfrac{1}{16}T$	$T = 1000 - 16H_1$
13	30CrNi3	830	油	$H_1 = 600 - \dfrac{1}{2}T$	$T = 1200 - 2H_3 \ (H_3 \leqslant 475)$
14	30CrMnSi	880	油	$H_1 = 62 - \dfrac{2}{45}T$	$T = 1395 - 22.5H_1$
15	35SiMn	850	油	$H_2 = 637.5 - \dfrac{5}{8}T$	$T = 1020 - 1.6H_2$
16	35CrMoV	850	水	$H_2 = 540 - \dfrac{2}{5}T$	$T = 1350 - 2.5H_2$
17	38CrMoAl	930	油	$H_1 = 64 - \dfrac{1}{25}T \ (T \leqslant 550)$ $H_1 = 95 - \dfrac{1}{10}T \ (T > 550)$	$T = 1600 - 25H_1 \ (H_1 \geqslant 45)$ $T = 950 - 10H_1 \ (H_1 < 45)$
18	40Cr	850	油	$H_1 = 75 - \dfrac{3}{40}T$	$T = 1000 - 13.3H_1$

（续）

序号	牌号	淬火温度 /℃	淬火冷却介质	回火经验方程	
				H_i	T
19	40CrNi	850	油	$H_1 = 63 - \dfrac{3}{50}T$	$T = 1050 - 16.7H_1$
20	40CrNiMo	850	油	$H_1 = 62.5 - \dfrac{1}{20}T$	$T = 1250 - 20H_1$
21	50Cr	835	油	$H_1 = 63.5 - \dfrac{3}{55}T$	$T = 1164.2 - 18.3H_1$
22	50CrVA	850	油	$H_1 = 73 - \dfrac{1}{14}T$	$T = 1022 - 14H_1$
23	60Si2Mn	860	油	$H_1 = 68 - \dfrac{1}{11250}T^2$	$T = \sqrt{765000 - 11250H_1}$
24	65Mn	820	油	$H_1 = 74 - \dfrac{3}{40}T$	$T = 986.7 - 13.3H_1$
25	T7	810	水	$H_1 = 77.5 - \dfrac{1}{12}T$	$T = 930 - 12H_1$
26	T8	800	水	$H_1 = 78 - \dfrac{1}{80}T$	$T = 891.4 - 11.4H_1$
27	T10	780	水	$H_1 = 82.7 - \dfrac{1}{11}T$	$T = 930.3 - 11H_1$
28	T12	780	水	$H_1 = 72.5 - \dfrac{1}{16}T$	$T = 1160 - 16H_1$
29	CrWMn	830	油	$H_1 = 69 - \dfrac{1}{25}T$	$T = 1725 - 25H_1$
30	Cr12	980	油	$H_1 = 64 - \dfrac{1}{80}T \ (T \leqslant 500)$ $H_1 = 107.5 - \dfrac{1}{10}T \ (T > 500)$	$T = 5120 - 80H_1 \ (H_1 \geqslant 57.75)$ $T = 1075 - 10H_1 \ (H_1 < 57.75)$
31	Cr12MoV	1000	油	$H_1 = 65 - \dfrac{1}{100}T \ (T \leqslant 500)$	$T = 6500 - 100H_1 \ (H_1 \geqslant 60)$
32	3Cr2W8V	1150	油	$H_3 = 1750 - 2T \ (T \geqslant 600)$	$T = 875 - 0.5H_3 \ (H_3 \leqslant 550)$
33	8Cr3	870	油	$H_1 = 68 - \dfrac{7}{150}T \ (T \leqslant 520)$ $H_1 = 148 - \dfrac{1}{5}T \ (T > 520)$	$T = 1457 - 21.4H_1 \ (H_1 \leqslant 44)$ $T = 740 - 5H_1 \ (H_1 > 44)$
34	9SiCr	865	油	$H_1 = 69 - \dfrac{1}{30}T$	$T = 2070 - 30H_1$
35	5CrNiMo	855	油	$H_1 = 72.5 - \dfrac{1}{16}T$	$T = 1160 - 16H_1$
36	5CrMnMo	855	油	$H_1 = 69 - \dfrac{3}{50}T$	$T = 1150 - 16.7H_1$
37	W18Cr4V	1280	油	$H_1 = 93 - \dfrac{3}{31250}T^2$	$T = \sqrt{968750 - 104167H_1}$
38	GCr15	850	油	$H_2 = 733 - \dfrac{2}{3}T$	$T = 1099.5 - 1.5H_2$

（续）

序号	牌号	淬火温度/℃	淬火冷却介质	回火经验方程	
				H_l	T
39	12Cr3	1040	油	$H_1 = 41 - \dfrac{1}{100}T\ (T \le 450)$ $H_1 = 1150 - \dfrac{3}{20}T\ (450 < T \le 620)$	$T = 4100 - 100H_1\ (H_1 \ge 36.5)$ $T = 7666.7 - 6.7H_1\ (22 \le H_1 < 47.5)$
40	20Cr13	1020	油	$H_1 = 150 - \dfrac{1}{5}T\ (T \ge 550)$	$T = 750 - 5H_1\ (H_1 \le 40)$
41	30Cr13	1020	油	$H_1 = 62 - \dfrac{5}{6}10^{-4}T^2\ (T \ge 350)$	$T = \sqrt{7.4 \times 10^5 - 1.2 \times 10^4}\ (H_1 \le 47)$
42	40Cr13	1020	油	$H_1 = 68.5 - \dfrac{20}{21}10^{-4}T^2\ (T \ge 400)$	$T = \sqrt{719250 - 10500H_1}\ (H_1 \le 52)$
43	14Cr17Ni2	1060	油	$H_1 = 60 - \dfrac{1}{20}T\ (T \ge 400)$	$T = 1200 - 20H_1\ (H_1 \le 40)$
44	95Cr18	1060	油	$H_1 = 62 - \dfrac{1}{50}T\ (T \le 450)$ $H_1 = 83 - \dfrac{1}{15}T\ (T > 450)$	$T = 3100 - 50H_1\ (H_1 \ge 53)$ $T = 1245 - 15H_1\ (H_1 < 53)$

注：1. 表中符号 H_i 为硬度；H_1 表示 HRC，H_2 表示 HBW，H_3 表示 HV，H_4 表示 HRA；T 为回火温度（℃）。

2. 本表方程取自经验数据，使用时化学成分应符合相关标准规定；最大直径或厚度≤临界直径；限于常规淬火、回火工艺。

[1] 樊东黎，徐跃明，佟晓辉．热处理技术数据手册 [M]．2 版．北京：机械工业出版社，2006．

[2] 马伯龙．热处理工艺设计与选择 [M]．北京：机械工业出版社，2013．

[3] 李国彬．热处理工艺规范与技术数据 [M]．北京：化学工业出版社，2013．

[4] 杨满，刘朝雷．热处理工艺参数手册 [M]．2 版．北京：机械工业出版社，2020．

[5] 支道光．机械零件材料与热处理工艺选择 [M]．北京：机械工业出版社，2008．

[6] 李泉华．热处理实用技术 [M]．2 版．北京：机械工业出版社，2007．

[7] 沈庆通，梁文林．现代感应热处理技术 [M]．2 版．北京：机械工业出版社，2015．

[8] 全国热处理标准化技术委员会．金属热处理标准应用手册 [M]．3 版．北京：机械工业出版社，2016．

[9] 樊东黎，徐跃明，佟晓辉．热处理工程师手册 [M]．3 版．北京：机械工业出版社，2011．

[10] 张玉庭．热处理技师手册 [M]．北京：机械工业出版社，2006．

[11] 金荣植．金属热处理工艺方法 700 种 [M]．北京：机械工业出版社，2019．

[12] 中国机械工程学会热处理学会．热处理手册：第 1 卷　工艺基础 [M]．4 版．北京：机械工业出版社，2013．

[13] 上海市热处理协会．实用热处理手册 [M]．上海：上海科学技术出版社，2009．

[14] 杨满．实用热处理技术手册 [M]．2 版．北京：机械工业出版社，2022．

[15] DOSSETT J L，TOTTEN G E．美国金属学会热处理手册：D 卷　钢铁材料的热处理 [M]．叶卫平，王天国，沈培智，等译．北京：机械工业出版社，2018．

[16] 汪庆华．热处理工程师指南 [M]．北京：机械工业出版社，2011．

[17] 阎承沛．真空与可控气氛热处理 [M]．北京：化学工业出版社，2006

[18] 李宝民，王志坚，徐成海．真空热处理 [M]．化学工业出版社，2019．

[19] 包耳，田绍洁．真空热处理 [M]．沈阳：辽宁科学技术出版社，2009．

[20] 徐斌．热处理设备 [M]．北京：机械工业出版社，2010．

[21] 熊惟皓，周理．中国模具工程大典：第 2 卷　模具材料及热处理 [M]．北京：电子工业出版社，2007．

[22] 陈再枝，蓝德年．模具钢手册 [M]．北京：冶金工业出版社，2002．

[23] 赵昌盛．模具材料及热处理手册 [M]．北京：机械工业出版社，2008．

[24] 王忠诚．热处理工实用手册 [M]．北京：机械工业出版社，2013．

[25] 赵步青．工具用钢热处理手册 [M]．北京：机械工业出版社，2014．

[26] 赵步青．热处理炉前操作手册 [M]．北京：化学工业出版社，2015．

[27] 赵步青．工模具热处理工艺 1000 例 [M]．北京：机械工业出版社，2018．

[28] 樊新民．热处理工简明实用手册 [M]．南京：江苏科学技术出版社，2008．